城际动车组
系统修维修策略

主　编◎朱士友
副主编◎魏秀琨　杨学武

西南交通大学出版社
·成都·

图书在版编目（CIP）数据

城际动车组系统修维修策略 / 朱士友主编. —成都：西南交通大学出版社，2022.12
ISBN 978-7-5643-8972-7

Ⅰ. ①城… Ⅱ. ①朱… Ⅲ. ①城市铁路–动车组–维修 Ⅳ. ①U266.2

中国版本图书馆 CIP 数据核字（2022）第 197303 号

Chengji Dongchezu Xitongxiu Weixiu Celüe
城际动车组系统修维修策略

主编　朱士友

责 任 编 辑	李华宇
封 面 设 计	原谋书装
出 版 发 行	西南交通大学出版社 （四川省成都市金牛区二环路北一段 111 号 西南交通大学创新大厦 21 楼）
发 行 部 电 话	028-87600564　028-87600533
邮 政 编 码	610031
网　　　　址	http://www.xnjdcbs.com
印　　　　刷	四川玖艺呈现印刷有限公司
成 品 尺 寸	185 mm×260 mm
印　　　　张	17.25
字　　　　数	431 千
版　　　　次	2022 年 12 月第 1 版
印　　　　次	2022 年 12 月第 1 次
书　　　　号	ISBN 978-7-5643-8972-7
定　　　　价	92.00 元

图书如有印装质量问题　本社负责退换
版权所有　盗版必究　举报电话：028-87600562

序

  1964年日本建成了世界上第一条速度为200 km/h的高速铁路——东海道新干线，此后世界各国纷纷开始兴建高速铁路。世界高速铁路的发展，大体经历了三次大的建设浪潮。第一次浪潮即高速铁路的起步发展阶段，是在20世纪50年代末至90年代初，主要以日本新干线、法国TGV、德国ICE为代表。第二次浪潮即高速铁路在欧洲的大发展阶段，是在20世纪90年代初至90年代末，这个阶段，法国、德国、西班牙、比利时、荷兰、瑞典纷纷建成高速铁路，累计里程超过3 000 km，法国TGV在1990年以515 km/h创造了世界铁路运行速度历史纪录。第三次浪潮即高速铁路在世界范围内的大发展，从20世纪90年代末至今，仍在持续，高速铁路带来的巨大经济效益和社会效益进一步得到认可，这个阶段主要以亚洲地区为代表，掀起新一轮高速铁路建设浪潮。

  根据国家铁路局于2015年1月6日批准发布的《城际铁路设计规范》，城际铁路是指专门服务于相邻城市间或城市群，旅客列车设计速度200 km/h及以下的快速、便捷、高密度客运专线铁路。发展城际铁路是近年来我国铁路发展的共识，也是"十三五"铁路建设的重点。这一集快速、便捷和高效于一体的客运专线，不仅极大地缓解了城市交通的压力，更为相邻城市间的发展注入了活力，在加速推进地方经济和文化互动交流方面起到了至关重要的桥梁作用。

  我国高速铁路动车组技术发展历经自主探索、引进消化吸收再创新和全面自主创新三个阶段，从2013年开始高速铁路动车组进入全面自主创新阶段，研制了具有自主知识产权的"复兴号"中国标准动车组。动车组产品覆盖160～350 km/h及以上速度级，能够满足不同线路、不同环境条件和不同运输需求。

  CRH6型动车组是为满足中国区域经济快速发展和城市群崛起对城际轨道交通的需求而研制的一种新型动车组，它继承了"和谐号"系列高速动车组安全、成熟、舒适和可靠等优点，具备快起快停、快速乘降、大载客量及高速持续运转的特点，可满足互联互通要求，同时又吸收了传统地铁和轻轨的轻型优点。在交通强国纲领的指引下，城际动车组正在以前所未有的规模得到广泛应用。

  《城际动车组系统修维修策略》以CRH6型城际动车组为例，系统全面地介绍了城际动车组系统修基础理论、检测技术、寿命管理及预测，提出了系统修维修策略，结合实际运用对城际动车组智慧维修进行了展望。该书是我国城际动车组维修策略方面的第一本专著，鉴于此，其具有重要的理论意义和工程价值。

中国科学院、中国工程院院士
2022年9月25日

前 言

2019年，中共中央、国务院印发了《交通强国建设纲要》《粤港澳大湾区发展规划纲要》等重要文件，规划到2035年我国基本建成交通强国，明确部署建设城市群一体化交通网，推进干线铁路、城际铁路、市域（郊）铁路、城市轨道交通融合发展。推进粤港澳大湾区建设是国家重大战略部署，构建以高速铁路、城际铁路和高等级公路为主体的城际快速交通网络，力争实现大湾区主要城市间1小时通达，要求加快城际铁路建设，推进大湾区城际客运公交化运营。在此背景下，广州地铁集团有限公司于2019年6月成立广东城际铁路运营有限公司，开启了国内地铁公司自主运营城际铁路的新篇章。

城际铁路作为连接相邻城市或城市群的客运专线铁路，其线路长度一般介于 50～200 km，其作为城市综合交通运输系统的重要组成部分，主要承担区域内相邻城市间或城市群内的通勤客流，车站间距一般为 5～20 km。服务对象以中短途旅客为主，且单程时间通常较短，特别强调旅客出行的快速和便捷。与高速铁路相比，站间距离明显较短；与地铁相比，站间距离要大得多。城际铁路的运营特点，决定了城际动车组各种不同系统的故障特征、维修方式和维修特点。

广州地铁集团最早于2013年提出了城市轨道交通车辆系统修维修理论，自提出之日便受到业界的广泛关注，并在广州地铁、杭州地铁等单位得到了示范验证，取得了非常可喜的成效。本书正是在借鉴已有的地铁车辆系统修维修实践的基础之上，全面考虑了城际动车组的运行特点，以动车组五级修修程为基础，采用FMECA方法分析了现有列车各个系统的故障情况，优化了系统作业包，提出了系统的城际动车组系统修维修理论。

本书共分8章：第1章首先介绍了城际动车组的基本组成与分类、相关的技术参数以及动车组的基本配置，之后对城际动车组的维修制度和维修思想、维修方式以及修程修制的现状进行了介绍；第2章至第5章为系统修理论的基础知识，第2章介绍了维修的基础理论和概念，第3章介绍了RAMS分析基础，第4章介绍了城际动车组的检测和故障诊断技术，第5章介绍了部件的寿命及寿命预测技术；第6章和第7章是本书的核心章节，第6章对地铁列车系统修理论进行了总结，在城际动车组五级修修程体系下，结合城际动车组的运行特点，系统分析了开展城际动车组系统修的可行性，第7章则系统全面地介绍了城际动车组系统修的理论和应用情况；最后，第8章对系统修智慧化进行了展望。

本书由广州地铁集团有限公司、北京交通大学轨道交通控制与安全国家重点实验室、中车青岛四方机车车辆股份有限公司联合编写。朱士友担任主编，魏秀琨、杨学武担任副主编。具体编写分工为：杨学武、李静、夏建军编写第1章；王永亮、刘允坚、王丹编写第2章；李兆新、覃承强、陆其波编写第3章；陈美宪、王永亮、刘毅编写第4章；李静、李兆新、李志欣、夏建军编写第5章；杨昭晖、陈美宪、王永亮、夏建军编写第6章；杨学武、李静、邓敏、彭运添、王海鹏编写第7章；何铁军、黎澍、侯品杨编写第8章。

本书得到了广州市"岭南英杰工程"后备人才培养计划项目的资助。本书在撰写过程中，得到了北京交通大学研究生管青鸾、魏东华、刘运超、张慧贤、翟晓捷等同学的支持，在此感谢他们在本书数据分析、文字编辑方面所做的工作。

中国科学院、中国工程院沈志云院士在百忙之中审阅了全稿，并提出了许多重要的修改意见。在此，对他的支持和指导表示衷心的感谢！

由于作者水平有限，书中难免存在不妥之处，恳请读者不吝指教。

作 者
2022年9月

目 录

1 城际动车组特点及维修发展概况 1
   1.1 城际动车组的特点 1
   1.2 城际动车组维修制度概况 16

2 动车组维修的基础理论和概念 29
   2.1 维修的目的和意义 29
   2.2 维修理论相关的基本概念 30
   2.3 维修类别与维修模型 34

3 城际动车组 RAMS 分析基础 48
   3.1 城际动车组可靠性 48
   3.2 城际动车组可用性、维修性和安全性 51
   3.3 故障树分析（FTA）技术 53
   3.4 贝叶斯网络分析技术 57
   3.5 故障模式、影响及危害性分析（FMECA）.................................... 61

4 城际动车组检测与故障诊断技术 66
   4.1 城际动车组轴温检测技术 66
   4.2 城际动车组振动检测技术 69
   4.3 城际动车组图像检测技术 75
   4.4 基于振动的故障诊断技术 77
   4.5 基于机器视觉的受电弓碳滑板磨耗估计技术 83
   4.6 城际动车组在线监测典型系统 94

5 城际动车组部件寿命及寿命预测技术 107
   5.1 城际动车组部件寿命概述 107
   5.2 寿命的确定方法 113
   5.3 寿命分析和预测技术 116
   5.4 寿命管理 127
   5.5 寿命周期费用分析与评价 130

6 城际动车组与高速列车、地铁列车维修策略对比分析 ········ 138
6.1 高速列车五级修简介 ········ 138
6.2 地铁列车系统修维修策略 ········ 153
6.3 城际动车组关键系统运行特点分析 ········ 163
6.4 城际动车与高速列车、地铁列车维修策略的对比分析 ········ 166
6.5 城际动车组系统修可行性 ········ 168

7 城际动车组系统修 ········ 172
7.1 城际动车组系统修概述 ········ 172
7.2 车辆典型子系统系统修检修周期预计 ········ 179
7.3 车辆典型子系统 FMECA 及可靠性分析 ········ 186
7.4 城际动车组系统修优化 ········ 195
7.5 城际动车组专项修与高级修优化 ········ 218

8 城际动车组系统修智慧化发展展望 ········ 230
8.1 智慧维修概述 ········ 230
8.2 智慧维修中的核心技术 ········ 232
8.3 系统修智能化运维平台概述 ········ 244
8.4 城际动车组智能维护平台运营展望 ········ 256

附录 专业术语缩略对照表 ········ 259

参考文献 ········ 261

1 城际动车组特点及维修发展概况

1.1 城际动车组的特点

1.1.1 城际动车组的基本组成与分类

1. 城际动车组的定义

城际动车组是指往返于相邻重要城市或城市群之间的中短途客运动车组列车,一般全程运行距离较近、乘车时间较短、途经城市较少,主要用于城市之间或区域城郊之间的通勤和商旅客运。

2. 基本组成

一般动车组有带有动力或牵引电机的动车(M车)、无动力的拖车(T车)、带司机室车和不带司机室车等多种形式。按照各部分的具体功能来分,一般动车组由以下8部分组成,通常称之为动车组的八大系统组成,如图1.1所示。

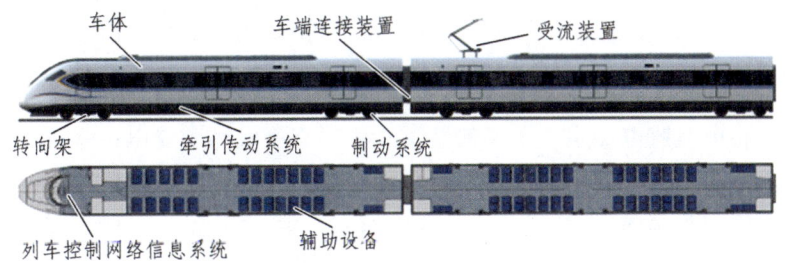

图 1.1 动车组基本组成

1) 车 体

车体是容纳乘客和司机驾驶的地方,同时也是连接各车厢和车辆设备的基础和骨架,一般由底架、侧墙、端墙、车顶和司机室(对于设有司机室的车辆)组成,车体采用整体承载的钢结构或轻金属结构,在满足强度和刚度要求的前提下,车体朝着轻量化的方向发展。

2) 转向架

转向架位于车辆的最下部,在车体和轨道之间,其作用是牵引和引导车辆沿着轨道行驶,并承载和传递来自车体和线路的各种载荷,同时具有缓冲和减振作用。它是保证车辆运行品质和行车安全的关键部件。

转向架有动力转向架和非动力转向架之分，一般由构架、弹簧悬挂装置、轮对轴箱装置及基础制动装置等组成，对于动力转向架，还装设有牵引电机和传动齿轮等驱动装置。

3）牵引传动系统

牵引传动系统的作用是实现电能的有效传递和转换、驱动列车前进、控制列车的正常运行。

动车组的牵引传动系统主要是指动车电气设备，包括动车或拖车上的电气设备及其控制电路。按其作用和功能可分为主传动电路系统、辅助电路系统、电子与控制电路系统3部分。主传动电路系统主要包括主变压器、变流装置和牵引电机等；辅助电路系统主要包括各种通风冷却装置；电子与控制电路系统主要包括与牵引传动系统有关的各种控制装置。

4）制动系统

制动系统包括机械部分、空气管路部分及电气控制部分，其作用是产生一定的制动力使列车在规定的时间或距离内减速或停车。

制动系统是保证列车安全运行不可或缺的系统，在动车和拖车上均设有制动装置。按照制动力的操纵方式划分，动车组的制动方式主要有电制动和空气制动；按照动能的传递方式划分，动车组的制动方式可分为机械制动、再生制动、磁轨制动、涡流制动和翼板制动。

5）车端连接装置

车端连接装置包括车钩缓冲装置、铰接装置和风挡等部件。其作用是连接车辆成列、缓和纵向冲击力，传递电力和信号。牵引缓冲连接装置主要由车钩缓冲器组成。为了改善列车运行的纵向平稳性，一般在车钩后部设有缓冲装置，以缓和列车的冲击，另外，还必须借助于简单且可靠的连接头将车辆之间的电气和空气管路顺畅地连接。

同时，为了改善列车的密封状况和空气阻力，需要采用密封且平滑过渡的内外风挡。

6）受流装置

受流装置是将电流或电能引入车辆的装置，主要有接触网和受电弓系统、第三轨和受电靴系统两种受流系统。通常城际动车组采用弓网受流的方式，通过可升降的受电弓从车辆上部将接触网的电流引入车内。

在受流制式上，目前世界各国动车组列车既有采用直流（1 500 V，3 000 V）供电的，也有采用交流供电的。我国动车组列车全部采用50 Hz，25 kV的单相交流电。

7）辅助设备

动车组辅助设备的作用是保证乘客乘坐的安全舒适性和主要设备的正常工作。辅助设备包括服务于乘客的车体内的固定附属装置和服务于列车运行的辅助装置。

服务于乘客的车体内的固定附属装置包括照明、通风、取暖、空调设备、座椅和拉手、旅客信息系统等。

服务于列车运行的辅助装置包括蓄电池（箱）、继电器（箱）、主控制（箱）、空气压缩机、总风缸、辅助电源装置、通风冷却装置、各种电气开关和接触器等。

8）列车控制网络信息系统

该系统的作用是对整个列车的牵引、制动和车内所有设备进行控制、监测和诊断，其主要由列车信息中央装置、列车信息终端装置、列车信息显示器、列车总线、车辆总线、控制总线、网关，以及车内各种设备的监控、诊断和显示装置组成。

3. 编号与分类

我国动车组型号及车组号常标于动车组头车两侧外墙上，用于识别不同车型及同车型下不同列的动车组。动车组型号命名方式可分为按技术序列代码命名和按速度目标值命名两种。

1）技术序列代码命名方式

动车组型号及车组号示意图如图 1.2 所示。

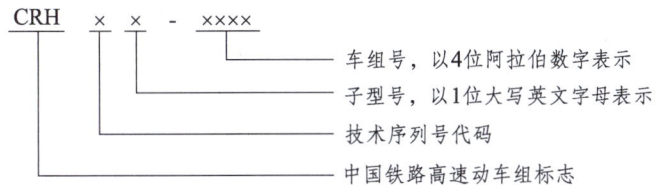

图 1.2 动车组型号及车组号示意图

各型号动车组技术序列代码分配如下：

1——青岛四方庞巴迪铁路运输设备有限公司（现青岛四方阿尔斯通铁路运输设备有限公司，简称"四方阿尔斯通"）动车组；

2——青岛四方机车车辆股份有限公司（简称"四方股份"）动车组；

3——唐山轨道客车股份有限公司（现中车唐山机车车辆有限公司，简称"中车唐山"）动车组；

5——长春轨道客车股份有限公司（简称"长客股份"）动车组；

6——南京浦镇车辆有限公司（现中车南京浦镇车辆有限公司，简称"中车浦镇"）动车组。

子型号以 1 位大写英文字母表示，由 A 开始顺序如下：

A——运营速度 200～250 km/h，8 辆编组，座车；

B——运营速度 200～250 km/h，16 辆编组，座车；

C——运营速度 300～350 km/h，8 辆编组，座车；

D——运营速度 300～350 km/h，16 辆编组，座车；

E——运营速度 200～250 km/h，16 辆编组，卧车；

F——最高运营速度 160 km/h，城际动车组；

G——高寒抗风沙型动车组；

J——综合检测列车。

2）速度目标值命名方式

对于 CRH380 系列动车组，动车组型号及车号示意图如图 1.3 所示。

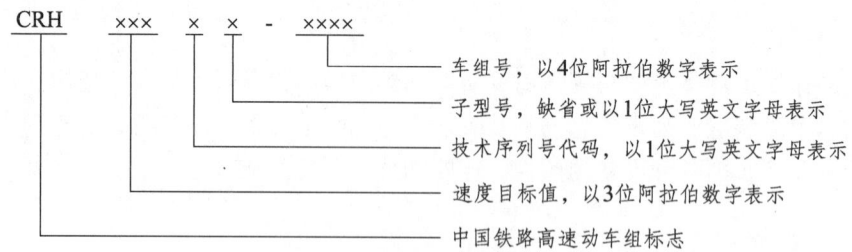

图 1.3　动车组编号规则

动车组设计的最高运行速度由 3 位阿拉伯数字表示，例如，CRH380 表示设计的最高运行速度为 380 km/h。

技术序列号代码含义如下：

A——青岛四方机车车辆股份有限公司，8 辆编组，座车；

B——唐山轨道客车有限公司/长春轨道客车股份有限公司，8 辆编组，座车；

C——长春轨道客车股份有限公司，8 辆编组，座车；

D——青岛四方庞巴迪铁路运输设备有限公司，8 辆编组，座车。

子型号以 1 位大写英文字母表示，缺省时为基本型，子型号代码新增 L、M 两项：

L——基本型号的 16 辆编组动车组；

M——更高速度等级试验列车改为综合检测动车组。

对于 CR 系列的复兴号动车组，其同样采用速度目标值命名，CR 为中国铁路 China Railway 的缩写。

数字代表目标速度值：

400——速度 300～400 km/h；

300——速度 200～300 km/h；

200——速度 200 km/h 及以下。

第一位字母代表技术平台：

A——四方股份研制（四方阿尔斯通、中车浦镇等也参与生产）；

B——长客股份研制（中车唐山公司等也参与生产）。

第二位字母代表动力方式：

F——动力分散式电力动车组；

J——动力集中式电力动车组；

P——动力分散式内燃动车组；

N——动力集中式内燃动车组。

目前城际动车组按照编组和最高运行速度的不同划分，主要有 CRH6A、CRH6F、CRH6A-A、CRH6F-A 等车型。在编组形式上，CRH6A/F 采用 4 动 4 拖的 8 节编组，而 CRH6A-A/F-A 采用的是 2 动 2 拖的 4 节编组；在运行速度上，CRH6A 和 CRH6A-A 的最高运营速度为 200 km/h 等级，而 CRH6F 和 CRH6F-A 的最高运营速度为 160 km/h 等级。各型号城际动车组的主要参数配置见表 1.1。

表 1.1　各型号城际动车组的主要参数配置

车型	CRH6A	CRH6F	CRH6A-A	CRH6F-A
编组形式	T+M+M+T+ T+M+M+T	T+M+T+M+ M+T+M+T	T+M+M+T	T+M+M+T
编组长度/m	201.4	201.4	100.5	100.5
牵引功率/kW	5 520	5 152	2 760	2 576
供电制式	AC 25 kV 50 Hz	AC 25 kV 50 Hz	AC 25 kV 50 Hz	AC 25 kV 50 Hz
轴重/kN	≤170	≤170	≤170	≤170
最高速度/ （km/h）	运营 200 试验 220	运营 160 试验 176	运营 200 试验 220	运营 160 试验 176
载客量※/人	额定：549 最大：1 488	坐席：510 额定：1 470 最大：1 950	额定：252 最大：688	坐席：244 额定：663 最大：875
加速能力	起动 0~40 km/h ≥0.65 m/s² 平均 0~200 km/h ≥0.3 m/s²	起动 0~40 km/h ≥0.8 m/s² 平均 0~160 km/h ≥0.38 m/s²	起动 0~40 km/h ≥0.65 m/s² 平均 0~200 km/h ≥0.3 m/s²	起动 0~40 km/h ≥0.8 m/s² 平均 0~160 km/h ≥0.38 m/s²
减速能力	最大常用制动 ≥0.9 m/s² 紧急制动 ≥1.12 m/s² 紧急制动距离 ≤1 400 m	最大常用制动 ≥1.0 m/s² 紧急制动≥1.2 m/s² 紧急制动距离 ≤850 m	最大常用制动 ≥0.9 m/s² 紧急制动≥1.12 m/s² 紧急制动距离 ≤1 400 m	最大常用制动 ≥1.0 m/s² 紧急制动≥1.2 m/s² 紧急制动距离 ≤850 m
车体参数/mm	24 500×3 300×3 860 （中间车） 25 450×3 300×3 860 （头车）	24 500×3 300×3 860 （中间车） 25 450×3 300×3 860 （头车）	24 500×3 300×3 860 （中间车） 25 000×3 300×3 860 （头车）	24 500×3 300×3 860 （中间车） 25 000×3 300×3 860 （头车）
车轮直径/mm	860	860	860	860
车门数量/个	32	44	16	20
1/2乘客乘降时间/s	42	29	42	29
卫生间布置	1、3、5、7号车 二位端	1、6号车二位端 3、8号车一位端	3号车一位端	3号车一位端
座椅布置	2+2	2+2	2+2	2+2

※：不同车型或同一车型因卫生间数量或布置不同，载客量存在差异。

1.1.2　城际动车组的相关技术和参数

通过引进消化吸收再创新，我国已成功掌握9项动车组关键技术以及10项主要配套技术。

9项关键技术为：动车组总成、车体、转向架、牵引变压器、牵引变流器、牵引电机、牵引控制系统、列车网络控制系统、制动系统。10项配套技术为：空调系统、集便装置、车门、车窗、座椅、风挡、钩缓装置、受流装置、辅助供电系统、车内装饰材料。

CRH6系列的城际动车组以CRH2系列和谐号高速动车组为基础，为满足大运量、快速起停、快速乘降的城际运营要求而进行设计，与干线铁路互联互通，联接干线与城轨，可实现三网融合。城际动车组的主要技术特点有：

（1）适应于短途运输：考虑乘客的站立，在通道左右两侧设置了扶手，卫生间可根据需求进行设置。

（2）满足大运量：采用高强度车体、大轴重转向架以及大容量、顶置式空调系统，实现坐客与站客相结合的车内布局。

（3）快起快停：采用大扭矩牵引系统以及大容量、空重自动调节制动系统。

（4）快速乘降：采用大开度车门系统，设置大宽度走廊和通道。

动车组的主要技术参数包括车辆的尺寸参数和车辆的性能参数。

1. 车辆尺寸参数

1）车辆外形尺寸

车辆外形尺寸包括车辆全长、最大宽度和最大高度等。其中，车辆全长有车钩中心线连接长度和车体长度之分，车辆宽度是指车辆最宽部分的尺寸，车辆最大高度是指车辆顶部最高点到钢轨水平面的距离，车辆的宽度和最大高度须符合车辆限界的要求，不同型号的动车组其尺寸有所不同。

2）车体内部尺寸

车辆内部尺寸需满足乘客的乘坐要求，一般动车组的车辆内高为 2 200～2 300 mm。

3）车钩高度

车钩高度是指车钩钩舌的水平中心线距离轨面的高度，我国现行铁路规定，新造或修竣后的空车标准车钩高度为 880 mm。

4）地板高度

地板高度是指新造或修竣后的空车地板面距离轨道平面的高度。日本川崎动车组地板高度为 1.30 m；法国 TGV-A 地板高度为 1.069 m；中国 CRH380A 动车组地板高度为 1.30 m，CRH380B 及 CRH6 系列动车组的地板高度为 1.26 m。

5）车辆定距和转向架轴距

车辆定距是指车辆内部两相邻转向架中心之间的距离。日本 E2-1000 动车组车辆定距为 17.5 m，德国 ICE1 动车组车辆定距为 19 m，中国 CRH380A 及 CRH6 系列动车组车辆定距为 17.5 m。

转向架轴距是指转向架内部两轴之间的距离。日本动车组转向架轴距均为 2 500 mm，德国 ICE1 和 ICE2 动车组转向架轴距为 3 000 mm，而 ICE3 动车组轴距为 2 500 mm，法国 TGV 动车组转向架轴距为 2 600～3 000 mm，国产 CRH380A 及 CRH6 系列动车组转向架轴距均为 2 500 mm。

我国城际动车组列车采用 3 300 mm 宽车体设计，设置 2+2 横向座椅、宽大走廊及车间通道，满足城际轨道交通客流量大、快速通行的特点，其主要结构尺寸参数如图 1.4 和表 1.2 所示。

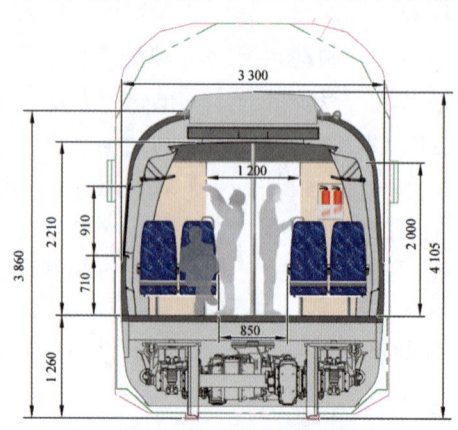

图 1.4　城际动车组断面尺寸

1 城际动车组特点及维修发展概况

表 1.2 CRH6 型城际动车组主要结构尺寸参数

项目	参数	项目	参数
车辆定距	17 500 mm	车体宽度	3 300 mm
轴距	2 500 mm	车体与站台间距	≤108 mm
轮径	860 mm	动态轮廓与站边缘间距	≥10 mm
轮对内侧距	1 353（−1~+2）mm	车体高度	3 860 mm
车钩高度	1 000 mm（头车） 950 mm（中间车）	车辆高度	4 105 mm
列车总长	201 400 mm	地板高度	1 260 mm
车钩中心距	25 750 mm（头车） 25 000 mm（中间车）	客室高度	2 210 mm
车体长度	25 450 mm（头车） 24 500 mm（中间车）	车门型式及宽度	单开 1 100 mm （200 km/h） 双开 1 300 mm （160 km/h）

2. 车辆性能参数

城际动车组还需满足相关安全性指标（包括运行安全性和结构安全性）、舒适性指标等性能参数，具体见表 1.3。

表 1.3 CRH6 型城际动车组主要性能参数

结构安全性		运行安全性		舒适性指标	
车体强度	EN12663 P-II （兼顾 JISE7106）	脱轨系数	<0.8	舒适度指标	客室≤2 司机室≤3
压缩载荷	1 500 kN	轮重减载率	<0.65（静态） <0.8（动态）	平稳性指标	客室≤2.5 司机室≤2.75
端部载荷	300（400）kN	轮轨横向力	≤10+P_0/3	客室气压变化率	≤800 Pa/3 s
扭转载荷	40 kN·m	轮轨垂向力	≤170 kN	新风量	≥15 m³/人/h
气密强度	±4 kPa	横向稳定性	a_{max}连续达 8~ 10 m/s² <6 次	噪声	客室≤72dB（A） 司机室≤75dB（A）
构架强度	UIC6159（动车） UIC515（拖车）	防火性能	DIN5510—2:2009 等级 3	照度平均值	≥200 lux
车轴强度	EN13104（动轴） EN13103（非动轴）	振动冲击	GB/T21563-2008	冲击极限	≤0.75 m/s³
车轮强度	EN13260 EN13979-1				

1.1.3 城际动车组的基本配置

1. 动车组编组

CRH6A 型城际动车组为动力分散型交流传动动车组,由 4 辆动车和 4 辆拖车共 8 辆车构成编组,编组配置如图 1.5 所示(图中 T 表示拖车,M 表示动车)。各车辆的主要设备见表 1.4。

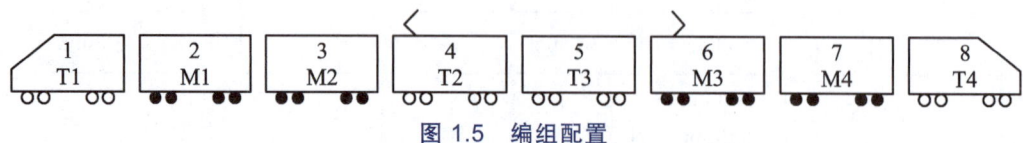

图 1.5 编组配置

表 1.4 CRH6A 型城际动车组各车车内主要设备

车号	代号	主要设备	备注
1	T1	司机室、座椅、行李架、卫生间、配电柜、垃圾箱、灭火器、扶手、信息显示等	
2	M1	座椅、行李架、配电柜、垃圾箱、灭火器、扶手、信息显示等	
3	M2	座椅、行李架、卫生间、配电柜、垃圾箱、灭火器、扶手、信息显示等	
4	T2	座椅、行李架、配电柜、垃圾箱、灭火器、扶手、信息显示、随车机械师室、乘务员室等	安装受电弓
5	T3	座椅、行李架、卫生间、配电柜、垃圾箱、灭火器、扶手、信息显示等	
6	M3	座椅、行李架、配电柜、垃圾箱、灭火器、扶手、信息显示等	安装受电弓
7	M4	座椅、行李架、卫生间、配电柜、垃圾箱、灭火器、扶手、信息显示等	
8	T4	司机室、座椅、行李架、配电柜、灭火器、扶手、信息显示等	

2. 牵引方式

CRH6A 型城际动车组采用动力分散的交流传动方式,列车前后两端设驾驶室,通常运行时在前端驾驶室操作。列车牵引方式概述如下:

供电方式为 25 kV、50 Hz 单相交流电。最高电压为 31 kV,最低电压为 17.5 kV,其他供电特性符合 GB/T 1402—2010《轨道交通 牵引供电系统电压》的规定。

牵引系统基本动力单元的构成为 1 台变压器、2 台变流器和 8 台电机,牵引电机额定功率为 4 800 kW(300 kW×16),最大功率为 5 520 kW(345 kW×16),电机启动扭矩为 1 850 N·m,0~200 km/h 加速时间为 165 s。

动车组运营的最高速度为 200 km/h,试验最高速度为 220 km/h。动车组在起动阶段,从 0 加速到 40 km/h 的平均加速度不小于 0.65 m/s²,动车组在规定载客人数、直线、平坦区间时,从 0 加速到 200 km/h 的平均加速度不小于 0.3 m/s²。

牵引运行控制为变压变频(Variable Voltage and Variable Frequency, VVVF)控制方式,电制动为再生制动方式,有防空转、防滑控制。具有牵引、再生制动控制的预置速度运行功能。

3. 轴　重

轴重指的是每根车轴所分摊的整车重量。平均乘客重量按 65 kg/人计算，CRH6A 型城际动车组的最大轴重为 170 kN。

4. 制动系统

（1）系统构成：由制动控制系统（含防滑功能）、基础制动系统、压缩空气供给系统三大部分组成。制动控制系统包括制动信号发生装置、制动信号传输装置、制动控制装置。

（2）制动模式：CRH6A 型城际动车组采用复合制动模式，即再生制动和空气制动并用。其中动车采用再生制动及空气制动方式，拖车仅采用空气制动方式，并设置随速度变化而改变制动力的速度-黏着模式控制方式。

制动力的分配原则为：优先使用再生制动，如其制动力不够，用空气制动来补充，以减轻拖车的空气制动负荷，尽可能减少拖车的机械制动部件磨损；但在低速区域电制动停止工作或电制动故障时，实施空气制动。

动车组上设置有缓解空气制动及停放制动（手动缓解拉绳除外）的装置，需要时可在车内进行单车制动缓解操作。

（3）制动种类：主要分为常用制动、紧急制动、辅助制动、停放制动和保持制动五类。

常用制动：动车组行车过程中司机施加的制动。常用制动的级位设 1 级～7 级（标记为 1 N～7 N）。在全制动级位、全速度范围，以 1M1T 为单元对动车再生制动力和空气制动力（包括动车和拖车）进行协调控制，空气制动延迟投入。

动车组进行常用制动时，自动切除整列车牵引力，并具有按照负荷大小调整制动力的功能，当进行定减速度的控制时，不受列车重量的影响。

紧急制动：动车组在异常情况下施加的制动。紧急制动包括空电复合制动（EB）模式和空气制动（UB）模式，其中，前者为在设备正常情况下实施的紧急制动，由电子制动控制单元进行空电复合制动控制，充分利用电制动，按速度模式曲线控制方式实施制动；后者为由紧急制动安全环路失电控制紧急制动阀实施的紧急制动，具有零速联锁功能，紧急制动阀采用故障导向安全的紧急制动形式。

CRH6A 型城际动车组在 200 km/h 的初速度下，实测得到的紧急制动距离为 1 310 m，在初速度为 160 km/h 下，其紧急制动距离不超过 850 m。

辅助制动：辅助制动是在制动控制装置异常、制动指令线路断线及在救援时等不能实施常用制动时使用的一种制动方式。辅助制动通过辅助制动装置发挥作用，通过操作头尾车司机台的设定开关实现辅助制动，与常用、紧急制动不同，该制动力是与速度无关的定值。与速度对应形态的常用、紧急制动不同，在高速区域发生滑行的可能性很大，所以在高速区域不能实施辅助制动。

停放制动：动车组在长时间停放时，为防止溜车而施加的制动。停放制动需满足停在 20‰ 坡道时安全停放的要求。

保持制动：为防止列车在坡道起动时溜坡而施加的制动。

5. 牵引系统

牵引主电路的基本动力单元由 1 台牵引变压器、2 台牵引变流器、8 台牵引电机构成，采用车控模式，1 台牵引变流器驱动 4 台牵引电机。主电路系统分别以 2 辆 M 车为 1 个单元，受电弓从接触网接收 25 kV、50 Hz 单相交流电，真空断路器（Vacuum Circuit Breaker，VCB）连接到牵引变压器原边绕组上，主电路开闭由 VCB 控制，牵引变压器牵引绕组设 2 组，原边绕组电压为 25 kV 时，牵引绕组电压为 1 500 V。

牵引变流器在 M 车上分别装载脉冲整流器、逆变器各 1 台，运行时给牵引电机供应电力，制动时实施再生制动，同时具备保护功能。

牵引电机采用三相鼠笼式异步电机，其轴端设置速度传感器，向牵引变流器、制动控制装置提供转速信号（转子频率）。

当牵引变流器或牵引电机发生故障时（变压器故障除外），可单独切除故障 M 车，不影响另一辆 M 车的使用。另外，一个动力单元可使用 VCB 切除，不会影响其他单元工作。

6. 车　体

车体承载结构由底架、侧墙、车顶、端墙、司机室（仅 T1、T4 车有）及设备舱组成，承载结构采用通长大型中空铝合金挤压型材组焊的薄壁筒形整体承载结构，车体采用轻量化设计，以降低轴重，节约能源，减少轮轨冲击。

（1）侧墙：采用大型中空挤压型材。车体长度方向型材之间采用连续焊接；侧墙和车顶之间内外侧及侧墙和底架边梁之间外侧均采用连续焊接；侧墙与底架边梁内侧采用段焊。通长挤压型材上适当位置设通长 T 形槽，用于风道、灯带和顶板等内装部件的安装。

（2）端墙：采用厚 2.5 mm 外板和型材骨架构成的焊接结构。

（3）车顶：由大型中空挤压型材构成。通长挤压型材上适当位置设通长的 T 形槽或焊接铆接连接骨架，用于间壁和顶板等内装部件的安装。车体长度方向型材之间焊接采用连续焊接；车顶和侧墙之间内外侧均采用连续焊接，底架和侧墙之间内侧均采用段焊。

（4）车头：主要由铝骨架、蒙皮、前窗框、门框等组成。铝骨架通过铝板条组焊成整体骨架，结构简单，强度、刚度好，重量轻，蒙皮为厚 4 mm 的铝板，通过垂压或模具成型，前窗框、门框主要由铝型材组成。

（5）底架：采用铝合金型材侧梁、端梁、中梁、横梁，枕梁由铝合金型材焊接而成，采用大型铝合金型材地板，纵向拼接整体焊缝。枕梁内侧侧梁上设置 4 处抬车位。

（6）车体材料：使用铝合金材料，优先选择耐应力腐蚀材料。车体隔热材采用碳纤维、三聚氰胺树脂泡沫等隔热性能优良的隔热材料。车体车顶和侧顶中空铝型材空腔内填塞隔音减振材料，可降低噪声传播。

7. 转向架

动车组配置 8 个动车转向架和 8 个拖车转向架。转向架采用两轴无摇枕结构，转向架上部车体底架下设防雪板，端部设防雪端板，转向架采用二级悬挂系统。二系悬挂采用空气弹簧，每个转向架设两个高度调整阀，设外置式抗侧滚扭杆装置和抗蛇形减振器。一系悬挂采用钢簧，采用转臂式轴箱定位方式。动力转向架牵引电机为架悬式，每个构架上反对称布置两台牵引电机。转向架主要参数见表1.5。

表1.5 转向架主要参数

车号	参数名称	参数
1	转向架最高运营速度/(km/h)	200
2	转向架试验速度/(km/h)	220
3	转向架型式	动车转向架及拖车转向架
4	设计轴重/kN	170
5	固定轴距/mm	2 500
6	车轮直径/mm	860（全磨耗 790）
7	轮对内侧距/mm	1 353
8	支承方式	无摇枕空簧支承
9	空气弹簧	带固定节流装置
10	牵引方式	单拉杆方式

8. 车辆定位

用于车辆定位的转向架、车轴及车轮的编号按图1.6进行定义。

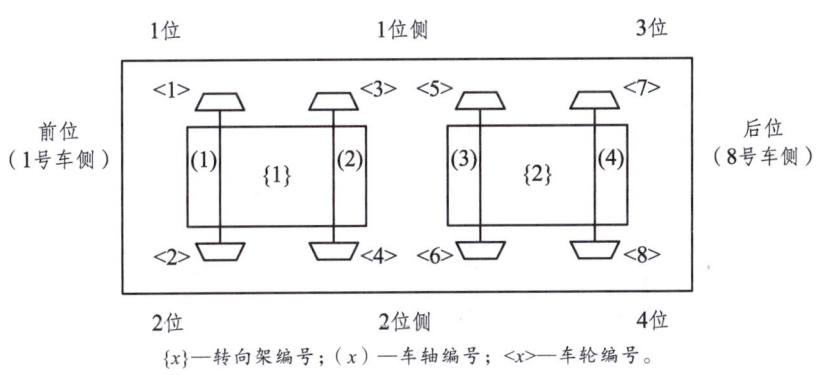

{x}—转向架编号；(x)—车轴编号；<x>—车轮编号。

图1.6 用于车辆定位的转向架、车轴及车轮编号的定义

9. 基础设备配置

CRH6A型城际动车组车体宽度为3 300 mm，采用2+2座椅布置，中间预留宽大走廊及车间通道，局部设茶桌，端部设可翻转座椅；设计等距车门，与站台屏蔽门相适应。在单号车设置卫生间，5号车设残疾人卫生间。CRH6A型城际动车组编组如图1.7所示，头车基本布局如图1.8所示，动车基本设备配置如图1.9所示，拖车基本设备配置如图1.10所示。

城际动车组系统修维修策略

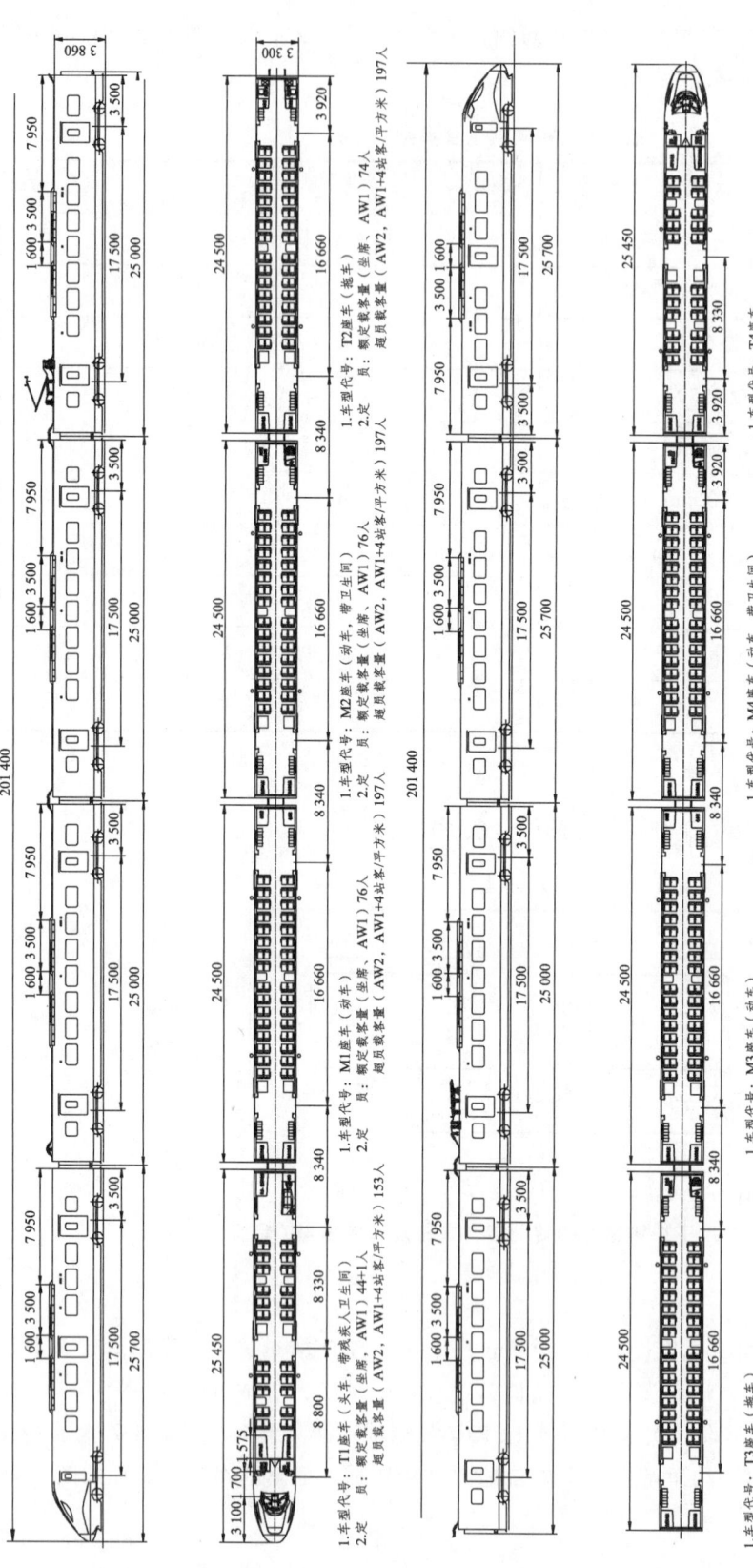

图 1.7 和谐号 CRH6 型城际动车组编组

1 城际动车组特点及维修发展概况

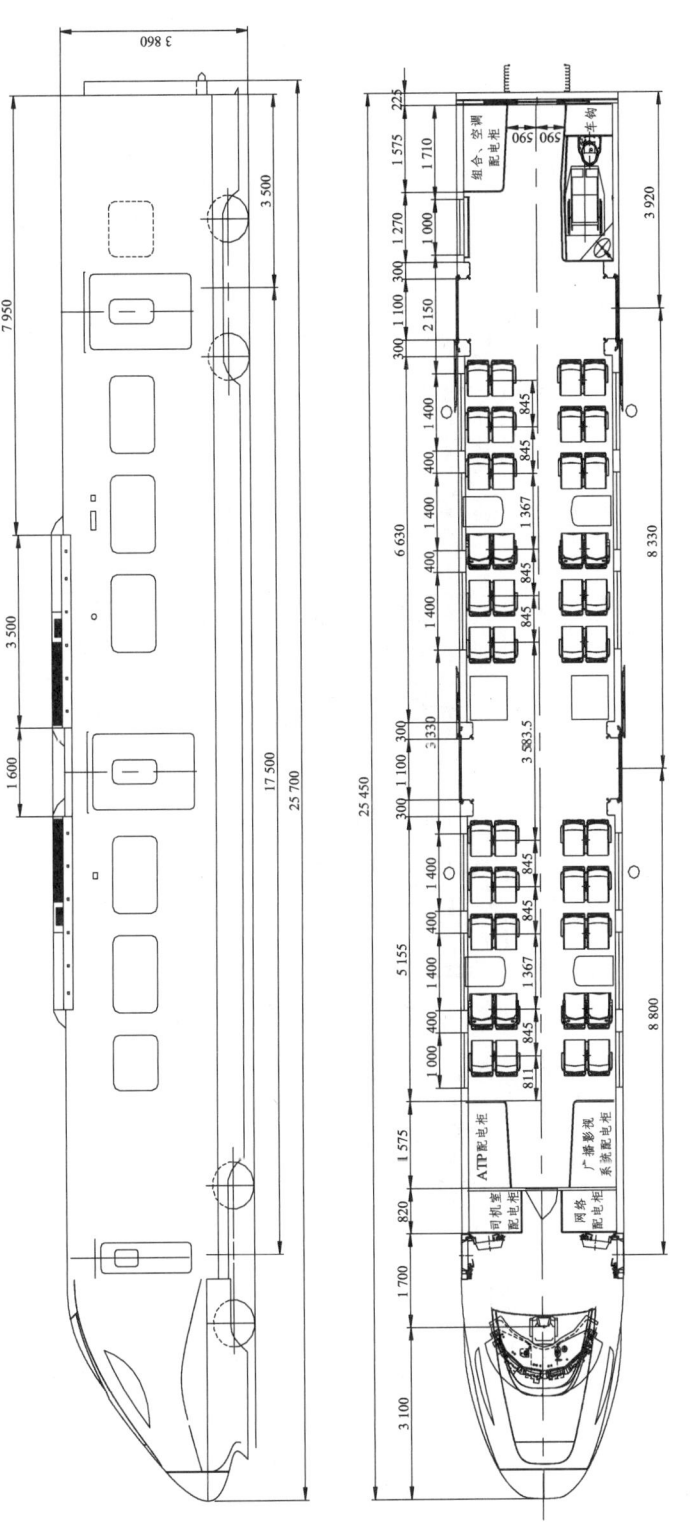

图 1.8 头车（1号车，T1）平面布置

1. 车型代号：T1座车（头车），拖车
2. 定员：额定载客量（坐席，AW1）44+1人
   超员载客量（AW2，AW1+4站客/平方米）159人

城际动车组系统修维修策略

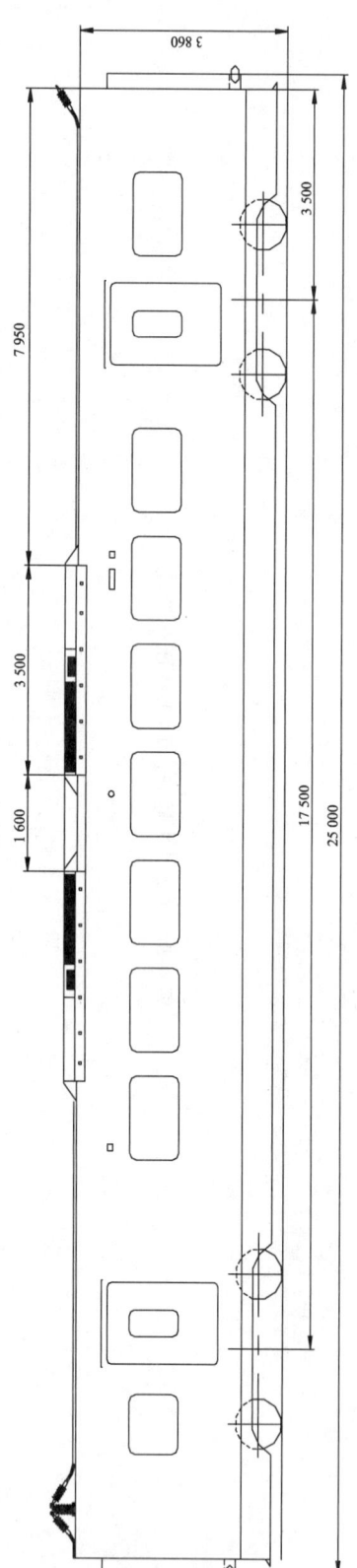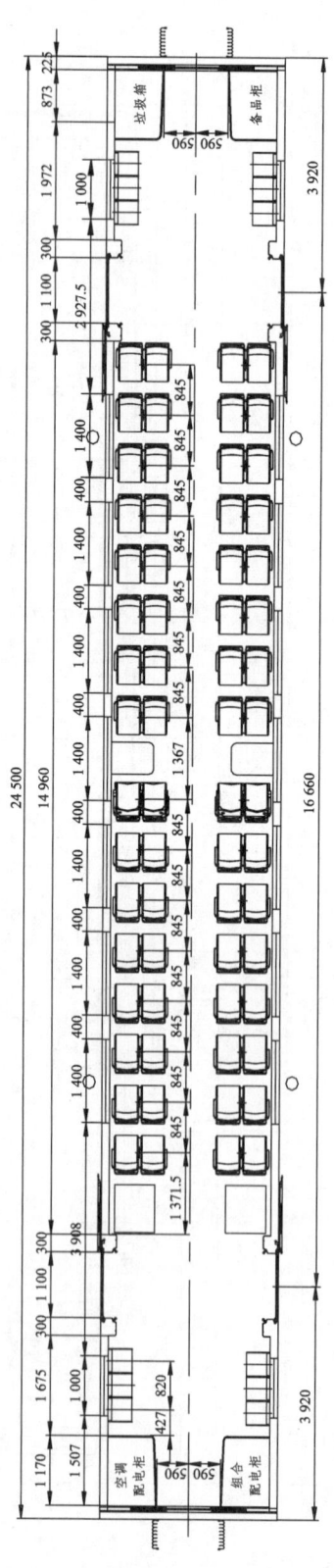

1. 车型代号：M1座车，动车
2. 定　员：额定载客量（坐席，AW1）76人
   超员载客量（AW2，AW1+4站客/平方米）198人

图1.9　动车（2号车，M1）平面布置

1 城际动车组特点及维修发展概况

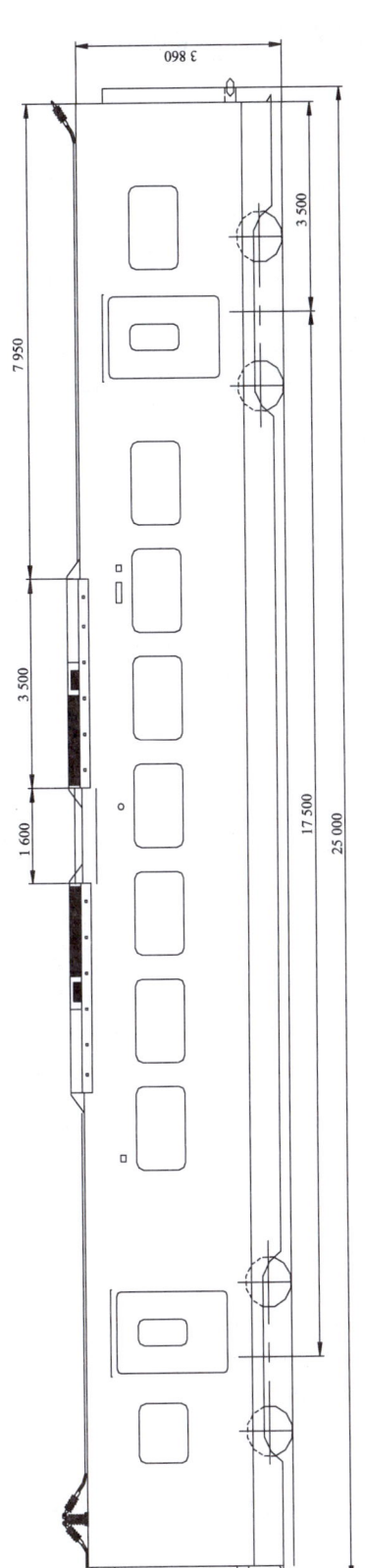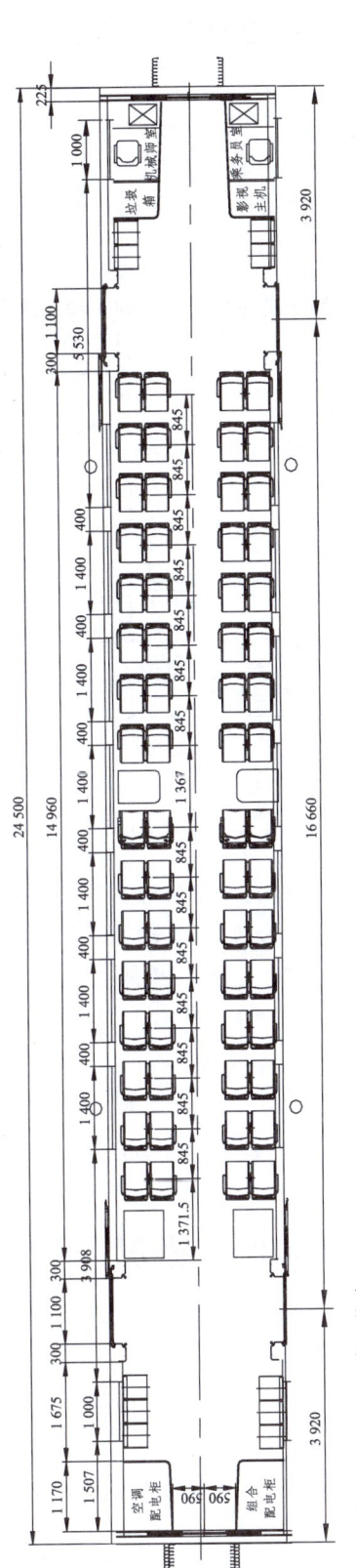

图1.10 拖车（4号车，T2）平面布置

1. 车型代号：T2座车，拖车（坐席，AW1）74人
2. 定员：额定载客量（AW2，AW1+4站客/平方米）197人

1.1.4 城际动车组与地铁列车和高速列车主要技术参数对比

对于城际动车组、高速列车和地铁列车而言,由于其本身设计和服务对象存在本质区别,其技术参数也相应有所区别。由于各型列车/动车组具体种类较多,下面主要对与 CRH6A 型城际动车组相比较具有代表性的地铁 A 型列车以及 CRH2A 型高速列车进行主要技术参数分析,其关键技术参数的主要区别见表 1.6。

表 1.6 城际动车组与地铁列车和高速列车主要技术参数对比

类别	城际动车组	地铁列车	高速列车
代表车型	CRH6A	A 型车	CRH2A
轴重/kN	≤170	≤160	≤140
车身宽度/m	3.3	3.0~3.2	3.38
供电制式	AC 25 kV 50 Hz	DC 1 500 V(750)	AC 25 kV 50 Hz
设计速度/(km/h)	200 以下	80~160	250
起动能力/(m/s^2)	0.65(0~40 km/h)	0.63(0~80 km/h)	0.406
减速能力/(m/s^2)	≥0.9	≥1	≥1.12
车门对数	2 或 3	5	2
受电弓类型	DSA250 型	CED125 型	DSA250 型
服务对象	短途城市之间	城市区域内	跨区域较长距离
辐射范围/km	50~200	整个市区范围	最远可达 1 000 及以上
站点距离/km	5~20	1~4	20~50

由表 1.6 可知,城际动车组的技术参数是介于地铁列车与高速列车之间的,不仅运行速度和辐射范围是介于地铁列车和高速列车之间,而且站点距离也介于两者之间。在其他很多方面,与其他两种类型的列车也各有相似与区别。其中,对于供电制式、车身宽度设计以及采用的受电弓类型,城际动车组采用的均与高速列车相同或相近,对于起动能力以及减速能力的设计与地铁列车较为接近。因此,在对城际动车组进行维修时,要充分考虑自身的各种特点和具体情况,借鉴高速列车维修和地铁列车维修策略,制定出适合城际动车组的维修策略。

1.2 城际动车组维修制度概况

1.2.1 维修制度与维修思想

1. 维修制度的定义

维修实践需要一种思想作为指导,称之为维修思想。在一定的维修思想指导下,制定出一套规定与制度称之为维修制度。

2. 维修思想

维修思想和维修制度大致可分为三个体系，即"事后维修"的维修思想、"以预防为主"的维修思想和"以可靠性为中心"的维修（Reliability Centered Maintenance，RCM）思想及其维修制度体系[1]。

1)"事后维修"的维修思想

"事后维修"的维修思想提出较早，这种维修思想是在装备发生故障以后才进行相关的维修保养。早在20世纪40年代以前，装备的维修一般都采用"事后维修"。这种维修思想实际上是由于当时的生产条件所决定的，由于采用的装备简单，平时几乎从未保养，等使用坏了再修。由于装备简单，排除故障容易，因此也谈不上有什么维修制度。

2)"以预防为主"的维修思想及计划预防维修制度

"以预防为主"的维修思想是从20世纪40年代开始逐步发展起来的。这种维修思想要求装备及其零部件在即将磨损到限或损坏之前就进行及时更换和修理，将维修工作做在故障发生之前。在这种维修思想指导下，形成了以磨损理论为基础的计划预防修制。由于把机件磨损或故障作为时间的函数，定时维修、拆卸分解就成了这种修制的主要办法。

3)"以可靠性为中心"的维修思想及其维修制度

"以可靠性为中心"的维修思想及其维修制度是在"以预防为主"的维修思想及计划预防修制的基础上发展而来的。随着经验的积累，人们发现维修频率并不是越高越好，相反会因为频繁拆装而出现更多的故障。装备的可靠性是由初始的设计制造过程决定的，除非对设备进行改进型维修，否则有效的维修只能保持其固有的可靠性。其维修思想主要认为，一切维修活动（改进型维修除外）归根结底都是为了保持和恢复装备的固有可靠性。因此，这种维修思想指导下所制定的维修制度就是根据装备及其零部件的可靠性状况，以最少的维修资源消耗，运用逻辑决断分析方法来确定所需的维修内容、维修方式、维修间隔期和维修等级，制定出维修大纲，从而达到维修最优化的目的。

1.2.2 维修制度分类与维修方式

1. 维修制度分类

维修制度包括维修计划、维修类别与等级、维修方式、维修组织、维修体制和维修考核指标体系等。它分为两大体系：一是在"以预防为主"的维修思想指导下，以磨损理论为基础的计划预防维修制度；另一个是在"以可靠性为中心"的维修思想指导下，以故障理论为基础的预防维修制度，称为"以可靠性为中心的维修制度"[2-3]。

1)计划预防维修制度

计划预防维修是指对机械设备的修理是有计划进行的。其要点是通过对机械零部件损伤的大量统计资料，进行分析研究后，把机械设备上不同损伤规律和损伤速度的零部件，科学地划分为若干组，并确定出不同零件的损伤极限，从而规定了不同修程的修理期限和修理范围。这样，使机械设备在运用中能得到有计划的修理，亦即零件尚未达到极限损伤之前就加以修复或更换，所以是预防性的、有计划的修理。

实现计划预防检修制度，需要具备以下条件：

（1）通过大量的统计、测定和试验研究，确定出机械设备主要零部件的修理周期；

（2）根据主要零部件的修理周期，同时考虑一般零部件的修理，合理划分修理类别等级和修程；

（3）制定出一整套相应的修理技术标准、检修限度和修理技术要求；

（4）具备按职能分工、合理布局的维修基地。

计划预防修制以机械设备故障率曲线（浴盆曲线）中耗损故障起始点来确定修理时间。计划预防修制的具体实施可概况为"定期检查、按时保养、计划修理"。计划预防修制度的关键是确定装备及其主要零部件的修理周期，合理划分修理等级及修理周期结构，制定维修的规程与规范。

2）以可靠性为中心的维修制度

以可靠性为中心的维修是目前国际上通用的、用以确定资产预防性维修需求、优化维修制度的一种系统工程方法。按照 GJB 1378—1992《装备预防性维修大纲的制订要求与方法》，RCM 定义为：按照以最少的资源消耗保持装备固有可靠性和安全性的原则，应用逻辑决断的方法确定装备预防性维修要求的过程或方法。

其基本思路是：对系统进行功能与故障分析，明确系统内各故障后果；根据设备的可靠性状况，用规范化的逻辑决断程序，以故障模式和故障影响分析为基础，确定各故障后果的预防性对策；通过现场故障数据统计、专家评估、定量化建模等手段在保证安全性和完好性的前提下，以最小的维修停机损失和最小的维修资源消耗为目标，运用逻辑决断分析等方法来确定所需的维修内容、维修类型、维修间隔期和维修级别，优化系统的维修策略。

（1）RCM 分析过程定义。

对设备进行维修决策主要依靠可靠性分析结果和维修决策原则，决策过程要按顺序回答 RCM 分析中的 7 个基本问题，7 个问题贯穿于整个 RCM 分析过程中。

① 功能：在具体使用条件下，设备的功能标准是什么。

进行设备维修的目的是将设备维持或恢复到原来固有的功能状态。首先需要确认某种设备的功能和性能指标，才能对其进行 RCM 分析。所以在进行 RCM 分析过程中，掌握设备的功能和性能指标是尤为重要，因为它是鉴别功能故障的依据。

② 故障模式：什么情况下设备无法实现其功能。

功能故障：设备不能实现其设计功能或不能满足所期望的性能标准。它包括功能的部分或完全失效、性能标准下降到不可接受的限度。

功能故障模式：引起设备功能故障的事件。故障模式的发生与设备的运行状态、设备材质、操作方式等因素有关。设备的功能和故障模式并不是一一对应的，一个功能可能有好几个不同的故障模式相对应。

③ 故障原因：引起功能故障的原因是什么。

分析功能故障的原因，有助于选择何种维修方式。

④ 故障影响：故障发生时，会出现什么情况。

分析故障影响是为了帮助确定故障的严重后果等级和需预防维修的级别。

⑤ 故障后果：故障在什么情况下至关重要。

根据故障的严重程度，将故障后果划分为安全性后果、运行性后果、经济性后果、隐蔽性后果四大类。把每个故障模式的影响进行分析归类，根据 RCM 决断图选择合适的维修模式。

⑥ 主动故障预防：做什么工作才能预防各故障。

主动性预防维修是为防止设备进入故障状态，在故障发生之前所采取的维修措施。它主要包括日常保养、定期维修、视情维修、定期更换等。

⑦ 非主动故障预防：找不到适当的主动故障预防措施应怎么办。

如不能选择有效的主动性预防工作时，选择适合的非主动性预防维修处理故障后的状态。故障后果是非主动性维修措施考虑的重要因素。它包括故障检查、故障后维修和变更设计。

要回答上述 7 个问题，必须对设备的功能、功能故障、故障原因及影响有清楚明确的定义，通过"故障模式及影响分析"对设备进行故障审核，列出其所有的功能及其故障模式和影响，并对故障后果进行分类评估，然后根据故障后果的严重程度，对每一故障模式作出"是采取预防性措施，还是不采取预防性措施待其发生故障后再进行修复的"决策。此外，还应明确如果采取预防性措施，应选择哪种办法。简单形式的 RCM 逻辑决断图如图 1.11 所示。

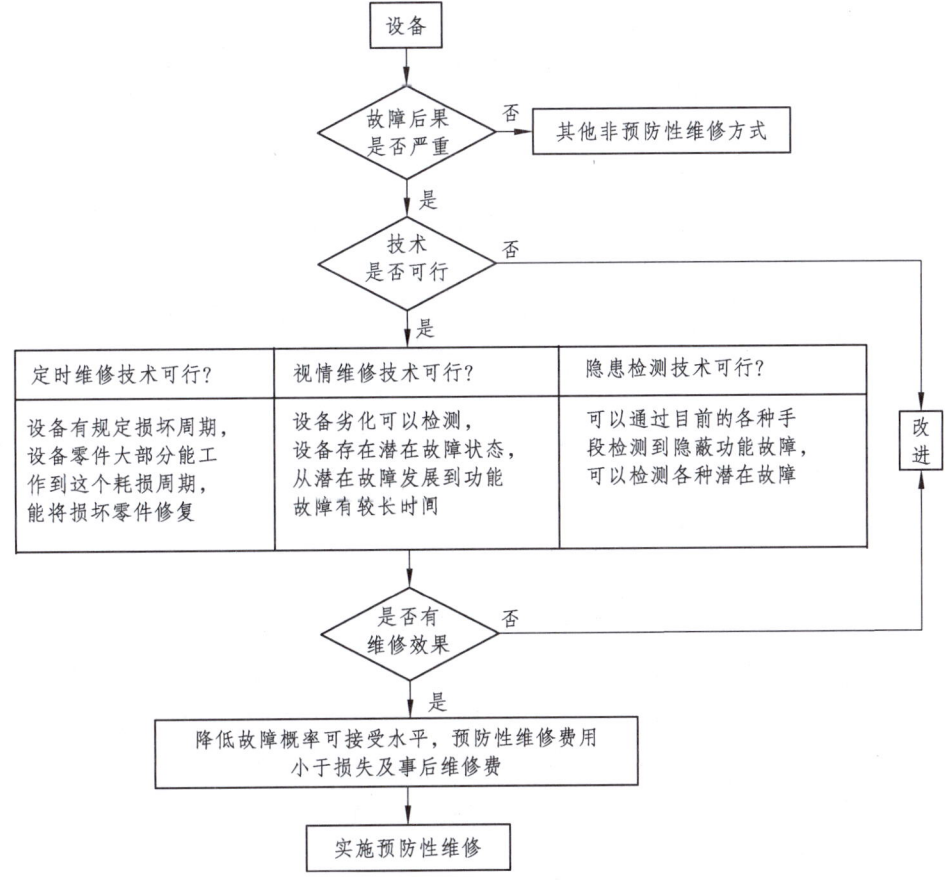

图 1.11　简单形式的 RCM 逻辑决断图

（2）RCM 分析流程。

2009 年，国际电工委员会（IEC）发布了 RCM 的国际标准 IEC 60300-3-11，将 RCM 的实施流程分为发起计划、故障分析、任务选择、实施和持续改进 5 个环节并形成一个闭环。RCM 分析流程如图 1.12 所示。

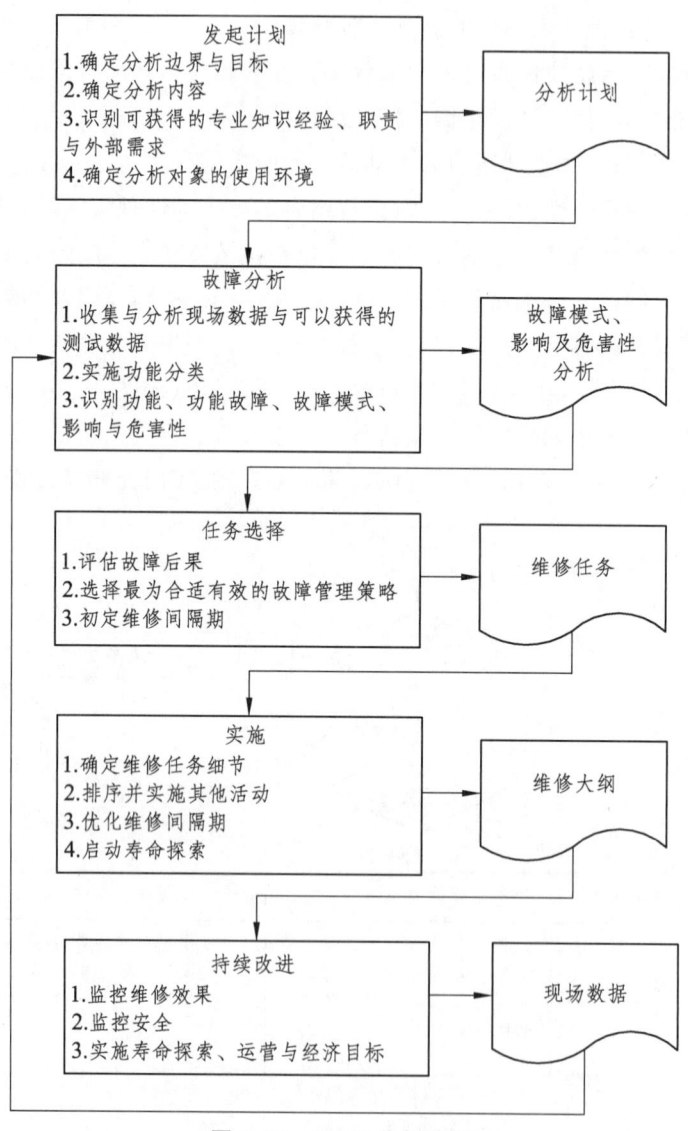

图 1.12　RCM 分析流程

（3）RCM 过程故障后果分类。

RCM 认为故障后果的严重程度影响着我们采取预防性维修工作的决策，即如果故障有严重后果，就应尽全力设法防止其发生。RCM 过程把故障后果分为 4 类。

① 隐蔽性故障后果：目前对设备运行没有直接的影响，但它有可能导致严重的、经常是灾难性的多重故障后果。

② 安全性和环境性后果：如果故障会造成人员伤亡，就具有安全性后果；如果由于故

障导致企业违反了行业、地方、国家或国际的环境标准,则故障具有环境性后果。如果无法完全排除故障,也应把这两类故障所带来的风险降到非常低的水平,这是 RCM 的一条基本原则。

③ 使用性后果:如果故障影响生产(产量、产品质量、售后服务或除直接维修费用以外的运行费用),就认为具有使用性后果。

④ 非使用性后果:划分到这一类里的是明显功能故障,它们既不影响安全也不影响生产,只涉及直接维修费用。

RCM 过程以上述后果分类作为维修决策的基础,通过将每种故障模式的后果按上述分类标准去归类,从而将维持设备的运行、环境和安全目标集合在一起,使预防维修的重点放在那些后果最严重的可能故障上。

(4) RCM 维修模式制定的原则。

针对上述故障影响,在制定 RCM 维修模式时,需遵循以下 4 种原则:

① 使设备功能丧失或影响安全的故障,必须进行预防性维修,如果预防性维修不能满足要求,则必须重新设计或改变设备的工艺流程,彻底消除安全隐患;

② 对于影响设备正常工作的故障,必须进行预防性维修;

③ 对于故障设备的修复,必须从经济性考虑,符合企业的制度标准,并考虑自主维修的可能性;

④ 产品的设计原则必须是便于维修的,满足标准化、模块化、互换性、可操作性的要求,易于故障查找和识别。

(5) RCM 分析方法。

RCM 分析方法主要包括确定重要功能项目、故障模式影响危害及其影响分析、进行逻辑决断分析、确定维修间隔和提出维修级别的建议 5 个步骤,具体内容如下:

① 确定重要功能项目:重要功能项目指的是其在故障影响、承担任务和经济性上占重要位置的项目,此类项目要做详细深入分析,但也不可能对设备的所有零部件逐个分析,且工作量较大,也没有这种必要。因此,在分析之前要对各系统设备做筛选,剔除不重要的项目,也可参考已有的设备故障情况以及设备故障对运营造成的影响来确定重要功能项目。

② 故障模式影响危害及其影响分析:对已确定的重要功能项目进行分析,从实现功能、故障影响、设备经济性等方面考虑,为后期的逻辑决断提供依据,若已有该分析结果,也可直接引用。

③ 进行逻辑决断分析:它是 RCM 分析的核心,通过它选择对各重要功能项目所适用的预防性维修的决策类型以及方法,或作出不做预防性维修的决策,或提出更改设计的建议。

④ 确定维修间隔:维修工作的间隔期直接关系到维修工作的有效性,也反映了维修工作量,维修工作的间隔期主要根据使用经验和试验数据确定,也可通过分析计算而定。

⑤ 提出维修级别的建议:维修级别根据逻辑决断的结果来定,预防性维修工作应逐项选择到耗资最低。

2. 维修方式的选择

选择维修方式应该从设备发生故障后对安全和经济性的影响来考虑。

定期维修和视情维修均属于预防性维修,可以预防渐进性故障的发生,事后维修则是非预防性的，多用于偶然故障或用于预防维修不经济的机件。定期维修是按时间标准送修，视情维修是按实际状况标准，而事后维修则不控制维修时间。

三种维修方式各有其适用范围，从这个意义上讲，它们本身并没有先进落后之分。然而应用是否恰当，则有优劣之分。问题的关键是应该根据维修的具体情况，正确地选择维修方式。在现代复杂设备上往往三种维修方式并存，相互配合使用，以充分利用各个机件的固有可靠性。

1.2.3 国内外动车组修程修制现状

1. 国外高速动车组检修制度

世界上高速铁路技术发展较早的国家为德国、法国和日本。三个国家分别根据各国实际情况，制定了符合本国的高速动车组检修制度[4]。

1）德国 ICE 系列动车组检修制度

德国 ICE 系列高速动车组修程设计方案以计划维修为大框架，采用走行公里周期方式，主要采用定期检测、保养与状态修相结合，小部件采用换件修，重要部件集中修相结合的办法，分为动车组日常运用检修检测、主要部件补充。德国高速动车组主要包括三大类检修：小规模修、高级修和大范围修。

德国 ICE 高速列车检修周期、检修停时及检修内容见表 1.7。

表 1.7 德国 ICE 检修周期

检修等级	检修周期/万 km	检修内容	检修停时
L 级 （日检）	$0.35^{+0.035}_{0}$	走行装置检查； 列车排污与供应装备； 列车内部清洁（二级）； 列车外部清扫	1 h
N 级 （周检）	$2.0^{+0.4}_{0}$	L 级检查的全部内容； 检查制动装置； 动力车驱动单元维护保养	2 h
F1 级检修	$6.0^{+1.2}_{0}$	N 级检查的全部内容； 轮对测量； 空调设备的保养； 检修门及旅客信息系统； 列车内部清洁（三级）	18 h
F2 级检修	$12.0^{+2.4}_{0}$	同 F1 级，但工作深度加大； 列车内部清洁（四级）	22 h
F3 级检修	$24.0^{+4.8}_{0}$	F2 级修理的全部工作； 安全装置的维修工作； 轮对车轴超声波探伤工作； 车内外彻底清洗（四级）	26 h

续表

检修等级	检修周期/万 km	检修内容	检修停时
F4级检修	$48.0^{+9.6}_{0}$	同F3	26 h
VREV 轻大修	120.0^{+24}_{0}	F4级检修的全部工作； 转向架检查、分解和更换； 制动机检修； 压力保护设备功能检查	4天
REV 重大修	240.0^{+48}_{0}	整列车进行分解、检查、修复； 整车全面清洗； 车体重新涂漆； 更换中间缓冲车钩，更换损坏的高压电缆； 进行压力密封实验和车体测量以及改善	13.5天

德国ICE高速列车的检修利用系统工程理论对高速列车的可靠性、检修性和可用性进行研究，主要具备以下优点：

（1）检测设备齐全，大量采用新技术、新设备，提高了检修精度和检修效率；

（2）采用不摘钩整列入库的检修模式，缩短了检修停时，提高了列车的可用性；

（3）全面应用检测数据管理系统，实现了真正意义上的状态修。

2）法国TGV高速列车检修制度

法国TGV高速列车的修程设置方案采用以时间周期为主，走行公里周期为辅的方式。其运输网络主要有巴黎东南线（LGV PSE）、大西洋线（LGV Atlantique）和北方线（LGV Nord）3大干线。高速列车是其主要运营的高速动车组，设置于上述三条干线附近的检修段，主要服务于高速动车组的检修工作，分别设置了Conflsans（孔夫朗）、Vileneuve Saint Georges（圣乔治新城）等多个检修段，分别负责各高速铁路线路上高速列车的检修。TGV检修一般分为三类：日常检查（内外清洗、预防性维修、运营检查、72 h的排污）、轻度检修（舒适度检修、例行检修、每4~5个月检修和大中修等）、重大检修（翻修、更新和事故重大修）。维修模式采用预防性维修，零部件换修方式。

预防性维修分为两类：

（1）条件性预防修：利用设备设施检测、检测方式判定零部件状态，更换损伤、磨耗零部件；

（2）系统性预防修：对无法检测零部件根据运用情况总结损伤、磨损规律，按走行公里或时间更换损伤、磨耗零部件。

法国国营铁路公司为降低检修成本，实现预防性维修，充分利用动车组在库内停留时间，实施零部件更换，并将更换下的零部件根据运用情况总结损伤、磨损规律，按走行公里或时间更换损伤、磨损零部件。其具体的检修周期及检修内容见表1.8。

表 1.8　法国动车组检修周期及检修内容

检修等级		检修周期	检修内容
日常检查	日常检查（EJ）	1 天	检查车内设施
	制动检查（EJM）	1 天	检查制动状况
	库停检查（NSN）	1 天	检查车组情况
	运营检查（ES）	两个往返或 2 500 km	全面检查列车，处理安全、运动和受流部件故障
	排污（WC）	3 天	对厕所排污
	基本清洗（NNO）	5 天	使用清洁设施对车组进行清扫、清洗
轻度检修	舒适性检查（ECF）	9 天	检修车内所有旅客服务设施及照明
	走行部检查（VOR）	18 天	在舒适性检查（ECF）和运营检查（ES）检修基础上，检修走行部齿轮及其他运动部件，检查闸瓦磨损、轮缘润滑情况
	例行检查（ATS）	36 天或 3.5 万 km	在走行部检查（VOR）检修基础上，检修牵引电动机、车钩，更换过滤器，隔次检查更换蓄电池、灭火器
	小型检修（VL）	4~5 个月	试验和检查各系统功能状态，对故障进行处理；修理磨耗件
	中型检修（VG）	9 个月或 24 万 km	加深小型检修（AL）作业项目维修
	专门清洗（SIV）	12 个月	彻底清洗车组内部
	旋轮（RPEL）	12 个月或 35 万 km	实施轮对仿形镟修
	大型检修（GVG）	18 个月	在中型检修（VG）检修基础上，更换转向架、牵引电动机等
重大检修	更新（OE）	约 8 年	整车内外重新涂漆，更换车内装修装饰
	大修（RG）	8 年或 280 万 km	更换大部件，并将更换下的大部件送工厂修理

法国 TGV 高速列车的检修以时间周期为主，走行公里周期为辅，具备以下一些优点：

（1）不同种类的高速列车的检修在不同的动车段内进行，便于管理，简化了检修设施；

（2）维修充分考虑预防性，维修工作人员不仅对他的工作负责，而且还对由他维修过的设备或部件的未来性能负责；

（3）重视列车监视，用车载自动检测装置和地面自动检测装置对列车进行监测。

3）日本高速列车检修制度

日本高速列车修程设置方案采用时间周期和走行公里周期并行的方式。日本铁路自 1987 年国铁民营化以后组成了 7 个公司，管理全国铁路，其中高速铁路分别由 JR 东日本、JR 东海和 JR 西日本管理。随着高速铁路运营公里数的增加以及高速列车的增多，日本铁路相继组建了东京、新泻、新大阪、博多和仙台等高速列车运转所及检修基地。其新干线高速动车组检修主要采用预防维修和事后检修，前者是指按照预先确定的走行公里或时间进行维修，后者是指发生事故后进行维修，其中预防检修又分为定期和临时检修，事故检修又称为故障处理。具体检修体系如图 1.13 所示。

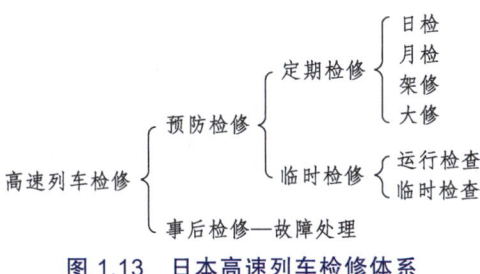

图 1.13 日本高速列车检修体系

日本高速列车在上述体系下制定的检修周期、检修停时及检修内容见表 1.9。

表 1.9 日本高速列车检修周期及检修内容

检修等级	检修周期	检修内容	检修停时
日常检查（双日检）	48 h	按规定补充更换易耗件，对轮对、底板、走行部零件及车顶受电弓等进行检查修复并对列控装置、车门等安全设备的操作情况进行检查	1 h
定期检查（月修）	30 天或 3 万 km	拆下车辆重要部件外壳，对受电弓、超高压电器、主回路、辅助回路、转向架、制动装置、电气装置等设备的内部状态进行仔细检查和功能测试，并进行超声波车轴探伤检查	4 h
转向架检修（架修）	12 个月或 60 万 km	对动车组进行车下检查，特别是转向架检查，对牵引电机、传动装置、转向架、弹簧装置、制动装置的主要部分进行拆卸或解体，利用超声波探伤和磁粉探伤技术对各部分进行检查	9 h
全面检查（大修）	36 个月或 90 万 km	主要部件拆卸分解，并全面检查和修理	10～13 天

运行检修：结合实际，动态对动车组实施检修和零部件功能作用的检查。
临时检修：对已发生或预测故障的动车组实施检修。
日本高速列车检修技术具备以下几点优势：
（1）检修技术在很大程度上是从普通列车检修技术延伸而来的，技术成熟；
（2）不同的检修公司所用的检修工艺大体一致，便于新技术的大范围推广；
（3）以时间周期和走行公里周期并行作为检修依据，有利于车辆运营安全。
目前世界上大部分国家在动车组修程修制的设置上均采用计划预防检修制度，"以可靠性为中心"的检修制度也广泛应用于高速列车检修的微观管理，如确定检修方式、实施质量控制、在各级修程中根据技术状态进行单元部件的更换修理等。
经对比分析，各国高速动车组的检修制度主要体现出以下几个特点：
（1）高速列车检修中大量采用新技术、新设备；
（2）用系统工程观点进行检修；
（3）在设计阶段对检修做综合考虑；
（4）检修停时缩短，车辆利用率提高。

2. 我国高速动车组检修制度

1）动车组修程修制框架的制定

我国高速列车在引进国外动车组检修理念和检修标准的基础上，通过管理模式和检修方法的创新，实现了动车组安全、高效运行的目标[5-6]。通过消化原型车修制的框架和要点，分析确定 CRH 系列动车组各级检修界面，确定各主系统和主要零部件的检修周期和检修要点，并结合线路试验和三级及以上的试修进一步完善适应我国高速列车的修程修制，制定了我国动车组修程修制框架，如图 1.14 所示。

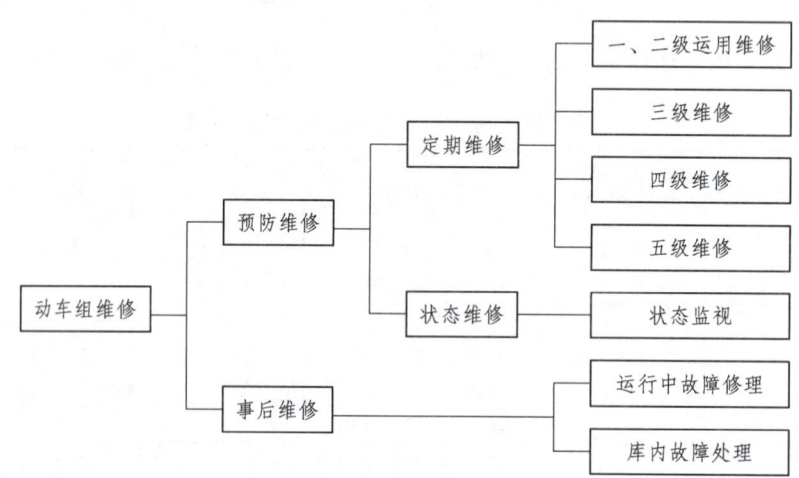

图 1.14 我国动车修程修制框架

2）检修周期

我国动车组的修程修制主要是借鉴引进川崎重工、庞巴迪公司、阿尔斯通公司、西门子公司的维修方案和检修方法，结合我国动车组运行条件，在确保动车组运行安全的前提下，形成了我国 CRH 系列动车组五级修程的修程修制体系。其中一、二级属运用维修，以维修保养为主；三、四、五级修为高级别维修，以恢复基本性能为主，并制定了相关检修规程和标准。我国 CRH 各型动车组检修周期见表 1.10。

表 1.10 我国 CRH 各型动车组检修周期

检修等级	检修周期			
	CRH1	CRH2	CRH3	CRH5
一级检修	4 000±400 km 或 48 h	5 000±500 km 或 48 h	5 000±500 km 或 48 h	5 000±500 km 或 48 h
二级检修	3.3 万~60 万 km 或 6~540 天	3 万~60 万 km 或 30~360 天	3 万 km 或 30 天等	3 万 km 或 30 天等
三级检修	120 万 km 或 3 年	60 万 km 或 1.5 年	120 万 km 或 3 年	120 万 km 或 3 年
四级检修	240 万 km 或 6 年	120 万 km 或 3 年	240 万 km 或 6 年	240 万 km 或 6 年
五级检修	480 万 km 或 12 年	240 万 km 或 6 年	480 万 km 或 12 年	480 万 km 或 12 年

3）一至五级检修概况

（1）一级检修也称为快速例行检查，属于运用范畴，在运行状态整备的状态下，以检查为主，对走行、制动、受电弓等部位进行全面检查，更换到限配件，检测试验各系统性能状态以及车外保洁、排污工作。

（2）二级检修也称为专项检修，是对动车组各系统、零部件的周期性维护保养、监测、试验。在一级检修的基础上，增加部分专项检修项目，如临修、超声波探伤、踏面修形等，同时提高检修深度。二级检修与一级检修一样，都属于运用范畴。

（3）三级检修也称为重要部件分解检修，在完成二级检修项目的基础上，重点对转向架进行分解检修，更换磨耗零部件，并对其余各系统实施状态检修和功能测试。

（4）四级检修也称为系统全面分解检修，对动车组各系统及分系统实施全面分解检修，检查检测其功能状态，更换寿命到期、破损及作用不良的零部件，并对车内设备设施进行翻修等工作，必要时对车体进行重新喷涂。

（5）五级检修也称为整车全面分解检修，在完成四级检修项目的基础上，对整车实施分解检修，大范围地更新零部件和升级改造，并重新进行全车涂漆，最终全面恢复动车组基本性能，使其检修后的技术状态接近新造车的水平。

其中，一至二级检修为运用检修，在动车所内进行；三至五级检修为高级检修，在具备相应车型检修资质的动车段、车辆厂进行。

除了上述五级检修外，还有动车组在运行过程中的检查，其任务是保证运行中的动车组具有良好的技术状态，防止事故发生，保证行车安全。检查主要由乘务人员及机械师进行，如乘务员接车时进行的性能测试，随车机械师对设备的巡检。

持续优化动车组修程、减少过渡检修、修程修制是相互联系的有机整体，进行优化调整时应分清主次、重视各级修程周期的协调关系，通过采用换件维修等方式，不断改进施修方案。

4）检修作业方式和检修流程

（1）检修作业方式。

动车组检修时有一个非常重要的目标是在确保其安全性和舒适性的前提下，提高检修的作业效率，最大限度地压缩检修停时，以提高动车组的使用效率和效益。为此，采取以下作业方式：

换件修：不论低级修程，还是中、高级修程，对在检修中出现故障的零部件采取更换同样零部件的方式进行维修。拆下的部件可送到制造工厂或其设立的维修机构。修竣后经过检验才能继续装车使用。

集中修：动车组的定期检修都集中安排在检修基地，运用所仅承担日常的例行检查和部分临修作业。动车组的大部件或关键部件的检修集中在相应的制造工厂或其设立的维修机构。

状态修：动车组的一些设备采用状态修方式，如旅客服务性设施，随检随修，始终保持其技术状态良好。对于部分设备或部件，按照使用寿命的界定。当不能适应其适用要求时，在其发生故障前予以更换（采用监视型的状态修）。

均衡修：为减少大检修停时，通过换件的方式将部分部件安排在运用过程中或其他较低级修程中进行，减少大修时的工作量，尽可能压缩动车组在修时间。

（2）检修工艺流程。

一、二级检修工艺流程：轮对踏面诊断、吸污作业、车体清洁/检修及故障处理、必要的检测、存放。

三级检修工艺流程：增加转向架分解检修流程和牵引系统部分分解检修流程，必要时要进行车体的气密性试验。

四、五级检修工艺流程：车体清洗、吸污作业、高压试验、拆解编组、拆卸设备、部件检修、检测和调试、车体检修及油漆、气密性试验、单元（车）试验、恢复编组、整列调试及试验。

5）高速动车组检修基地

（1）基地分类和建设要求。

高速动车组检修基地的设置应遵循"集中检修、分散存放"的原则，满足动车组"快速检修、安全可靠、高速运营"的检修运营要求。为此，动车组检修基地设置分为动车段和运用所两类。

动车段：重点承担动车组的集中检修和运用整备工作。检修和运用整备工作包括一级至五级各级修程，根据基地覆盖范围动车组配属情况，检修能力要充分满足集中检修的需要，存车能力规模适度，合理控制检修基地规模。

动车运用所：重点承担配属动车组运用整备和存放工作。运用整备工作包括一级至二级修程，根据动车组配属情况，动车运用所的整备能力、存车能力要满足需要，并使用分散存放的要求。

（2）我国维修基地的设置情况。

目前我国动车组的检修基地有北京、武汉、广州、上海、沈阳、成都和西安动车段共计7个维修基地，辐射东北、华北、华东、华中、华南等动车组密集地段。动车组检修基地拥有三、四级修的高级维修能力，负责动车组的定期检修。七大基地建设在能力上和规模上立足干线，并辐射周边地区；在覆盖范围上要立足于速度 200 km/h，兼顾速度 350 km/h。各检修基地由中国国家铁路集团有限公司统一管理，面向全路，服务全路。

2 动车组维修的基础理论和概念

2.1 维修的目的和意义

2.1.1 维修的目的

维修是指为保持或恢复产品处于能执行规定功能的状态所进行的所有技术和管理，包括监督的活动。维修可能包括对产品的修改（GB/T 3187—1994《可靠性、维修性术语》）。其主要目的是使产品保持、恢复或改善其规定的技术状态，即预防故障及其后果，在其状态遭到破坏，即发生故障或损坏后使其恢复规定的技术状态[7]。

在动车组运营过程中，必须定期对设备进行检修、维护和修理，才能维持设备的稳定性、可靠性，保证车辆的安全运行。

2.1.2 维修的重要性

维修使得设备能够保证基本功能，是动车组安全运营的重要环节，主要包括以下几点：

（1）维修是保障安全运行的重要保证。在实际生产过程中，设备维修工作与安全密不可分。维修可以及时发现设备损耗情况、设备故障，甚至是生产缺陷，疏忽了维修过程中的任意环节，都有可能会殃及安全，造成行车事故，因此要格外重视和加强维修工作，保障列车安全可靠运行。

（2）维修是增加生产效率的有效手段。动车组快捷、先进的维修是保持和提高铁路运输能力的重要保障因素。动车组具有较高的可靠性离不开高效维修的支撑，才能保证正点运行；高效先进的维修还能保持动车组的固有能力，即较好的可靠性。因此，不断完善维修方式和维修制度是提高动车组安全性、可靠性和可用性，扩大运输能力的有效途径。

（3）完备的维修体系增加运营的经济效益。日常维修技术要求简单、费用低，能够减少设备有形损耗，延长设备的使用寿命。除此之外，在整个寿命周期费用中动车组的维修费用占有极大的比重，通过采用完备的维修体系，可以减少冗余工作步骤所带来的维修工艺费用。

（4）维修是树立企业信誉、提升售后服务的重要手段。一方面，维修是企业售后服务的重要手段，通过售后服务开拓市场销售，建立企业形象。另一方面，通过维修能够保证动车组安全的正常运营，提供给乘客准时、高效的服务，同时良好的维修技术能保障乘客乘坐的舒适度，维护企业形象。

从以上几点可以看出，完备的维修体系不仅需要严格的维修技术排除故障、维持设备正常运行，还应具有较短的整备和维护时间，考虑到维修设备的使用率和效能，其将成为企业发展的重要环节。

2.1.3 动车组的维修特点

目前，各国对动车组的运用维修主要是在以可靠性为中心的维修（RCM）理论基础上，实行计划预防修，同时结合换件修和集中修模式，对关键配件按寿命周期严格管理，到期及时更换或报废[8]。根据动车组各系统部件的特点，采用状态修、集中修、换件修、均衡修等检修方式，确保动车组的运用维修质量。

"计划预防性维修为主，事后维修补充为辅"是我国动车组早期维修的主要维护体制，随着我国维修技术与世界接轨，动车组车地通信技术及先进诊断与预测技术的发展，我国已经具备了开展动车组状态维修的能力。目前我国动车组维修体制的方向已发展为"计划预防性维修为主、状态维修为辅、事后维修补充"，主要以可靠性和舒适性为中心，计划预防性维修与状态检测维修方式相结合[9]。我国动车组维修体制的发展趋势如图2.1所示。

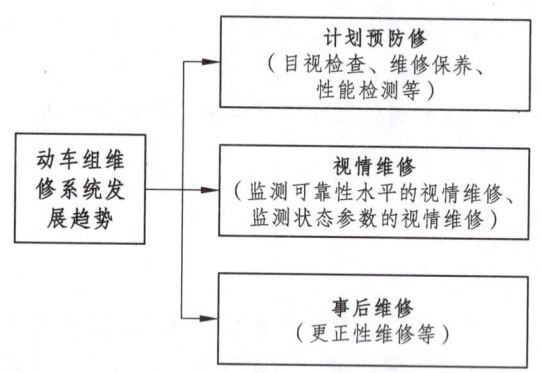

图 2.1 动车组维修系统发展趋势

2.2 维修理论相关的基本概念

1. 固定维修（Fixed Maintenance）

固定维修（Fixed Maintenance，FM）是以时间为基础的预防维修方式。它具有对设备进行周期性修理的特点，是根据设备的磨损规律，预先确定修理类别、修理间隔期及修理工作量，修理计划的确定是按设备的实际开动时数为依据。

2. 预防性维修（Preventive Maintenance）

预防性维修（Preventive Maintenance，PM）是指通过对产品的系统性检查、设备测试和更换以防止功能故障发生，使其保持在规定状态所进行的全部活动。它可以包括调整、润滑、定期检查等，主要用于其故障后果会危及安全和影响任务完成，或导致较大经济损失的产品。

预防性维修的目的是降低产品失效的概率或防止功能退化。它按预定的时间间隔或按规定的准则实施维修，通常包括保养、操作人员监控、使用检查、功能检测、定时拆修和定时报废等维修工作类型。新设备研制的初期，就应考虑预防性维修问题，提出减少和便于预防性维修的设计要求；应进行可靠的维修分析，应用逻辑判断的方法确定设备的预防性维修要求，制订设备预防性维修大纲，规定设备需要进行预防性维修的产品、工作类型、间隔期和进行维修工作的维修级别，确保以最少的维修资源消耗保持设备固有可靠性和安全性水平。

3. 基于状态的维修（Condition Based Maintenance）

状态修（Condition Based Maintenance，CBM）由数据采集和数据处理组成，通过嵌入式传感器、便携式设备外部测试工具等方式进行状态监测，其重点在于早期故障检测与当前健康评估。基于数据处理产生一系列可行的状态信息，考虑是否维修更换，作出维修决策，其目的是仅在必要时进行维修，从而避免了不必要的维护任务。

CBM可以应用在以下系统中：①在某种程度上认为系统是确定性的；②系统是静态的；③可以提取良好健康指标的监测信号。如果系统是一个概率系统，无法使用已知的关系模型轻松确定其输出，无法基于系统的领域知识和历史观察来准确预测未来的行为，在充满不确定性的系统中，可靠性维修更为适合。

4. 剩余使用寿命（Remaining Useful Life）

剩余使用寿命（Remaining Useful Life，RUL）基于首达时间的概念获得，定义 $X_{1:k} = \{X_1, X_2, \cdots, X_k\}$ 为在状态监视时刻 $t_1, t_2, \cdots, t_k$ 得到的退化信号观测值。根据退化信号首次越过设定阈值 γ 的时间和退化信号的历史观测值 $X_{1:k}$，定义 t_k 时刻的RUL为

$$RUL_k = \inf\{l_k : X(l_k + t_k) > \gamma | X_{1:k}\} \qquad (2.1)$$

5. 异常、故障与失效

异常是指系统中的不规则或偏离标准状态。

故障是指产品不能执行规定功能的状态，通常指功能故障，因预防性维修或其他计划性活动或缺乏外部资源造成不能执行规定功能的情况除外。

失效是指产品丧失完成规定功能的能力的事件。实际应用中，特别是对硬件产品而言，故障与失效很难区分，故一般统称为故障。

6. 故障及表现形式

在产品实际使用过程中，为了使产品保持工作状态，通常在产品发生故障或工作到一定时间时，对产品进行维修，包括故障排除、维护保养和预防性维修等，使产品恢复到正常工作状态。因此，产品在整个寿命周期内的运行进程是"正常工作—故障维修或预防性维修—正常工作"交替出现。以产品故障后进行维修（即修复性维修）为例，图2.2反映了维修条件下产品工作与故障的示意图。T_i 和 Y_i（$i = 1, 2, \cdots, n$）分别表示产品第 i 个周期的工作时间和故障时间。

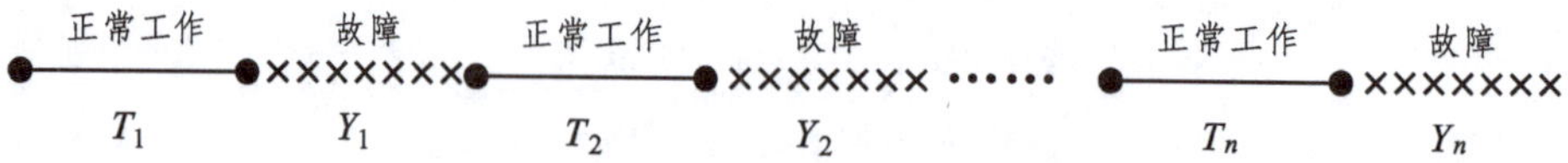

图 2.2 产品正常工作与故障示意图

部件发生故障是随机的，根据表现形式，可将故障分为突发型故障和退化型故障两种类型，与之相对应的寿命（可靠性规律）也有两种表现形式。

1）突发型故障

产品在使用或储存过程中，如果一直保持着规定功能，但是在某一时刻功能突然完全丧失，那么此时故障表现为突发型故障，如电路短路等。该类故障的特点是往往没有顶兆，故障过程不可观测。

2）退化型故障

产品在使用或储存过程中，如果性能状态随着时间的延长逐渐变化（提升或下降），直至达到某一阈值或范围，规定功能会完全丧失，那么此时故障表现为退化型故障，如机械件磨损。该类故障过程往往可以观测。

7. 故障诊断（Fault Diagnosis）

故障诊断（Fault Diagnosis，FD）是查找设备或系统的故障的过程。设备故障诊断的任务是监视设备的状态，判断其是否正常；预测和诊断设备的故障并消除故障；指导设备的管理和维修[10]。

1）状态监测

状态监测的任务是了解和掌握设备的运行状态，包括采用各种检测、测量、监视、分析和判别方法，结合系统的历史和现状及环境因素，对设备运行状态进行评估，判断其是否处于正常状态，并对状态进行显示和记录，对异常状态发出警报，以便运行人员及时处理，并为设备的故障分析、性能评估、合理使用提供信息和准备基础数据。

2）故障诊断

故障诊断的任务是根据状态监测所获得的信息，结合已知的结构特性和参数以及环境条件，结合该设备的运行历史（包括运行记录和曾发生过的故障及维修记录等），对设备可能要发生的或已经发生的故障进行预报和分析、判断，确定故障的性质、类别、程度、原因、部位，指出故障发生和发展的趋势及其后果，提出控制故障继续发展和消除故障的调整、维修、治理的对策措施，并加以实施，最终使设备复原到正常状态。

3）指导设备的管理维修

设备的管理和维修方式的发展经历了三个阶段，即"事后维修方式—定期预防维修—视情维修发展"。定期维修制度可以预防事故的发生，但可能出现过剩维修或不足维修的弊病。视情维修是一种更科学、更合理的维修方式。但要能做到视情维修，有赖于完善的状态监测和故障诊断技术的发展与实施。

8. PHM 技术

故障预测与健康管理（Fault Prognostics and Health Management，PHM）是为了满足自主保障、自主诊断的要求提出来的，是基于状态的维修（CBM）的升级发展。它强调资产设备管理中的状态感知，监控设备健康状况、故障频发区域与周期，通过数据监控与分析，预测故障的发生，从而大幅度提高运维效率。要实现 PHM，既需要大数据分析技术，又需要非常密集的行业知识、经验和模型作为支撑。

健康监测系统作为 PHM 技术在结构领域的具体应用，一般应具备如下功能：故障检测、故障隔离、故障诊断、故障预测、健康监测和寿命追踪。对于复杂装备和系统，健康监测系统应能实现不同层次、不同级别的综合诊断、预测和健康监测。

健康监测技术的迅速发展导致了维修和保障模式从状态监控向状态管理的转变，这一技术的实现将使原来事后维修或定期维修被基于状态的维修所取代。健康监测是一种全面故障检测、隔离和预测及健康监测技术，它的引入不是为了直接消除系统故障，而是为了了解和预报故障何时可能发生，或在出现始料未及的故障时触发一种简单的维修活动，从而实现自主式保障，降低使用和保障费用的目标。健康监测从传统的基于传感器的诊断转向基于智能系统的预测，反应式的通信转向先导式的 3R（在准确的时间对准确的部位采取准确的维修活动）。健康监测能以较高的故障诊断能力和非常低的虚警率来确定部件完成其功能的状态过程。健康退化曲线如图 2.3 所示。

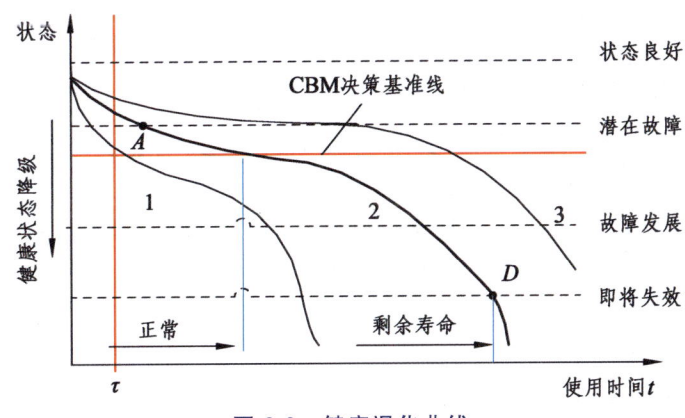

图 2.3 健康退化曲线

如图 2.3 所示，曲线 1、曲线 2、曲线 3 表示部件或系统的健康退化过程，由于损伤发展的随机性、载荷的不确定性以及失效模式的多样性等原因，部件或系统使用寿命的分散度很大，采用定时维修，即基于使用寿命的统计学估计确定维修间隔 τ，既不能有效避免部件突然失效（图 2.3 中的部件"1"）而造成的事故，还因为替换下有很长剩余使用寿命的部件（图 2.3 中的部件"3"）而造成了浪费，并增加了因例行检查和更换而造成的人为故障。部件或系统的状态（健康水平），经历一个从状态良好、早期的潜在故障（初步损伤）、故障发展和最终失效这样一个退化过程。PHM 的目标不仅仅在故障发生时进行诊断、隔离，更关注于在早期的潜在故障发生时预测损失演变过程，根据诊断/预测信息、可用资源和使用需求作出维修决策，实现健康管理。

2.3 维修类别与维修模型

2.3.1 维修的相关定义

维修是使车辆保持或恢复到规定状态所进行的全部活动。由定义可知,维修包含的活动非常广泛,各种各样。例如,维护是一种最常见最简单的维修活动,它是为使车辆保持规定状态所需采取的措施,如润滑、加油、紧固、调整和清洁等。维护通常也称为保养。

维修贯穿于车辆使用寿命的全过程,其目的主要有两个:一是保持车辆处在规定状态,即预防故障及其后果;二是在车辆状态受到破坏(即发生故障或遭到损坏)的情况下,使其恢复到规定状态。

鉴于维修活动的多样性,维修工程理论按照多种分类方法对维修进行如下分类。

(1)按照故障是否发生,可将维修分为预防性维修和修复性维修。预防性维修是通过系统检查、检测和消除车辆的故障征兆,使其保持在规定状态所进行的全部活动。修复性维修是车辆发生故障后,使其恢复到规定状态所进行的全部活动,也称修理或事后维修。

(2)按照维修时机,可将维修分为定期(定时)维修和视情维修。定期(定时)维修是指车辆使用到预先规定的间隔期时,即按事先安排的内容进行的维修。视情维修是指对车辆进行定期或连续监测,发现其有功能故障征兆时,进行有针对性的维修。两者均属于预防性维修。

(3)按照维修管理的计划性,可将维修分为计划维修与非计划维修。计划维修是按预定的安排而进行的维修,它通常是一种预防性维修,如舰船的坞修、小修、中修等均是大型复杂的计划维修。非计划维修是指根据车辆的某些异常状态或某种需要而进行的维修,它通常是一种事后维修,如舰船的临时性抢修。

(4)按照维修方式,可将维修分为原位维修与离位维修。原位维修是指维修对象不拆离原来所在位置而进行的维修,如常见的车辆日常保养。离位维修是维修对象拆离原来所在位置而进行的维修。

2.3.2 维修常见的活动

维修活动是使车辆保持或恢复到规定状态所必需的一种或多种基本维修作业,如故障定位、隔离、修理和功能检查等,常见的维修活动主要包括以下类别。

(1)机械加工。机械加工是机械零件最主要、最基本和最广泛的修复工艺方法,包含修理尺寸、镶套和铆补等。修理尺寸就是对磨损配件中某一个机件进行加工,使其具有正确的几何形状,满足装配间隙的要求。该工艺方法修理质量高,修理后机件工作可靠。

(2)变形修复。变形修复是利用金属或合金的塑性变形性能,使零件在一定外力作用下改变其几何形状而不损坏,包括镦粗、挤压扩张和压延等。镦粗是利用压力来增加零件的外径尺寸或缩小内径尺寸的一种加工方法。挤压是利用压力将零件不需要严格控制尺寸部分的材料挤压到受磨损的部分。

(3) 电镀。电镀是在直流电场作用下,利用电解原理,使金属或合金沉淀在零件表面上,形成均匀致密、结合力强的金属镀层的过程。该工艺方法不仅可以修复磨损零件尺寸,还能改善零件的表面性质,提高耐磨性和耐腐蚀性。

(4) 焊修。焊修是利用焊接、堆焊和喷焊等工艺修复磨损或损坏的机械零件。该工艺方法能够修复多种缺陷,焊层硬度和强度可以控制,设备简单。

(5) 热喷涂。热喷涂是利用热源将喷涂材料加热熔化或软化,靠热源自身的动力或外加的压缩气流,将熔滴雾化或推动熔粒成喷射的粒束,以一定的速度喷射到基体表面形成涂层。该工艺方法近年来发展较快,目前在航空航天、机械、电子、钢铁冶金、能源、交通、石油、兵器等各个领域都具有不同程度的应用,并在高新技术领域发挥了作用。

(6) 粘接。粘接是利用胶黏剂通过表面作用将材料连接。该工艺方法不仅用于结构连接、固定、密封、堵漏、绝缘、导电,还广泛应用于机械零件的耐磨损修复、耐腐蚀修复和预保护涂层,也可用于修补零件上的各种缺陷。

(7) 检查。检查主要通过技术手段对产品的性能状态进行掌握,是采取其他维修活动的前提。例如,检查动力系统的压力表等。

(8) 更换。更换主要针对发生故障或者未发生故障但按规定需要更换的零部件。更换会造成备件消耗。更换的具体对象体积可以很小,如垫圈、螺丝,也可以很大,如整个电路板。通常认为更换后产品的性能状态可以得到彻底恢复。

2.3.3 维修分类

维修方式是指对设备维修时机的控制,也就是说对维修时机的掌握是通过采用不同的维修方式来实现的。维修需要在一定的维修思想指导下进行,制定出一套规定与制度。目前的维修方式按照维修的时间可分为事后维修与事前维修,按照维修量可以分为最小维修、完全维修和不完全维修。

1. 按照维修的时间分类

事后维修也称为故障修,即在发生故障后进行维修,又分为推迟维修和立即维修,事后维修是最原始的设备维修制度,在设备发生故障后再进行修理的一种维修方式。事后维修只能用于简单装备,故障排除较为容易,充分地利用了零部件和系统的使用寿命。但是这种维修方式的前提是已经发生故障,会使车辆的可靠性、安全性降低,重则发生事故。另一方面,由于缺乏修理前的准备,设备停工修理时间比较长,同时由于这种修理是无计划的,常常打乱运营计划,造成经济损失。虽然作为最原始的维修制度存在很多弊端,但作为一种维修方式,对于任何突发故障都得采用。

预防性维修是指在部件尚未发生故障时提前对其进行维修活动,能够有效降低随机故障发生的概率并大幅减少部件的停机损失,在保证部件运行安全性的同时也提高了企业的经济性。预防性维修与事后维修相比,其优点主要体现在以下几方面。

(1) 按照预防性维护的策略执行维修计划可以有序地执行维修活动,在人员调度方面节省费用和时间。

（2）执行预防性维护可以有效减少随机故障发生的次数。

（3）将设定的预防性维护计划与企业的实际生产计划结合起来，减少由于随机故障造成的停机时间和停机损失成本，同时也能提高部件的可用度。

预防性维修与事后维修相比虽存在诸多优点，但是在实现其维护活动方面存在一些困难，由于该维护策略需要较高精度的维护周期设置，不合理的维护周期将导致维护计划的混乱，容易造成"维修不足"或者"过度维修"的情况。此外，预防性维护需要提前维护运行正常设备，不合理的维护周期也会对设备使用寿命造成一定的浪费。

2. 按照维修量分类

设备可以根据维修量，或者运行状态的恢复程度分为五种主要维护方式：最小维修、完全维修、不完全维修、较差维修和极差维修。假设部件在第 $i+1(i=0,1,2,\cdots)$ 次预防性维修前，则部件的运行可靠度可表达为 $R_i(t)$，经过预防性维修后部件的运行可靠度则表示为 $R_{i+1}(t)$。

1）最小维修

最小维修是指当部件在运行过程中发生故障停机时，及时对部件进行维修活动，维修工作完成后，部件的功能恢复到发生故障前的状态，且维修前后部件的故障率保持一致。最小维修的作用是在故障后能及时恢复部件的运行状态，即修复后与修复前故障率是相同的。在对部件进行最小维修之前和之后的可靠度表示如下：

$$R_{i+1}(t)=R_i(t) \tag{2.2}$$

2）完全维修

完全维修是指在发生故障之前根据设定的维护计划提前对部件执行的维护活动。维护后部件的故障率降为零，部件的性能状态恢复到全新运行状态，此时可靠度为 1，即修复如新。完全维修通常对部件采取的维修活动主要是全面大修，将故障部件直接更换为全新部件。完全维修后部件的可靠度表达如下：

$$R_{i+1}(t)=1 \tag{2.3}$$

3）不完全维修

不完全维修是指介于上述两种状态之间的维护模式，这意味着部件经过不完全维修后的运行状态尚未完全恢复到全新状态，且在故障维修后部件的可靠度也未降至零。部件的性能恢复状态低于完全维修，但高于小修后的恢复状态。在当前的预防性维护模式中，大多数维护活动属于不完全维修，维护前后部件的可靠度可表示如下：

$$R_{i+1}(t)=R_i(t+\alpha t_m) \tag{2.4}$$

式中，α 为部件维修完成后的可靠度恢复因子，取值根据维修工人的经验或者历史数据确定，t_m 表示部件在第 $i-1$ 次维修活动结束至第 i 次预防性维修前的维修间隔。

4）较差维修

较差维修是指维修使产品的状态变得更差，导致维修后产品的故障率增加、寿命缩短等。例如，维修过程中更换错误的部件、维修人员操作不当等维修行为会引入新的故障，导致维修后产品的可靠度较维修前有所下降，出现较差的维修效果。

5）极差维修

极差维修是指维修导致产品发生故障，如在维修过程中利用了故障备件等。此时，可以认为维修后产品的可靠度近似0。

通常情况下，通过开展合适的维修活动，可以有效恢复产品状态，达到较好的维修效果。预防性维修活动对产品可靠性具有非常积极的作用：一方面，预防性维修可以推迟产品故障的发生，有效地延长其使用寿命；另一方面，预防性维修可以在产品发生故障之前提前恢复其性能状态，提高产品连续完成任务的能力，并避免故障带来的一系列不利影响，如经济损失、人身安全。

2.3.4 维修策略及维修组合

1. 常见维修策略

1）预防性维修策略

目前，以"预防为主"和"以可靠性为中心"的维修思想指导是维修思想的两大主要体系。

在监测技术和数据处理技术成熟之后，预防性维修的方式得到发展，其通过定期或不定期检测得到设备的状态，并以此来确定维修时机。预防性维修是基于大量的设备故障不会瞬时发生，而需要发展一段时间，即设备的功能故障在发生前有一定的故障征兆表现，当这些故障征兆出现的时候，才对设备进行维修。维修方式分析见表2.1。

表 2.1 维修方式分析

维修策略	维修依据	使用范围	维修费用
定期维修	故障规律及经验	故障发展迅速，不支持视情维修	所需备件多，有停产损失
预防性维修	监测数据	故障发展缓慢，配有精密监测设备	维护费用高
事后维修	故障统计数据及经验	偶然故障	充分的维修时间，有停产损失

2）修复性维修策略

修复性维修策略也称为修理或排除故障，它是产品发生故障或遭到损坏后，使其恢复到规定技术状态所进行的维修活动。它可以包括下述一个或全部活动：故障定位、故障隔离、分解、更换、再装、调校、检验及修复损坏件等。

针对故障后果不太严重的产品，往往采取修复性维修策略。该类产品平时仅进行简单的预防性维修活动，如标校、润滑等（即维护）。只有在产品发生故障后，才对其进行相对复杂的维修活动，即对产品性能状态进行彻底恢复或部分恢复。在预防性维修活动类型确定的情况下，修复性维修策略一般对预防性维修的周期或修复性维修的次数进行优化决策。

3）维修组合策略

维修组合策略是为了充分利用各种维修活动的优点，在产品使用过程中采取将多种维修活动组合在一起的方式进行维修。例如，定期维修与修复性维修组合策略、定期维修与视情维修组合策略等。

维修组合策略通常根据产品故障后果及产品使用特点进行选择，同时要考虑实施维修组合策略的经济性等因素。若故障后果不太严重，则可以选择定期维修与修复性维修组合策略；若故障后果较为严重，则通常选择定期维修与视情维修组合策略。同时，维修组合策略还可以根据维修效果进行分类。例如，当产品采取定期维修与视情维修组合的维修策略时，可根据视情维修的维修效果，分为定期维修与完全视情维修组合、定期维修与不完全视情维修组合两种维修策略；当产品采取定期维修策略时，若修复性维修表现为极小维修，则可将其记为基于极小修复性维修的定期维修策略。

2. 故障后果与维修活动

故障后果是一个重要的可靠性特征，为了有效保持产品状态，充分发挥产品效益，必须根据产品故障可能产生的后果选择合适的维修策略。当产品故障后果不同时，选择的维修策略也不尽相同。通常情况下，产品的故障后果可以分为一般性故障后果、经济性故障后果和安全性故障后果。

1）一般性故障后果

当故障造成的损失和影响可以接受或可控时，如产品故障只会造成允许范围内的一定经济损失等，该类故障后果可称为一般性故障后果。

对于产生一般性故障后果的产品，一般可采用修复性维修策略对其实施维修，即产品发生故障时才实施修理。对于大多数产品，人们往往采取定期维修与修复性维修组合策略。该维修组合策略要求对产品定期进行如标校、计量等维修（维护）活动，通常表现为不完全维修，主要对性能状态进行一定的恢复，延缓产品故障发生。产品发生故障后，便会对其进行完全修复性维修，彻底恢复产品的性能状态。由此可见，对于产生该类故障后果的产品，维修策略选取主要以修复性维修为主，并结合实际情况增加一定的定期维修，以便发挥不同维修策略的优势。

2）经济性故障后果

当故障带来的损失和影响难以接受时，如生产线故障停机会造成巨额的经济损失，该类故障后果可称为经济性故障后果，也称为使用性故障后果。

为了避免经济性故障后果的发生，通常采取预防性维修策略，即在故障发生前及时采取对应的维修活动。例如，对于性能状态可以检测的产品，往往采取视情维修策略；对于性能状态不可检测的产品，往往采取定期维修策略。同时，为了使产品以较好的性能状态继续工作，在视情维修策略的基础上，有些产品会增加定期维修活动，即对产品采取定期维修与视情维修组合策略。由此可见，对于产生该类故障后果的产品，维修策略选取主要以预防性维修为主，并可考虑采取多种维修活动组合的方式。

3）安全性故障后果

一旦故障造成的影响十分恶劣，危及人身安全时，例如，民航飞机飞行过程中发动机故障，可能会造成机毁人亡，该类故障后果可称为安全性故障后果。对于产生安全性故障后果的产品，人们希望利用预防性维修活动将产品的故障概率控制在极低的水平，使其基本不能发生。目前，在以费用率、可用度等为目标函数的基础上，通过增加可靠性指标（如可靠度、故障率等）或故障后巨额维修费用作为约束，对该类产品的维修活动或者维修时机进行优化决策，以达到控制故障发生概率的目的。例如，当采取视情维修策略时，可以规定检测周期较短，或者预防性维修阈值较低，以便在产品发生故障前及时进行性能状态恢复。由此可见，针对产生该类故障后果的产品维修策略选取仍以预防性维修为主，不同之处在于制定过程需要控制其故障发生的概率。

3. 维修策略的选择原则

产品维修策略的选择必须遵循"以最少的维修资源消耗保持产品固有可靠性和安全性"的原则。对于一个具体产品，其维修策略需要与该产品的实际使用方式相适应，同时需要在技术可行性、适应性与有效性等方面进行综合权衡。具体来说，应在两个方面进行综合权衡：一是维修工作在技术上可行且适用，即该维修工作能够有效实施；二是维修工作有效，能够预防故障或降低故障后果，即值得去做。根据 GJB 1378A—2007《装备以可靠性为中心的维修分析》，产品维修策略的选择程序可利用应用逻辑决断的方法进行确定。应用逻辑决断的方法实际上就是依次回答以下 7 个问题。

（1）在现行的使用背景下，产品的功能及相关的性能标准是什么，即规定的功能；
（2）什么情况下产品无法实现其功能，即故障；
（3）引起各功能故障的原因是什么，即故障模式；
（4）当各故障发生时，会出现什么情况，即故障影响；
（5）各故障在什么情况下至关重要，即故障后果；
（6）做什么工作才能预计或预防各故障，即维修时机和目的；
（7）找不到适当的主动性维修工作应怎么办，即非主动性工作（如重新设计）。

通过回答以上 7 个问题，确定部件的故障模式、可靠性建模方法；针对实际使用需求，设计维修策略优化方法，合理安排维修时机。

2.3.5 预防性维修与更换模型

1. 最小费用模型

预防性维修与更换费用只包含目标部件维修所产生的费用，而对于事后维修的，由于部件间不是相互独立的，所以在目标部件发生故障时，不仅包含已经发生故障的目标部件，同时也可能覆盖了故障部件所影响的其他部件与组件损坏。因此，对于维修和更换来说，预防性维修产生的总费用小于事后维修的总费用。

定时更换策略包含固定时间间隔的预防性更换，以及故障更换。前者根据预定的时间更换部件与组件，假设在故障前能够将临近失效的部件替换，不考虑部件的实际状态及寿命。

故障更换也称为批量更换策略,是在时间间隔内出现故障后的临时更换。

由于定时更换每次都从部件的上一次预防性更换算起,如果故障发生在一个预计时间长度内,那么该部件的下一次预防性更换可能在紧接着故障更换后很短的时间内进行,从而造成资金浪费。定时更换策略改变了定时策略的规律性,只有在部件达到使用寿命 t 或者出现临时故障时,无论哪一个事件先发生,都会启动定寿更换策略,这是基于监测技术和寿命预测方法实现的。

根据单位时间总预计更换费用作为预防性维修策略制定的准则,在部件的一个预计时间周期为($0, t_p$],单位时间总更换费用 c_p 是关于预计时间长度 t_p 的函数,定义为

$$c_p = 预计时间长度内的总预计费用/预计时间长度 \tag{2.5}$$

对于定时更换来说,在每个预计时间长度 t_p 时间段内,假设一次故障更换预计费用是 c_f,部件因故障更换的预计数量是 $M(t_p)$,一次预防性更换费用是 c_p,在预计时间内产生的故障更换预计费用和预防性更换预计费用之和,为单个时间间隔内总预计费用,则

$$c(t_p) = \frac{c_p + c_f M(t_p)}{t_p} \tag{2.6}$$

对于定时更换策略,在一个预计时间长度内,一种可能是部件达到计划的预防性更换时间 t_p,或者部件在计划的更换时间前故障。假设部件使用按计划更换寿命的概率 $R(t)$,则部件在 t_p 内故障的概率为 $1 - R(t_p)$。总预计费用 $c(t)$ 表达式为

$$c(t_p) = c_p R(t_p) + c_f [1 - R(t_p)] \tag{2.7}$$

同样地,预计周期长度的计算方式为

预防性维修周期的长度 t_p × 一个预防性维修周期的概率 + 一个故障周期的预计长度 × 一个故障周期的概率

即

$$t_p R(t_p) + \frac{\int_{-\infty}^{t_p} t f(t) \mathrm{d}t}{[1 - R(t_p)]} \times [1 - R(t_p)] = t_p R(t_p) + \int_{-\infty}^{t_p} t f(t) \mathrm{d}t \tag{2.8}$$

则

$$c(t_p) = \frac{c_p R(t_p) + c_f [1 - R(t_p)]}{t_p R(t_p) + \int_{-\infty}^{t_p} t f(t) \mathrm{d}t} \tag{2.9}$$

2. 最小停机时间模型

维修中势必会造成设备停机,而有时设备停机所带来的损失是无法度量的,同样假设预防性维修产生的总时间小于事后维修的总时间。这种情况下往往更注重设备的可用度比,保持设备运行更加重要,因此以单位时间内的最小停机时间为准则,将作为维修准则。单位时间内的停机时间计算公式为

$$D(t_p) = 一个周期的总停机时间/周期时长 \tag{2.10}$$

当以定时更换作为维修策略时,总停机时间由因故障引起的和因预防性更换引起的停机时间两部分组成,总停机时间 $= M(t_p) T_f + T_p$,其中 $M(t_p)$ 为($0, t_p$]内预期的部件故障次数,

T_f 为进行故障更换的时间，T_p 为进行预防性更换的时间。周期长度等于进行预防性维修的时间加上进行预防性更换周期的长度，则上式可以表示为

$$D(t_p) = \frac{M(t_p)T_f + T_p}{T_p + t_p} \tag{2.11}$$

当以定寿命作为维修策略时，应最优化预防性更换寿命 t_p，以减少单位时间内的停机时间，一个周期内的总预计停机时间与之前的计算方法相同，用预防性更换或故障的概率与停机时间相乘，可写为 $T_p R(t_p) + T_f[1-R(t_p)]$。定寿更换下的单位时间内的停机时间为

$$D(t_p) = \frac{T_p R(t_p) + T_f[1 - R(t_p)]}{(T_p + t_p)R(t_p) + [\int_{-\infty}^{t_p} tf(t)\mathrm{d}t + T_f][1 - R(t_p)]} \tag{2.12}$$

2.3.6 基于 RAMS 的维修费用模型

1. 组件可靠性和故障率模型

将常用的预防性维修方式总结为三种，分别为保养 PM_1、修理 PM_2 和更换 PM_3。第一种维修方式保养的基本工作包括润滑、除尘、调节等，使得维修对象的运行环境得到进一步改善。进一步的修理工作需要对所关注的维修对象个体损耗进行修复，对具有可修复性的小机构进行修复，或者是对不可修复的进行更换。最后一种更换是在不修理的情况下，直接用全新设备替换原有的损伤部件。在接受过预防性维修后的设备，其使用性能比维修前有一定的提高，但不会恢复到全新，为了描述该现象引入役龄回退因子，将研究对象的役龄向回推移一定量[11-12]。

假设单个机械设备的组件故障率为 $\lambda(t)$，则该组件的故障概率密度函数为 $f(t)$：

$$f(t) = \lambda(t)\exp(-\int_0^t \lambda(t)\mathrm{d}t) \tag{2.13}$$

假设子系统 x_i 在第 j 次修理后的故障率表示为

$$\lambda_{ij}(t) = \lambda_i[t - \alpha(j-1)T_i] \tag{2.14}$$

式中，α 即为引入的役龄回退因子；T_i 是该组件的维修间隔。

维修方式会对组件的故障率曲线产生影响，可以在一定程度上降低故障率，减缓组件可靠性降低的速度，同时维修活动会导致维修费用的增加。

Weibull 分布是一种在可靠性理论中适用性很广的分布，广泛应用于半导体、辉点、轴承等可靠性工程中。有研究表明，凡是因为局部失效或者故障所引起的全局功能丧失的元件、组件、系统的寿命均服从 Weibull 分布。当 Weibull 分布中的参数不同时，可以变换为瑞利分布、指数分布。从已有的对各系统关键组件的分布模型拟合结果可知，有多种组件的可靠性模型均可用 2 P-Weibull 分布拟合，对服从 2 P-Weibull 分布的组件建立其不同维修等级下的可靠度模型。服从 2 P-Weibull 分布的关键组件的可靠度函数为

$$R_i(t) = R_i(0)\mathrm{e}^{-(\lambda t)^\beta} \tag{2.15}$$

式中，$R_i(0)$ 是组件 i 初始可靠度，一般认为为 1；λ 是尺度参数；β 是形状参数。组件 i 在第 k 个维修阶段的可靠性通式为

$$R_{i,k}(t) = R_{i,0,k} R_i(T, \alpha_r) \tag{2.16}$$

式中，$R_{i,0,k}$ 是组件 i 在第 k 个维修阶段的初始可靠性；$R_i(T, \alpha_r)$ 是组件 i 经过等级为 r 的维修后对可靠性的影响。PM 的种类不同对可靠度的影响不同。

（1）假定在时间 $t \in (t_s, t_e]$ 区间内，部件 i 经过第 k 次采用 PM_1 的维修方式时，未失效的组件性能得到改善：

$$R_{i,0,k} = R_{i,f,k-1} = R_{i,o,k-1} R_i(T, \alpha_1) \tag{2.17}$$

$$R_i(T, \alpha_1) = \exp\left\{-\frac{1}{\alpha_1}[t-(k-1)T]\lambda\right\}^{\beta} \tag{2.18}$$

式中，T 是周期预防性维修的时间间隔；$R_{i,f,k-1}$ 是部件 i 在第 $k-1$ 个维修阶段的最终可靠性。

（2）部件 i 经过第 k 次采用 PM_2 的维修方式时，失效的零件得到了修复，未失效的零件工况得到了改善：

$$R_{i,0,k} = R_{i,f,k-1} + \alpha_2[R_i(0) - R_{i,f,k-1}] \tag{2.19}$$

（3）部件 i 经过第 k 次采用 PM_3 维修方式时，则从时间 t_s 开始，部件 i 成为了全新的部件：

$$R_{i,0,k} = R_i(0) = 1 \tag{2.20}$$

由于与维修间隔的时间相比，维修所用的时间可以忽略不计，上述模型中没有考虑维修需要的时间。

通过维修活动，组件的可靠性能够得到改善。对于前两种典型的 PM 维修方式，其影响因子分别为 α_1、α_2，反映了不同维修方式对故障率的影响，$0 < \alpha_1 < 1$，$0 < \alpha_2 < 1$，通过分析故障与维修的历史数据可进行估计。

列车的每个子系统都是个复杂的大系统，假设各个系统的关键组件之间是相互独立的，一旦发生故障则会立即进行修理，单个组件的失效会对其他设备产生影响，即各组件在统计学上彼此独立。组件的状态只考虑正常运行或完全失效两种状态，子系统的可靠性采用关键组件串联系统的可靠性公式来计算。

可以得出子系统的动态可靠性表达式为

$$R_{sys}(t) = R_o(t) \prod_{i=1}^{M} \{1 - \sigma_i[1 - R_i(t)]\} \tag{2.21}$$

式中，$R_{sys}(t)$ 为系统的动态可靠性，随着维修活动变化；$R_o(t)$ 为系统内其他非关键组件的可靠性；M 为系统内关键组件数目；σ_i 为组件 i 故障时引发系统故障的概率。

由于采用的维修活动随阶段不同而变化，系统的可靠性也是动态变换的，计算时间周期 $t \in (t_s, t_e]$ 内系统的平均可靠性，即

2 动车组维修的基础理论和概念

$$R_{\text{arg}}(t) = \frac{\int_{t_s}^{t_e} R_{\text{sys}(t)}(t)}{t_e - t_s} \quad (2.22)$$

由此可得出各子系统基于自身关键组件，在某个维修策略下的平均可靠性，将其作为制定维修策略的优化目标之一。

2. 组件可用性模型

可用性是反映产品效能的主要特征之一。可用性在 GB 3187—1994《可靠性、维修性术语》上的定义是："可以维修的产品在某时刻具有维修规定功能的能力"。可用性是可靠性和维修性的综合表征。对于动车组运营而言，总是希望列车的工作时间要长，非工作时间要短。因此不仅仅要关心组件的可靠性，还需要关心其故障后的修复能力，以及日常维护所需要的时间。组件在其寿命周期内时间的分配关系是：

$$TT = MUT + MDT = OT + ST + TCM + TPM + ALDT \quad (2.23)$$

式中，总工作时间（Total Time，TT）包含了平均正常工作时间（Mean Up-Time，MUT）和平均不可工作时间（Mean Down-Time，MDT）两部分。MUT 包含实际使用时间 OT 和虽能使用但未使用的待机时间 ST，MDT 则包含了非计划维修总时间 TCM、计划维修总时间 TPM、用于行政管理和后勤供应等方面的非维修时间 ALDT。列车的可用性指标最常用的是可用度，它表达了列车能工作的时间和总工作时间之间的关系，即

$$A = \frac{MUT}{TT} = \frac{MUT}{MUT + MDT} = 1 - \frac{MDT}{TT} \quad (2.24)$$

列车的可用度根据所选工作时间不同分为固有可用度、达到可用度和使用可用度。其中固有可用度 A_i 反映设计所赋予列车的内在可用度，如下式所示。

$$A_i = \frac{OT}{OT + TCM} = \frac{MTBF}{MTBF + MTTR} \quad (2.25)$$

式中，MTBF 为平均故障时间；MTTR 为平均修复时间；A_i 由设计和制造决定，常用于采购时合同规定的要求，但是其没有考虑现场情况，不能作为现场使用条件下的可用性评价。

达到可靠度 A_a 更多考虑到列车产品硬件方面的可用度，是组件在运用和维修综合技术方面的可用度，因此也被称为技术可用度，如下式所示。

$$A_a = \frac{OT}{OT + TCM + TPM} = \frac{MTBF}{MTBF + MTTR + MTPM} \quad (2.26)$$

式中，MTPM 是平均预防性维修时间。

使用可用度 A_o 包含组件总工作时间内所有的区段，提供了列车处于实际环境下真实的可用性度量，如下式所示。

$$A_o = \frac{OT + ST}{TT} = \frac{OT + ST}{OT + ST + TCM + TPM + ALDT} = \frac{MUT}{MUT + MDT} \quad (2.27)$$

A_o 是关于列车组件效能的一个重要度量参数，但是其参数计算难度较大。

维修活动会对组件的可用性造成影响，因此制订维修计划时需要考虑尽可能地提高系统的利用率。考虑到建模难度，选择技术可用度 A_a 对现场系统的可用性进行度量。维修活动的次数和级别对可用度产生影响。假定在时间 $t \in (t_s, t_e]$ 区间内，采用某维修策略，得出修复性维修的时间 T_{XF}，即

$$T_{XF} = \sum_{i=1}^{M} \left\{ \left[\int_{t_s}^{t_e} \frac{-R_i'(t)}{R_i(t)} dt \right] T_{i,GS} \right\} \quad (2.28)$$

式中，$T_{i,GS}$ 是系统组件 i 每次修复维护需要的平均工时。共进行预防性维修 N 次，采用的维修等级 PM_1、PM_2、PM_3 分别为 n_1、n_2、n_3，则可求出定期维修需要的时间，即 T_{DQ}：

$$T_{DQ} = \sum_{i=1}^{M} (n_1 \times T_{i,GS,1} + n_2 \times T_{i,GS,2} + n_3 \times T_{i,GS,3}) \quad (2.29)$$

式中，$T_{i,GS,k}$ 是系统组件 i 维修方式 k 所需要的平均工时。A_a 的计算公式为

$$A_a = 1 - \frac{T_{XF} + T_{DQ}}{t_e - t_s} \quad (2.30)$$

A_a 即为系统的可用度模型。该模型考虑了修复性维修方式和定期维修方式对系统可用性的影响。由此可得出各子系统基于自身关键组件，在某个维修策略下的可用度，将其作为制定维修策略的目标之一。

3. 组件安全性模型

在设备的维护活动中需要将设备的安全性贯彻始终。安全性与可靠性考虑的角度不同，通过对系统安全性的评估可以提炼出系统中对安全性造成影响的组件。这类组件一旦发生故障会引发重大人身伤亡和巨大损失。这类设备的共同点是需要保障其安全性的前提下，再考虑其可用性。要使系统达到100%的安全是不可能的，目标是在系统寿命周期内，识别、评价和控制系统中的危险，将风险降低到可以接受的范围。保障设备组件在运行过程中的安全性是设备维修的核心。维修活动和安全性的关系体现在以下方面：

（1）安全性分析可以发现系统的薄弱环节，找出设备维修的重点，对维修活动提供指导，能够有效地减少维修活动中的盲目性。上文中介绍的故障树模型、现场故障数据、维修数据结合可以进行定量的分析计算。

（2）维修活动中维修周期和维修方式对特定组件的安全性产生影响，维修活动的规划需要以安全运营作为首要目标。

（3）通过对系统的安全性评估，得出对系统安全性产生影响相关的组件，制定维修活动时需要重点考虑。

发生故障后会对安全性产生影响的组件，其检测间隔期 T_c 必须小于潜在故障发展到功能故障的时间 T。假定发生故障的概率是 P_a，一次可以检测出潜在故障的概率为 p，这期间检测次数由 $P_a = (1-p)^n$ 决定，即

$$n = \lg P_a / [\lg(1-p)] \quad (2.31)$$

由此可以确定检测的间隔期为

$$T_c = T/n \tag{2.32}$$

通常情况下，在 T 内最少做 3 次检测，这决定了检修间隔期不能大于 $T/3$。定期的检查间隔期是安全寿命期，安全寿命的计算公式为

$$T_c = \text{MTBF} / n_r \tag{2.33}$$

式中，MTBF 可以通过上文建立的组件可靠性模型求出；n_r 是分散系数，通常情况下取 1.5~2。制订的维修计划要求：

$$\text{MTBF}_i / n_{i,r} > T_{i,\text{CZ}} \tag{2.34}$$

式中，i 是表明组件号；$T_{i,\text{CZ}}$ 是该组件本次维修策略中最长不维修的时间，要求其不能大于该组件的安全周期，将其作为制定维修策略的目标之一。

2.3.7 预防性维修与备件数量

在预防性维修总费用计算时可以看出，一个周期内的总费用与部件因故障更换的预计数量 $M(t_p)$ 有关，确定合理的备件数量能够优化整个周期的费用。因为故障的发生次数在一个维修周期中具有一定的概率性，导致难以确定精确的预防性维修周期中的备件数量。如果备件数量小于故障后所需要的备件数量，必定会增加停机时间，带来不必要的成本。如果备件数量多于故障后所需要的备件数量，多余的备件数量会浪费其中的备件库存费用。在计算过程中，最优目标是使得库存的备件数量等于预防性维修周期内的维修次数，从而使得周期内的总费用最小。

假设在单个预防性维修周期中由于故障所更新的备件数量为 $N_1(t_p)$，那么在周期内必需的备件数量可以计算为 $1 + N_1(t_p)$。当原有的备件库存为 L 个，等于所需备件数量 $1 + N_1(t_p)$ 时，在一个预防性维修周期结束时的库存费用也就等于零。如果不符合以上关系时，则存在多余备件的存储费用，或者是备件短缺的停机费用，将其定义为惩罚函数 $g[L, N_1(t_p)]$。根据损失函数与 Murthy 函数，并假设每个多余备件的库存存储费用等于每个备件的短缺费用，则惩罚函数可以写为

$$g[L, N_1(t_p)] = [L - (N_1(t_p) + 1)]^2 \tag{2.35}$$

因为故障更换备件数量 $N_1(t_p)$ 是随机变量，所以惩罚函数的预计值为 $[L, N_1(t_p)]$：

$$D[L, N_1(t_p)] = E\{g[L, N_1(t_p)]\} \tag{2.36}$$

即

$$D[L, N_1(t_p)] = \sum_{n=0}^{\infty} g(L, n) p_n \tag{2.37}$$

式中，p_n 表示为发生 $N_1(t_p) = n$ 时的概率大小。因此，总费用由一个预防性维修周期的平均费用 $c(t_p)$，与因备件数量而产生的惩罚费用 $D[L, N_1(t_p)]$ 共同组成，可以表示为

$$\text{TC} = c(t_p) + \alpha D(L, t_p) \tag{2.38}$$

式中，α 是比例因子，由惩罚函数 $g[L, N_1(t_p)]$ 偏离 0 的程度决定，备件数量与实际所需备件数量差值越大，α 越大惩罚费用越高。因此 α 决定了最优预防性维修周期 t_p。t_p 和 L 的最优值可以通过对 TC 求最小值获得。

$D(L, t_p)$ 的计算过程为

$$\begin{aligned} D[L, t_p] &= E\{L - [M(t_p) + 1] + M(t_p) - N_1(t_p)\}^2 \\ &= \{L - [M(t_p) + 1]\}^2 + E[N_1(t_p) - M(t_p)]^2 \\ &= \{L - [M(t_p) + 1]\}^2 + \mathrm{Var}[N_1(t_p)] \end{aligned} \quad (2.39)$$

式中，$\mathrm{Var}[N_1(t_p)]$ 是 $N_1(t_p)$ 的方差。则总费用 TC 可由式（2.40）计算得到。

$$\mathrm{TC} = [c_f M(t_p) + c_p]/t_p + \alpha \mathrm{Var}[N_1(t_p)] + \alpha\{L - [M(t_p) + 1]\}^2 \quad (2.40)$$

令 $\dfrac{\partial \mathrm{TC}}{\partial L} = 0$，即 $\dfrac{\partial \mathrm{TC}}{\partial L} = 2\alpha\{L - [M(t_p) + 1]\} = 0$，则可得最优备件数量 $L^* = 1 + M(t_p)$，这与期望结果相同，表示预防性维修周期中的最优备件数量等于预期故障次数。

当给定 α 时，令 $\dfrac{\partial \mathrm{TC}}{\partial t_p} = 0$，可得最优预防性维修周期 t_p：

$$\frac{\partial c(t_p)}{\partial t_p} + \alpha \frac{\partial V(t_p)}{\partial t_p} = 0 \quad (2.41)$$

则 $V(t_p) = \mathrm{Var}[N_1(t_p)]$ 即可求得最优值 t_p^*。

2.3.8 成组维修费用模型

以上是以单个部件或单个设备的预防性维修费用模型，当存在 N 个可能发生故障的独立运行部件或设备，则为系统的成组维修费用模型。维修费用包含每次进行维修的固定费用和维修每台机器的可变费用，每台机器的维修费用会随着待修机器数量的增加而减少，从而当引发机器停机时的生产损失会大大增加。令 $N(t)$ 表示 t 时刻可以正常工作的设备数量（$0 \leqslant N(t) \leqslant N$），且它们具有独立的相同故障分布 $F(t)$，则在 t 时刻可以工作的设备数量 $N(t)$，这一随机变量为 n 的概率为

$$P[N(t) = n] = \binom{N}{n}[1 - F(t)]^n [F(t)]^{N-n} \quad (2.42)$$

由概率统计知识可以判断出，$N(t)$ 符合二项分布，其均值为

$$E[N(t)] = N[1 - F(t)] \quad (2.43)$$

假设对设备进行故障维修时的成本由固定成本 c_0 和可变成本 c_1 表示，设备维修期间由于停产造成的单位时间生产损失成本为 c_2。因为设备批次维修台数的增加会导致可变维修费用的降低，同时导致生产损失成本的变动，所以存在最优维修计划，使得预计单位维修周期的维修费用最小。

假设当设备达到一定特定磨损状态值 n 时就进行维修。到达该水平的时间是一个随机变量 T，累计分布函数为 $G(t)$。T 代表 N 个随机变量的 n 阶统计量。每个周期的预计维修费用 R_c 为

$$R_c = c_0 + c_1 \int_0^\infty \{N - E[N(t)]\} \mathrm{d}G(t) = c_0 + c_1 N \int_0^\infty F(t) \mathrm{d}G(t) \tag{2.44}$$

每个周期的预计生产损失 P_c 为

$$P_c = c_2 \int_0^\infty \{N - E(N(t))\} \bar{G}(t) \mathrm{d}t \tag{2.45}$$

式中，$\bar{G}(t) = 1 - G(t)$。单位时间总预计费用为

$$c[G(t)] = \frac{R_c + P_c}{\int_0^\infty t \mathrm{d}G(t)} \tag{2.46}$$

模型求解的最优维修策略为

$$G(t) = \begin{cases} 0, t \le t_0 \\ 1, t > t_0 \end{cases} \tag{2.47}$$

可求得单位时间最小费用为

$$c(t_0^*) = c_1 N f(t_0^*) + c_2 N_0 F(t_0^*) \tag{2.48}$$

在新一轮科技革命和产业变革的大背景下，计算机技术、信息技术及网络技术促使智能维修向着综合化、网络化方向发展。

维修的综合化包括功能的综合化和技术的综合化，未来所开发的智能维修系统将不仅针对某项维修职能或任务，而且具有集成化、综合化的智能维修功能，可能包括故障诊断、维修决策、维修规划、维修训练等多项功能。所开发的智能维修系统所采用的技术也是综合化的，可能包括专家系统、神经网络，还可能融合网络、仿真、虚拟等各项技术；同时，维修向网络化进程发展，通过网络实现智能的远程监控，及时获得设备的状况，发出故障警告，相关的维修信息实现网络共享。而在智能检修之上，相关研究人员又提出了把信息技术、工业技术、管理技术融合起来，把人的因素、企业管理因素全部融入其中，让它形成一个有机的整体，完成全新的智慧检修概念。

目前轨道交通行业正处在由智能维修向智慧化维修发展的阶段。在这一阶段，将先进技术融合到实际运营中，并在实践中实现良好的应用，技术发展仍需要漫长的周期，但随着综合化和网络化的发展，实现理论结合实际的动车组智慧化维修指日可待。

3 城际动车组 RAMS 分析基础

RAMS 技术起源于可靠性工程，它是可靠性（Reliability）、可用性（Availability）、维修性（Maintainability）、安全性（Safety）的组合。RAMS 技术最先应用在民航、兵器装备、军工等领域，从 20 世纪末 80 年代被引入轨道交通行业，它反映出项目能够保障在指定的时间内，安全达到轨道交通运输规定水平的置信度[13]。

3.1 城际动车组可靠性

3.1.1 可靠性的定义和要求

1. 可靠性的定义

可靠性是指"产品在规定条件下和规定时间内，完成规定功能的能力"（国家标准 GB/T 21562—2008《轨道交通 可靠性、可用性、可维修性和安全性规范及示例》）。可靠性定义包含 5 个要素。

（1）产品：其中所说的产品是指研究对象，可以是硬件，例如城际动车组上的一个元器件（如二极管、开关等）、一个零件（如阻尼包、闸瓦等）、一个系统（如悬挂系统、牵引传动系统等）或一个组件（如变流器、电机等），也可以是整台动力车或车辆，还可以是软件，例如维修信息系统程序，可以包括人的使用和操作技术等因素在内。

在可靠性工程中，可以把产品分为可修产品和不可修产品两种类型。产品在使用中发生失效，其寿命即告终结的，称为不可修复产品，如城际动车组列车的轴承、皮带、弹簧、齿轮、灯泡及有关的电子元器件等。产品发生故障后，可以通过维修恢复其规定功能的，称之为可修复产品，一般指的是复杂、昂贵的产品，设计成可维修的，可以通过更换其中的零部件、重新调整、加工处理等措施恢复其原来的功能。

不可修复产品和可修复产品在可靠性评价理论和方法上有显著差别。例如不可修复产品是通过寿命统计对其可靠性进行评价，而可修复产品是用两次故障间隔时间的随机变化情况及维修过程的统计量对其可靠性进行评价。

（2）规定条件：是指产品在使用中所处的环境条件（如温度、压力、湿度、风沙和辐射等）、工作条件（功能模式、负荷条件、冲击振动情况等）、维修条件和操作方式等。所规定的条件对可靠性有着直接的影响。例如城际动车组列车在台风、暴雨等地区和工作在低温、干燥等地区，其可靠性是不一样的。另外，可靠性还和各个地域的线路情况、坡道高低、牵引吨位的大小、运行速度的快慢以及司机的熟练程度有关。

（3）规定时间：是指产品完成规定任务或功能所需要的时间。可以用运行时间、走行公里或循环次数等单位来表示。例如我国干线动车组一般用走行公里来表示，调车动车组和车辆用时间（年、月、日、小时）来表示。其他国家表示动车组运行时间的方法也不尽相同，德国、法国、俄罗斯是以动车组走行公里数来表示，英国是以柴油机工作时间（小时）来表示。美国则以运行天数来表示，而受循环负荷的零部件（如曲轴、轴承等）多用循环次数来表示。一般来说，产品可靠性是时间的递减函数，时间越长，可靠性越差。

（4）规定功能：通常是指产品在技术文件中所规定的工作能力。对城际动车组而言，规定功能是指设计任务书、技术条件、使用说明书、国家标准及相关技术文件中所规定的各种功能与性能要求。产品不同所规定的功能也不一样，完成规定的功能就是保持规定的工作能力；反之，丧失规定的功能则称为失效（故障）。按照 GB/T 21562—2008 的规定，失效（故障）的概念是："产品丧失规定功能"。对于可修复产品通常称为"故障"；对于不可修复产品，则称为"失效"。一个产品，应按规定完成它的功能，一方面性能不能低于规定的范围，另一方面在结构上不得发生断裂破损。

（5）能力：常用概率来度量这一"能力"，称为可靠度。由于产品的故障是随机事件，产品寿命是随机变量，产品在规定的寿命周期内完成规定功能的能力也是随机的，要用概率才能定量地表示产品的可靠性程度。

2. 城际动车组可靠性要求

1）可靠性目标要求

世界通用标准动车组平均每百万千米发生的服务故障数量应不大于 2 次。

列车可靠性 $F_{列车}$ 按公式

$$F_{列车} = \frac{给定时间内发生服务故障总数 \times 10^6}{所有列车在相同时间内总运行距离/\text{km}}$$

进行计算。目前中国动车组平均故障率低于 0.43 次/百万 km。

2）例　外

以下故障不包含在证明可靠性之列：
（1）超过寿命期的损耗件引起的故障；
（2）连带故障（由前级故障导致的故障）；
（3）列车修复前相同故障的重复出现；
（4）由于运营环境、碰撞、事故、故意破坏、不可抗力等导致的故障；
（5）操作或维修人员的疏忽、工作失误或不遵守操作规程导致的故障；
（6）操作和维修作业不按照卖方提供的操作和使用维护手册要求进行而导致的故障；
（7）由于公众（包括乘客）行为或疏漏导致的故障；
（8）因非合同设备导致的故障。

3. 可靠性验证

（1）卖方应制定列车可靠性指标考核办法，即可靠性验证计划，详细说明可靠性指标证明方法及程序，并在样车交付前一个月提交给买方审查确定。双方应共同完成可靠性测试。

（2）在质保期内，卖方应监控列车的性能，以识别和修正潜在的问题或趋势。当车辆系统存在问题时，卖方应对问题进行原因分析，并提出改进措施予以改进。

（3）在质保期内，卖方应在每个月末评估车辆系统故障记录，评估列车的可靠性表现。卖方应确保在质保期的最后 6 个月内，可靠性指标平均值达标。若未能在质量保证期满时实现可靠性目标，双方应进行协商、讨论、制定具体的解决办法。

3.1.2 可靠性指标基本术语

（1）故障：因设备功能不能实现而需要运营或维护人员维修或恢复系统/设备运行的状态。

（2）服务故障：是指列车正常运行时，因列车本身的原因，某一特定功能不能实现而导致列车发生表 3.1 所示任一情况的故障以及列入《铁路交通事故（设备故障）概况表》。

表 3.1 服务故障影响情况概览

故障影响	定义
救援	需要另外一列车将故障列车拖回基地
清客	需要疏散乘客，列车空车返回基地
晚点	列车因故障在线路上停车时间超过 3 min，对商业运行造成了影响
服务中断	不能投入/继续维持商业运营

（3）可靠度：是指产品在规定的条件下和规定的时间内，完成规定功能的概率。它是时间的函数，记作 $R_e(t)$。

（4）不可靠度：是指产品在规定条件和规定时间内失效的概率，也叫累积失效概率，其值等于 1 减可靠度。它同样是时间的函数，记作 $F_e(t)$。

（5）失效概率密度：是指累积失效概率对时间的变化率，即产品在单位时间内失效的概率，记作 $f_e(t)$。

（6）失效率：是指工作到某时刻尚未失效的产品，在该时刻后单位时间内发生失效的概率，也称瞬时失效率，记作 $I(t)$。

（7）平均故障率：是指在统计的走行公里或时间内，一列或多列动车组发生故障的次数与累积走行公里或工作时间之比。

（8）平均寿命：可维修产品的平均寿命用 MTBF 表示，称为平均无故障工作时间；不可维修产品的平均寿命用 MTTF 表示，称为失效前的平均工作时间。

（9）使用寿命：在规定使用条件下，动车组从新造（或大修）完成投入使用，到平均故障率超出规定需要大修或报废的时间或走行公里。

（10）平均故障间隔时间（MTBF）：又称平均无故障工作时间，一列或多列动车组，在其使用寿命期内的累积工作时间或走行公里与故障次数之比，与平均故障率互为倒数。

（11）平均修复时间（MTTR）：是指排除故障所需实际修复时间的平均值，其中排除故障的实际时间包括准备、检测诊断、换件、调校、校验和原件修复等时间，修复时间是一个随机变量。

3.2 城际动车组可用性、维修性和安全性

3.2.1 基本概念

1. 可用性定义

可用性是反映产品效能的主要特性之一。可用性的定义是"可以维修的产品在某时刻具有或维持规定功能的能力"（国家标准 GB/T 21562—2008）。可用性有如下特征：

（1）可用性是产品可靠性和维修性的综合表征。对可修复产品而言，总是希望其工作时间要长，非工作时间要短。因此，不仅要关心产品的可靠性，即不易出现故障的可能性如何，而且还要关心产品一旦出现故障应能尽快修复，使其早日投入正常运行。所以，综合考虑可靠性和维修性的广义可靠性就是可用性。

（2）基于可靠性和维修性的概念，可用性也可用概率表示，称为可用度，即在任意随机时刻，当任务需要时，产品可投入使用状态的概率。

（3）可用性是针对"某一时刻"的，而不是"某一时间间隔"，因此它表征某一特定时刻要进行该项工作的完好程度。

（4）可用性不但与工作时间有关，而且还是维修时间的函数，随着工作时间和维修时间不同，可用性也不同。

2. 维修性定义

维修性是指故障部件或系统在规定的条件下和规定的时间内，按照规定的程序和方法进行维修时，恢复或修复到指定状态的概率，表示故障部件在一定时间内被修复的概率。规定的条件主要是指维修的机构和场所（如工厂或维修基地、专门的维修车间及使用现场等）及相应的人员与设备、设施、工具、备件技术资料等资源。规定的程序与方法是指按技术文件规定采用的维修工作类型、步骤和方法。规定时间是指产品规定的维修时间，通常情况下使用时钟时间来计算维修性，维修时间包含以下时间量：等待维修人员和部件的时间、运输时间和管理时间。一般情况下，维修性是指固有维修时间，它只包括故障单元的修复时间，而不包括管理或资源延误时间。关于维修性会涉及以下几个概念。

1）维修度

维修度是指在规定条件下使用的产品，在规定时间内按照规定的程序和方法进行维修时，保持或恢复到能完成规定功能状态的概率，记作 $M(t)$。维修度是时间 t 的函数。也就是说，在规定时间 t 内完成维修的概率为 $M(t)$，即越容易维修的产品，对于相同的时间 t 来说，其 $M(t)$ 就越大。

2）修复率

修复率是指修理时间已达到某个时刻但尚未修复的产品，在该时刻后的单位时间内完成修复的概率。

3）维修分布

一般来说，不断重复的维修活动会产生不同的维修时间，维修时间是产品的固有设计属性，大多取决于设计阶段的早期，维修时间受下列因素影响：维修任务的复杂性、产品的可达性、修复的安全性、产品的测试性以及对维修保障资源的要求等，它综合反映了产品维修性的好坏。

3. 安全性定义

安全性在国标 GB/T 21562—2008 中的定义为："在设计时为使产品失效不致引起人身物资等重大损失而采取的预防措施"。安全性具有如下的特征：

（1）安全性研究的对象是人、物和环境，可以是硬件，如城际动车组列车，也可以是软件，如计算机程序。

（2）与安全性相对应的概念是危险性。所谓安全性评价就是对产品的危害性进行定性和定量分析，得出产品发生危险的可能性及其程度的评价，以寻求最低事故率、最少损失和最优的安全投资效益。

（3）安全性好坏要求对风险进行风险分析。风险的概念包括两个方面：一方面是导致危险的一个事件或多个组合事件出现的概率或频率；另一方面是事件导致危险的后果。

（4）安全性是指抵御损害风险的能力，常用概率来度量这一"能力"，铁路系统采用的评价指标主要是事故发生的概率。相应的评价方法是故障模式与影响分析（Failure Mode and Effects Analysis，FMEA）和风险评估以及故障树分析（Fault Tree Analysis，FTA）等。

4. 安全性指标

城际动车组的安全性指标示例见表 3.2。

表 3.2 安全性指标示例

指标	符号	量纲
平均危险故障间隔时间	MTBF(H)	时间、距离、循环
平均"安全性系统故障"间隔时间	MTBSF	时间、距离、循环
危险率	$H(t)$	故障数/时间、距离、循环
与安全性相关的故障率	$F_s(t)$	无量纲
安全功能概率	$S_s(t)$	无量纲
恢复安全时间	TTRS	时间

3.2.2 RAMS 技术组成及关系

城际动车组 RAMS 技术是产品在长期工作中所体现出来的特性，它是由子系统、组件和部件组成的轨道交通产品，其 RAMS 可以用可用性和安全性来定性和定量表达，如图 3.1 所示。

3 城际动车组 RAMS 分析基础

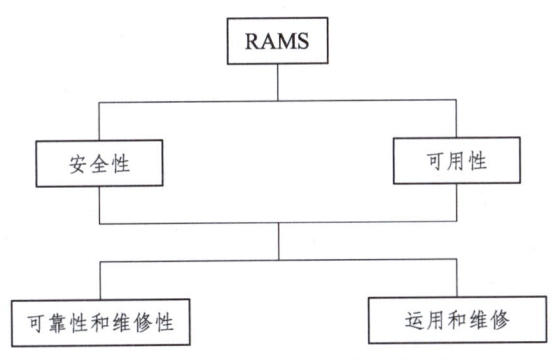

图 3.1 RAMS 技术组成及关系图

从图 3.1 中可以看出,从技术概念方面来说,决定城际动车组列车可用性的主要因素取决于动车组的可靠性、维修性和运用维修状况。

轨道产品 RAMS 技术主要取决于可用性和安全性,取决于它们之间技术要求的处理。安全性和可用性之间的内在联系表明,如果对安全性和可用性在技术要求上的矛盾处理不当,则无法获得一个可靠、安全的轨道产品系统。城际动车组的安全性和可用性目标,只能通过满足其可靠性和维修性技术要求,控制当前和长期的运用、维修工作和环境来达到[14]。轨道交通 RAMS 标准对应关系见表 3.3。

表 3.3 轨道交通 RAMS 标准

EN 标准	IEC 标准	GB 标准	标准名称
EN 50126	IEC 62278	GB/T 21562	轨道交通 可靠性、可用性、可维修性和安全性规范及示例
EN 50129	IEC 62425	GB/T 28809	轨道交通 通信、信号和处理系统 信号用安全相关电子系统
EN 50128	IEC 62279	GB/T 28808	轨道交通 通信、信号和处理系统 控制和防护系统软件

3.3 故障树分析（FTA）技术

城际动车组在实际的运用过程中发生故障是不可避免的,需对其故障维修数据进行统计分析和可靠性分析,掌握故障发生规律,发现动车组的薄弱环节,为各系统设计和维护方面提供参考。

系统的可靠性分析基本上可以分为两种:一种是归纳法,另一种是演绎法。其中,故障模式影响及危害性分析（Failure Mode, Effects and Criticality Analysis, FMECA）属于归纳分析方法;故障树及危害性分析（Fault Tree Analysis, FTA）属于演绎分析方法。此外,还有利用马尔科夫过程、贝叶斯网络、蒙特卡罗法等仿真分析法。在本章中,利用 FTA 方法的理念对动车组进行划分,同时对于故障模式及其影响进行追溯和分析,将分析结果列入 FMECA 表中,从而发现动车组各系统的薄弱环节,因此不再对故障系统进行图示化表示。

3.3.1 故障树分析概述

随着城际动车组各子系统的逐年老化,许多电子设备和机械部件性能下降,会引起系统故障增多,从而导致列车紧急制动或和信号运营故障等,导致晚点、清客或救援等影响服务质量和加大运营维护成本的危害。

故障树分析(Fault Tree Analysis,FTA)可以对造成系统故障的硬件、软件和环境等进行分析,并通过倒立的树状图表示逻辑因果关系,从而方便进行由上至下的演绎式失效分析。将故障树分析技术应用到城际动车组上,目的是对城际动车组这一复杂系统产生的故障进行定性分析和定量分析,进而识别和修正造成最上方事件的失效原因,确定系统失效的发生率,针对造成最上方事件的各原因列出优先次序,也即通过计算重要度来建立关键设备列表,找到最好的方式来降低风险。下面简要介绍几个基本概念。

(1)结果事件:由其他事件或事件组合所导致的事件,分为顶事件和中间事件,用长方形方框表示,它们总位于某个逻辑门的输出端。顶事件是指所有事件联合发生作用的结果事件,位于故障树的顶端;中间事件是指位于顶事件和底事件之间的结果事件,它是某个逻辑门的输出事件,同时又是另一个逻辑门的输入事件。

(2)底事件:也称基本事件,一般指系统中单元的故障事件,用圆形符号表示。

(3)逻辑"或门":任何一个输入存在,就会有输出。

(4)逻辑"与门":所有输入同时出现,才会有输出。

(5)割集:故障树中一些底事件的集合,若集合中底事件同时发生,则顶事件必然发生。

(6)最小割集(Minimal Cut Set,MCS):若去掉割集中任意一个底事件,它不再满足割集的性质,即为最小割集。

(7)最小割集的阶数:指最小割集中含单元状态变量的个数,称为最小割集的阶数。

FTA 的流程分析流程思路是:首先分析系统的结构和各设备之间的结构关系,进行故障树绘制,进而进行故障树最小割集的求解和故障率、结构重要度、概率重要度、关键重要度的计算。具体如图 3.2 所示。

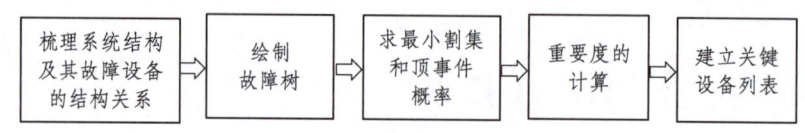

图 3.2 故障树分析流程图

1. 定性分析

故障树定性分析的主要目的是寻找导致与系统有关的不希望事件发生的原因和原因的组合,寻找导致顶事件发生的所有故障模式,即求出故障树的所有最小割集(简记为 MCS)。

故障树定性分析求全部最小割集(MCS)的方法有两种,一种是下行法,一种是上行法,其步骤如下:

(1)下行法求 MCS:根据故障树的实际结构,从顶事件开始,逐层向下寻找,找出割集。遇到"与门"增加割集阶数(割集所含底事件数目),遇到"或门"增加割集个数。

①从顶事件开始排查,紧接顶事件是"或门",则把每个输入事件在表格中的下一列纵向

依次展开；

②紧接顶事件是"与门"，则把将其输入事件取代输出事件排在表格的同一行下一列内；

③按照上述方法依次从上到下分解，直到不能再分解的基本事件为止；

④最后进行最小割集的判定：从割集中任意移走若干个基本事件后，就不是割集了，则称这个割集为最小割集，从而剔除非最小割集，求得 MCS。

（2）上行法求 MCS：从故障树的底事件开始逐级向上进行，利用集合运算规则进行简化，最后从简化式中找出最小割集 MCS。

①从故障树中直接找出 MCS；

②根据最小割集的定义在全部割集中逐步剔除非最小割集的割集。

2. 定量分析

故障树定量分析的主要目的是：当给定所有底事件发生的概率时，求出顶事件发生的概率及其他定量指标。它主要包括两方面的内容：一是由输入系统各单元（即底事件）的失效概率求出系统的失效概率（即顶事件概率）；二是求出各单元的结构重要度、概率重要度和关键重要度，最后根据关键重要度的大小排序找出最佳故障诊断和修理顺序，同时也可以作为首先改善相对不太可靠的单元的依据。故障树定量分析的主要步骤如下：

（1）求顶上事件概率：先根据历史数据和公式求输入系统各单元（基本事件）的平均失效概率，再据此求出系统的失效概率。

为了求顶事件的概率，首先要计算底事件的平均失效概率作为输入系统各单元的失效概率，可由式（3.1）求得：

$$F_{\text{avg}} = \frac{h_e(t)}{T_r} \tag{3.1}$$

式中，F_{avg} 为平均失效概率；$h_e(t)$ 为失效率（次/年），计算时转化为（次/h）；T_r 为平均故障修复时间(h)。

在大多数情况下，底事件可能在几个割集中重复出现，也就是说最小割集之间是相交的。通过将故障树矩阵化（将最小割集变为只含 0 和 1 的矩阵），并通过 MATLAB 中的 find()函数计算结果，判断最小割集是否相交，可以确定最小割集是否相交，这时精确计算顶上事件发生的概率就必须用相容事件的概率公式：

$$\begin{aligned} P(T) &= P(K_1 \cup K_2 \cup \cdots \cup K_k) \\ &= \sum_{i=1}^{k} P(K) - \sum_{i<j=2}^{K} P(K_i K_j) + \sum_{i<j<m=3}^{k} P(K_i K_j K_m) + \cdots + (-1)^{k-1} P(K_i, K_j, \cdots, K_k) \end{aligned}$$
(3.2)

式中，K_i，K_j，…，K_k 为第 i，j，…，k 个最小割集；k 为最小割集数。

（2）求各单元（基本事件）的结构重要度、概率重要度和关键重要度。

对基本事件的结构重要度分析只是按故障树的结构分析各基本事件对顶事件的影响程度，我们还要考虑各基本事件发生概率对顶事件发生概率的影响，即对故障树进行概率重要度分析。

① 结构重要度：为了比较各底事件重要性，根据各基本事件在不同阶数的最小割集中出

现的次数来确定其重要性大小，所在最小割集的阶数越小，出现的次数越多，该基本事件的重要性越大。

② 概率重要度：第 i 个部件不可靠度的变化引起系统不可靠度变化的程度。用数学公式表达为

$$\Delta g_i(t) = \frac{\partial g[\vec{F}(t)]}{\partial F_i(t)} = \frac{\partial F_\text{S}(t)}{\partial F_i(t)} \tag{3.3}$$

式中，$\Delta g_i(t)$ 为概率重要度；$F_i(t)$ 为组件不可靠度；$g[\vec{F}(t)]$ 为顶事件发生概率，其中，$\vec{F}(t) = [F_1(t), F_2(t), \cdots, F_n(t)]$；$F_\text{S}(t)$ 为系统不可靠度，$F_\text{S}(t) = P(T) = g[\vec{F}(t)]$。

由全概率公式：

$$P(T) = P[X_i(t) = 1] \cdot P[T | X_i(t) = 1] + P[X_i(t) = 0] \cdot P[T | X_i(t) = 0] = F_i(t)g[1_i, \vec{F}(t)] + [1 - F_i(t)]g[0_i, \vec{F}(t)]$$

代入式（3.3）可得式（3.4）。

$$\begin{aligned}\Delta g_i(t) &= g[1_i, \vec{F}(t)] - g[0_i, \vec{F}(t)] \\ &= E[\Phi(1_i, \vec{X}(t)) - \Phi(0_i, \vec{X}(t))] = P\{[\Phi(1_i, \vec{X}(t)) - \Phi(0_i, \vec{X}(t))] = 1\}\end{aligned}$$

(3.4)

可以看出，概率重要度的大小取决于它所在最小割集中其他基本事件的概率积的大小及它在各个最小割集中重复出现的次数。

③ 关键重要度：第 i 个元、部件故障率变化所引起系统故障概率的变化率。它不仅可反映出元部件概率重要度的影响，还可以反映该元部件故障概率改进的难易程度，因此关键重要度相比概率重要度来说更具有实际意义。其数学表达式为

$$I_i^{\text{CR}}(t) = \lim_{\Delta F_i(t) \to 0} \frac{F_i(t)}{g[F(t)]} \cdot \frac{\partial g\overline{[F(t)]}}{\partial F_i(t)} = \frac{F_i(t)}{F_\text{S}(t)} \cdot \Delta g_i(t) \tag{3.5}$$

式中，$I_i^{\text{CR}}(t)$ 为关键重要度；$F_i(t) \cdot \Delta g_i(t)$ 为第 i 个元、部件故障引发系统故障的概率，此数值越大，表明第 i 个元、部件引发系统故障的概率越大。

3.3.2 故障树结构函数分析

故障树定性分析可以确定系统故障的最小割集，利用最小割集分析法能够定位整个系统的薄弱环节，这也是系统风险控制及系统改进理论的依据之一。故障树本身就是一种逻辑关系因果图，且布尔代数是一种利用数学的方法描述逻辑关系的模型，因此要建立布尔代数模型反映该逻辑关系。

对于城际动车组而言，所研究的系统及其设备只能是正常和故障两种状态，在假设各设备是相互独立的状态下，故障树顶事件的结构函数可以表示为

$$\Phi(X) = \begin{cases} 1, & \text{系统正常(顶事件发生)} \\ 0, & \text{系统故障(顶事件不发生)} \end{cases} \tag{3.6}$$

式中，X 为底事件的状态变量。那么，底事件的元部件也存在正常和故障两种状态，底事件

结构函数可以表述为

$$x_i = \begin{cases} 1, & \text{底事件}i\text{发生} \\ 0, & \text{底事件}i\text{不发生} \end{cases} (i=1,2,\cdots,n) \quad (3.7)$$

式中，n 为故障树底事件数目。系统若为 n 个独立事件串联组成，用"与门"逻辑的布尔函数积表示为

$$\Phi(X) = x_1 \cap x_2 \cap \cdots \cap x_n = \bigcap_{i=1}^{n} x_i \quad (3.8)$$

当 x_i 只取 0，1 二值时，则有

$$\Phi(X) = \prod_{i=1}^{n} x_i \quad (3.9)$$

可以看出，当底事件全部失效时，系统失效；当其中任意一个底事件不失效时，系统也不失效，即 $x_i = 0$，$\Phi(X) = 0$。而 $x_1 = 1$，$x_2 = 1$，$\cdots$，$x_n = 1$ 时，系统 $\Phi(X) = 1$，即只有全部底事件都发生时，顶事件才发生。

同理，系统为 n 个独立事件并联组成，用"或门"逻辑的布尔函数和表示为

$$\Phi(X) = x_1 \cup x_2 \cup \cdots \cup x_n = \bigcup_{i=1}^{n} x_i \quad (3.10)$$

当 x_i 只取 0，1 二值时，式（3.10）可表示为

$$\Phi(X) = 1 - \prod_{i=1}^{n}(1-x_i) \quad (3.11)$$

只有变量 x_i 有一个为 1，即底事件故障，系统就故障，$\Phi(X) = 1$。只有全部底事件均为零时，则 $\Phi(X) = 0$，系统才不故障。

3.4 贝叶斯网络分析技术

3.4.1 贝叶斯网络与故障树分析的对比

贝叶斯网络推理是概率分布的计算过程，也就是在给定一组证据变量值的情况下，计算一个或者一组查询变量的概率分布，即"寻求条件下事件发生的概率"，也称为信念更新。这里的信念指的是后验概率。简单来说，在给定模型中计算目标变量的后验概率就是贝叶斯网络推理。

故障树分析方法存在以下的局限性：一方面是该方法不考虑部件失效之间的先后顺序以及部件之间的功能相关性等特征，单纯地把系统失效作为某些零部件失效的组合，对于城际动车组这一复杂系统来说是不完全合理的，只能作为分析的初步参考；另一方面，该方法将城际动车组的状态简化为正常和故障两种状态，它的两个假设条件是事件状态的二态性和故障逻辑关系的确定性，没有考虑状态的不确定性，难以满足现实情况中复杂系统具有的多态

事件的描述。因此，为了针对城际动车组这一复杂系统存在多种故障模式和不同故障程度这一事实情况进行更深入和准确的分析，需要考虑贝叶斯网络分析（Bayesian Network，BN），它更适用于表达和分析不确定性事件。

从故障状态的描述和推理机制来看，贝叶斯网络分析与故障树分析具有很大的相似性，但它可以进行双向推理，是在不完全信息条件下决策支持和因果发现的工具，因此同时还具备描述事件多态性和非确定性逻辑关系的能力。它以概率分布为基础，并认为所有变量的取值受概率分布的控制，提供了一种基于证据支持的定量架设方法，不仅为那些直接操纵概率的算法提供理论基础，而且也为分析那些没有明确的概率计算公式的算法提供理论构架，采用贝叶斯网络分析技术进行条件概率求解及后验概率推理，可以更准确地判断城际动车组的薄弱环节。

3.4.2 贝叶斯网络分析概述

贝叶斯理论是1764年由托马斯·贝叶斯提出的贝叶斯定理逐渐发展而来的一整套的理论与方法[15]，下面简要介绍相关的几个基本概念。

1. 贝叶斯推理基础

1）先验概率

设 $B_1, B_2, \cdots, B_n$ 为样本空间 S 中的事件，若 B_i 发生的概率 $P(B_i)$ 可根据已有数据的分析或者根据先验知识估计得到，则称 $P(B_i)$ 为先验概率。

先验概率 $P(B_i)$ 的值以过去的实践经验和认识为依据，在实验之前就可以得到或确定。

2）后验概率

设 $B_1, B_2, \cdots, B_n$ 为样本空间 S 中的事件，则在事件 A 发生的情况下 B_i 发生的概率 $P(A|B_i)$，可根据先验概率 $P(B_i)$ 和观测信息通过调整得到。通常将 $P(A|B_i)$ 称为后验概率。

3）条件独立关系

贝叶斯网的图形结构表达出变量间的条件独立关系，其中每个节点在已知其父节点取值的条件下独立于所有非子节点。利用条件独立关系，贝叶斯网把联合概率分布分解成若干个条件概率的乘积。由于每个条件概率涉及的变量数目很少，故可大大简化联合概率分布的计算。独立关系在知识表示、推理、学习方面起到简化作用，使得贝叶斯网的计算复杂性大大降低，实用性大大增强。

4）条件概率公式

条件概率是事件 A 在事件 B 发生的条件下发生的概率，用 $P(A|B)$ 表示，用公式表示为

$$P(A|B) = \frac{P(A \cap B)}{P(B)} \quad (3.12)$$

同样地，在事件 A 发生的条件下事件 B 发生的概率可表示为

$$P(B|A) = \frac{P(A \cap B)}{P(A)} \tag{3.13}$$

5）联合概率公式

联合概率是指两个事件 A 和 B 共同发生的概率，用 $P(A \cap B)$ 表示，由式（3.12）和式（3.13）可得：

$$P(A \cap B) = P(A|B) \cdot P(B) = P(B|A) \cdot P(A) \tag{3.14}$$

6）贝叶斯公式

将式（3.14）整理后两边同时除以 $P(A)$，若 $P(A)$ 是非零的，可以得到贝叶斯定理公式：

$$P(B|A) = \frac{P(A|B) \cdot P(B)}{P(A)} \tag{3.15}$$

贝叶斯网络推理是概率计算的过程，它通过将拓扑结构和上述求得的条件概率表相结合，在已知证据变量取值的情况下，通过贝叶斯公式和联合概率分布公式，计算所需节点的条件概率分布，这种概率推理实质上是一种后验概率推理问题。

贝叶斯推理问题的核心是计算后验条件概率分布。若设所有变量的集合为 X，证据变量集合为 E，查询变量集合为 Q，则贝叶斯网络推理的任务就是给定证据变量集合 $E = e$ 的前提下计算 Q 的条件概率分布。可形式化描述为

$$P(Q|E=e) = \frac{P(Q, E=e)}{P(E=e)} \tag{3.16}$$

贝斯网络推理模式可以分为因果推理、诊断推理和解释推理三种。

（1）因果推理是从顶部向底部的一种推理，也称递归推理，是从先验概率开始的一种正向推理过程，给定一定的证据，从原因推出结论，可进行可靠性评估，使用贝叶斯网络的推理计算，求出该原因下系统正常工作或故障的概率。

（2）诊断推理是一种从底部向顶部的反向推理，是在已知结果的前提下推理可能引发该结果的原因，可进行故障诊断和元、部件的重要度评估，在已知某系统发生故障时，找出发生该结果的原因及其概率，对该系统网络的薄弱环节进行诊断。

（3）解释推理针对的是既包含原因又包含结果的问题，是一种混合推理模式，若要推断导致该结果的其他原因，就需要进行解释推理，即在正向推理中应用反向推理[16]。

贝叶斯网络常用的推理方法有很多，主要可以分为精确推理和近似推理两大类。在贝叶斯网络规模不大时，可以进行精确推理，即精确地计算待求变量的后验概率。当贝叶斯网络的规模较大时，多采用近似推理，即在不影响推理正确性的前提下，通过适当降低推理精度来达到提高计算效率的目的。其中，精确推理算法包括多树传播推理（Polytree Propagation）、团树传播方法（Clique Tree Propagation）[如联结树算法（Junction Tree Propagation）]、基于组合优化的方法[如符号推理（Symbolic Probabilistic Inference）]和桶消元算法（Bucket Elimination Inference）等。近似推理包括基于搜索的方法（Search-based）和基于仿真的方法[如蒙特卡洛算法（Monte Carlo）等]。

2. 贝叶斯网络学习

贝叶斯网络学习是将基于专家经验的传统贝叶斯网络构建结合客观的数据来共同构建更加客观可靠的贝叶斯网络，并进一步在没有专家经验和知识等主观信息的情况下，完全从客观的数据中学习得到贝叶斯的网络结构和网络参数。因此，贝叶斯网络学习包括结构学习和参数学习两个方面。

结构学习就是利用样本数据来学习构建出最合适的有向无环图（Directed Acyclic Graph，DAG），即选择最优的模型。参数学习就是在贝叶斯网络构建好的条件下，通过学习来确定每个节点的条件概率表（Conditional Probability Table，CPT）。

3.4.3 基于故障树的贝叶斯网络构造

贝叶斯网络的网络拓扑结构是一个有向无环图，图中的节点表示从实际问题中抽象出来的随机变量，对应于故障树（Fault Tree，FT）的事件名称。贝叶斯网络的根节点（不具有父节点的节点，拥有先验概率）为故障树的底事件，即输入事件；中间结点（非根节点，拥有CPT）为故障树的中间事件；叶节点（不具有子节点的节点，拥有 CPT）为故障树的顶上事件，即输出事件。有向边表示条件独立关系，即节点在给定其父节点的状态下每个变量的概率是独立的，每个变量的非继承节点概率也是独立的。

一个具有 N 个节点的贝叶斯网络可用 $N = \ll V, E > P >$ 来表示，其中包括两部分：$<V, E>$ 表示一个具有 N 个节点的有向无环图 G，图中的节点 $V = \{V_1, \cdots, V_N\}$ 代表变量，节点的有向边 E 代表了变量间的关联关系。对于有向边 (V_i, V_j)，V_i 称为 V_j 的父节点，而 V_j 称为 V_i 的子节点，V_i 的父节点集合用 $pa(V_i)$ 来表示[17-18]。

用节点和有向边表示城际动车组列车系统的部件及其相关关系，通过贝叶斯网络的双向推理特点，可以计算出任意一个变量节点故障的概率，对网络的薄弱环节进行诊断。转化的算法流程图如图 3.3 所示。

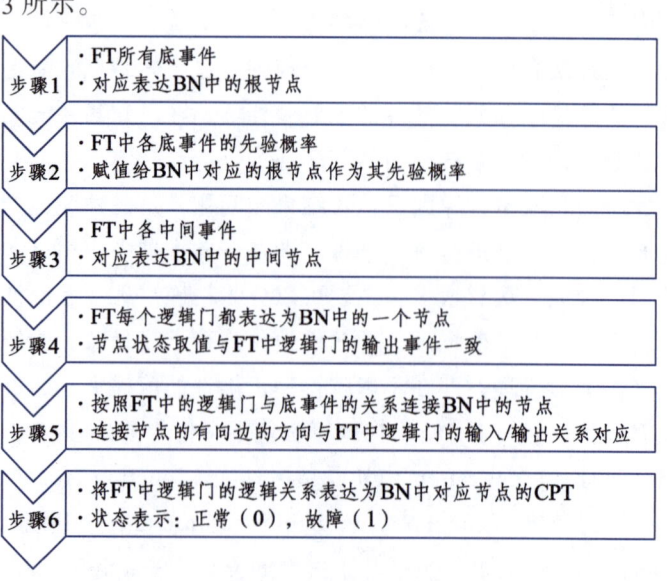

图 3.3　故障树转化为贝叶斯网络步骤

3.5 故障模式、影响及危害性分析（FMECA）

故障模式与影响分析（FMEA）实质上是将人们的经验规范化，以填表的方式将分析过程标准化。它是以故障模式为基础，以故障后果为依据，通过因果关系自下而上地进行推理、归纳，分析产品及其组成部分的硬件、软件的故障对产品的影响，特别要分析对安全性有灾难性和严重后果影响的故障模式，将其作为安全性分析的故障危险源。故障模式、影响及危害性分析（FMECA）是针对产品或系统所有可能的故障，根据对故障模式的分析，确定每种故障模式对系统产生的后果，并按故障模式的严重程度及其发生概率确定其危害性的一种归纳分析方法。它主要包括三方面的内容：故障模式分析（FMA）、故障影响分析（FEA）和危害度分析（Criticality Analysis，CA）。FMA 和 FEA 综合为故障模式与影响分析（FMEA），而 FMEA 和危害度分析（CA）综合为故障模式、影响及危害度分析（FMECA）。

3.5.1 故障模式、影响及危害性分析概述

FMECA 技术最早是由美国空军于 20 世纪 40 年代正式运用，随后被广泛应用于航空航天及军工制造领域发展至今，逐渐渗透到铁路运输、汽车行业、轨道交通运输等民用领域[19-20]，如今在加工制造业、运输业等行业的系统设计、运行、维护等各个阶段均有应用。

FMECA 技术是在总结故障原因、研究故障对策的基础上增加一层危害度分析的任务，即判断故障模式的危害程度有多大。这种危害度的分析是由故障影响的严重等级和发生的概率共同确定的。可以看出，FMEA 技术是一种定性分析方法，而 FMECA 则是以主观判断为基础的定量分析，对于维修和后勤保障十分有用。在系统运行使用阶段进行 FMECA 分析的目的是发现危害度高的风险源，并采取有效的改进和补偿措施，以进行维护维修策略的调整和优化，保持系统或设备的可靠性水平。

1. FMECA 法

由于 FMECA 是 FMEA 和 CA 的综合，下面分别介绍 FMEA 法和 CA 法。

1）FMEA 法

FMEA 的目的是研究产品故障对产品工作所产生的后果和影响，并将其可能的故障模式按严重程度分类，并采取必要的改进措施。它的基本方法有两种：硬件法和功能法。

（1）硬件法。

硬件法是列出各个硬件产品，并对它们可能出现的故障模式加以分析，根据硬件产品的功能对每个故障模式进行评价。当硬件产品已具有图纸和其他资料时，一般采用硬件法。这种分析方法适用于从零部件级开始，自下而上进行分析，再扩展到系统级。也可以从任一产品层次开始向任一方向展开，采用这种方法进行 FMEA 比较明确、严格。

（2）功能法。

功能法认为每个产品用于完成多种功能。使用功能法时列出各个输出功能，并加以分析。功能法从分析系统的设备功能图开始，而不是从硬件产品开始。当硬件产品功能不能明确确定时，例如在产品研制初期，各个零部件设计尚未完成，得不出详细的零部件明细表，系统

原理图及系统总装图或当系统复杂程度要求从产品高层次向下进行分析时，一般采用功能法。功能法比硬件法简单，可以忽略某些故障模式。

2）CA法

CA的目的是按每一故障的严重程度及该故障模式发生概率所产生的综合影响来对其分类，以便全面地评价各故障模式的影响。CA可分为定性分析法和定量分析法两种。如果不具有产品故障率数据，则应选择定性分析法；反之，若具有可利用的产品技术数据及故障率数据时，则应以定量分析来计算和分析危害度的数值。

（1）定性分析法。

当得不到所要求的产品技术数据和故障数据时，应根据故障模式发生的概率来评价FMEA中所确定的故障模式。将各故障模式出现的概率按一定的规定分成不同的等级，并填入CA相应的表格中。

（2）定量分析法。

用定量分析法进行CA时，所用的故障率数据应与进行产品可靠性和维修性分析时所用的数据完全相同。在具有产品故障率数据情况下，应采用定量分析法，以得到更有用的分析结果[21-22]。定量分析是根据故障影响概率 α、故障模式频数比 β、产品故障率 λ_p、工作时间 t、故障模式 j 计算出产品的危害度 C_r。

为了按单一的故障模式评价其危害性，应计算每一故障模式的危害度：

$$C_m(j) = \alpha \times \beta \times \lambda_p \times t, \quad j = \text{I, II, III, IV, V} \tag{3.17}$$

式中，λ_p 为被分析产品在其任务阶段内的故障率（1/h）；t 为产品任务阶段的工作时间；$C_m(j)$ 为产品在工作时间 t，以某一故障模式发生引起第 j 类严重等级影响的故障次数。

为了评价某一产品的危害性，应计算该产品的危害度：

$$C_r(j) = \sum_i^n C_m(j) \tag{3.18}$$

式中，i 为 1，2，…，n。

2. FMECA法分析过程与步骤

用FMECA法对一个系统或设备进行归纳分析时，通常包括以下步骤：

（1）明确分析系统或设备及其主要功能；

（2）找到主要的潜在故障模式；

（3）推断故障模式影响情况并针对性地列出补偿措施；

（4）确定故障模式严酷度并计算各自的危害度；

（5）按照计算得到的故障模式危害度从小到大排序，并计算不同严酷度等级的危害度；

（6）将归纳分析结果以表格方式呈现（建立FMECA表），改善高风险故障模式或设备的设计缺陷或运维方法。

3.5.2 城际动车组故障等级划分

1. 车辆故障等级划分

车辆故障等级的划分是为了掌握零部件的故障对系统的影响和造成后果的大小,以便于进行可靠性评价和故障模式及其影响分析。将车辆故障按照后果程度可划分为五个等级。具体情况见表 3.4。

表 3.4 城际动车组故障等级

故障名称	故障模式影响等级	故障特征	故障实例
一级车辆故障	I	列车无法正常运行	制动系统失灵、车辆走行部出现断裂、车轴冷切、轮对轴承烧损引发车轴热切等可能引发列车脱轨颠覆的重大事故
		故障导致发生行车安全事故或出现可能引起安全事故的重大隐患	
		故障导致巨大的直接经济损失	
二级车辆故障	II	列车无法正常运行	制动系统失灵、车辆走行部出现断裂、车轴冷却、轮对轴承烧损引发车轴热切等可能引发列车脱轨颠覆的事故,后果比一级车辆故障轻
		故障导致发生行车安全事故或出现可能引起安全事故的重大隐患	
三级车辆故障	III	导致车辆运用安全可靠度降低	制动软管爆破、轮对踏面擦伤及剥离、空气弹簧气囊爆破、空调不制冷、厕所堵塞等
		导致车辆部分功能减弱或者丧失	
		不会发生行车安全事故或不会导致可能发生行车安全事故的重大隐患	
四级车辆故障	IV	导致部分辅助功能减弱或者丧失	转向架减振弹簧折断、风挡开裂、车门变形、减振器漏油等
	V	不影响正常行车和行车安全	紧急解锁盖板破损、温度贴片损坏等

注:一级车辆故障是指能够引起最为严重后果的车辆故障,不但会造成列车无法正常行驶,还会引起列车脱轨倾覆;

二级车辆故障会造成列车中断正常运行、可能会出现重大的行车事故或者安全隐患,但不会造成重大的经济财产损失;

三级车辆故障会导致列车暂时无法继续运行,会导致车辆部分主要功能减弱或丧失,导致车辆运用安全可靠度降低;

四级车辆故障是最为轻微的车辆故障等级,不会影响车辆的正常运行,不会造成安全事故,也不会出现安全隐患,更不会造成人员伤亡和较大的经济损失。

2. 故障概率等级

故障概率等级的划分是为了掌握故障发生概率的大小,是对故障发生的可能性进行评估,以便进行故障模式及其影响分析。城际动车组故障概率的评价准则见表 3.5。

表 3.5 故障概率评价准则

故障概率等级	发生的可能性	可能的故障率
A 级	高:故障持续性出现	$10^0 \sim 10^{-3}$
B 级	中:故障经常性出现	$10^{-3} \sim 10^{-5}$
C 级	低:故障较少出现	$10^{-5} \sim 10^{-7}$
D 级	很低:故障几乎不出现	$10^{-7} \sim 10^{-9}$
E 级	不太可能:故障不太可能出现	$<10^{-9}$

3.5.3 城际动车组 FMECA

基于故障树的分析理论将城际动车组划分为车体、车端连接、转向架及其辅助、主供电、牵引系统、辅助电气系统、供风制动系统、网络及辅助监控系统、旅客信息系统、空调系统、给排水卫生系统、车门及车内设施、驾驶设施 13 个故障子系统。城际动车组结构复杂，系统层次复杂，零部件数以万计，因此只对其中故障率较高的车体及车内系统、转向架等 7 个子系统进行分析，且不对其下一层级系统进行分析。使用 FMECA 法对动车组 7 个主要故障子系统进行分析，得到如表 3.6 所示结果。

表 3.6 动车组各故障子系统 FMECA

编号	系统名称	功能描述	故障模式	故障严重等级	故障概率等级	故障影响 本层	故障影响 上层	故障影响 最终	应对措施
1	车体及车内系统	提供旅客服务的固定设施	空调故障	Ⅳ	E级	局部故障	空调无法正常使用	影响动车组使用	紧固螺栓；清扫；修理或更换
			给排水故障	Ⅳ	D级	局部故障	影响供水和卫生间使用	不影响	疏通；清理；更换
			车门故障	Ⅲ	C级	局部故障	影响车门正常功能	影响动车组使用	检查；修复；更换；进行复位操作
2	转向架	支撑车体，使得动车组在钢轨上运行	构架开裂或变形	Ⅱ	E级	局部裂纹、变形	影响转向架性能	影响动车组安全性能	焊修或更换
			轮对故障	Ⅰ	E级	超限	影响转向架安全性能	影响动车组安全性能	修复或更换
			轴箱装置开裂、老化	Ⅰ	E级	局部缺陷	影响转向架安全性能	影响动车组安全性能	焊修或更换
			一系悬挂弹簧或减振器损坏	Ⅲ	E级	局部缺陷	影响转向架安全性能	影响动车组安全性能	更换
			二系悬挂空气弹簧或减振器故障	Ⅱ	E级	局部缺陷	影响转向架安全性能	影响动车组安全性能	更换
			齿轮箱温度过热	Ⅰ	E级	局部缺陷	影响转向架安全性能	影响动车组安全性能	检修或更换
3	受流装置	将电流或电能引入车辆	受电弓机械部分或碳滑板受损	Ⅱ	D级	部件功能异常或丧失	影响受电弓使用	影响动车组运行	更换
			接触网压超范围	Ⅱ	C级	部件功能异常或丧失	影响受电弓使用	影响动车组运行	检查网压

3 城际动车组 RAMS 分析基础

续表

编号	系统名称	功能描述	故障模式	故障严重等级	故障概率等级	故障影响 本层	故障影响 上层	故障影响 最终	应对措施
4	牵引传动系统	能量传递	牵引变压器故障	Ⅲ	E级	部件功能异常或丧失	影响牵引传动系统正常工作或传动效率	影响动车组传动效率或安全	检查并紧固相关部件;修复或更换;减少部分负载
			主变流装置故障	Ⅲ	E级	部件功能异常或丧失	影响牵引传动系统正常工作或传动效率	影响动车组传动效率或安全	修复或更换
			牵引电机故障	Ⅱ	E级	部件功能异常或丧失	影响牵引传动系统正常工作或传动效率	影响动车组传动效率或安全	紧固;重新装配;减少部分负载;更换
5	制动系统	给列车提供制动	制动控制器故障	Ⅱ	E级	局部故障	影响制动系统使用	严重影响动车组行车安全	检测;修复或更换
			空气压缩机故障	Ⅲ	E级	局部故障	影响制动系统使用	严重影响动车组行车安全	紧固;修复;更换
			制动夹钳故障	Ⅱ	F级	局部故障	影响制动系统使用	严重影响动车组行车安全	检查;拆修;更换
6	辅助供电系统	为辅助设备提供电能	辅助电源装置故障	Ⅲ	E级	局部故障	影响辅助电源功能	影响动车组使用	查找漏电;清扫;更换
			辅助通风机	Ⅲ	E级	局部故障	影响辅助通风机工作	影响动车组使用	紧固;清扫;更换
			蓄电池	Ⅳ	E级	局部故障	影响蓄电池工作状态	不影响	查找漏电;紧固或修复;更换
7	网络控制系统	系统控制	通信故障	Ⅱ	D级	局部故障	影响车厢通信	影响动车组通信	复位重新配置;更换板卡;软件升级

4 城际动车组检测与故障诊断技术

本章首先介绍了温度检测技术、振动检测技术和图像检测技术；然后，对城际动车组在线监测典型系统进行了概述；最后，对基于振动的故障诊断技术和基于机器视觉的受电弓碳滑板磨耗估计技术进行了介绍和应用分析。

4.1 城际动车组轴温检测技术

4.1.1 温度检测技术概述

温度检测技术的主要特点是：多为非接触式，对传感器耐热性能无特殊要求，避免了传感器和被测目标的相互干扰，测温范围大，无热惯性，响应速度较快，可以测量微小目标的温度，满足众多场合对温度测量范围和精度的要求[23]。它主要有红外非接触测温技术、基于彩色电荷耦合器件（Charge Coupled Device，CCD）三基色的测温技术、单总线数字式测温技术和激光测温技术等。

红外非接触测温技术：温度高于绝对零度的物体都会产生红外辐射，利用物体产生的红外辐射能量的强度与物体温度的关系可以确定物体的温度。红外测温仪按不同设计原理可分为全辐射测温仪、亮度测温仪和比色测温仪三类[24]。

基于彩色 CCD 三基色的测温技术：彩色 CCD 成像具有自扫描特性，以噪声低、灵敏度高、动态范围大、功耗低、体积小、重量轻和寿命长等优点而被广泛应用。在彩色 CCD 拍摄到的物体图像中，每个像素以波长分别为 700 nm、546.1 nm、435.8 nm 的红、绿、蓝三基色值（即 RGB 值）储存。由算法对测量的 RGB 值进行处理，求得物体的温度场。

单总线数字式温度测量技术：数字式温度传感器对传统的信号放大电路、采样电路和 A/D 转换电路进行集成，可直接将传感器模拟信号转换为数字信号，并以总线方式传送到计算机、微处理器或数字信号处理器进行数据处理。常见的数字式温度传感器有 DS1820、AD7416、MAX6575 等。

激光测温技术：分布式光纤测温技术是基于激光在光纤中的散射特性，基于激光的干涉或衍射特性的激光测温技术。

4.1.2 温度检测技术在动车组轴承温度检测中的应用

某型动车组转向架轴箱轴承采用的是自密封圆锥滚子轴承,为了检测轴承运行状态,轴箱端部安装温度传感器,当检测温达到车载逻辑设定的绝对值保护门槛或差值达门槛后,会触发车载报警装置,车载显示屏会自动提示报警信息及限速要求[25]。

1. 动车组温度传感器原理及安装

某型动车组轴承温度传感器采用的是 PT100 传感器,传感器分 A、B 通道互为冗余,轴承温度传感器探头阻值为:$R = R_0(1+\alpha T)$,其中 $R_0 = 100\ \Omega$(在 0 ℃ 时的电阻值),T 为摄氏温度,α 为铂电阻的温度系数。

轴承温度传感器安装在每个轴箱的端部,安装时在传感器探针位置涂抹热传导膏,以保证热量传输效果。动车组转向架轴箱轴承在发生故障后,由于轴承润滑不良,产生热量比正常运转要高许多,反映在轴承的温升或温度上是通常运转热的数倍,称之为热轴。

根据热轴的严重程度,结合多年来轴温探测的经验,设定预报等级为激热(温升达到 80 ℃)、强热(温升达到 60 ℃)、微热(温升达到 50 ℃)。激热表示轴承发生了严重故障,轴承温度非常高,如果不立即停车就有可能切轴进而造成列车颠覆;强热表示轴承发生了较为严重的故障,轴承温度比较高,还可以继续运行一段时间,为不影响运输,可以到前方站停车检查;微热,就是轴温相对较高,但是已经有热轴的征兆,所以需要重点关注,监视运行到下一站后检查是否继续升高,以决定是否进行拦停处理。

2. 动车组轴温报警系统控制逻辑

动车组车载报警包含三个报警门限,分别为轮对轴承温度升高、热轴预警、热轴报警,详细介绍如下:

1)轮对轴承温度升高

(1)报警门限。

只要满足下面的任一条件,就判定为温度升高故障:

①轴承温度传感器两个通道的温度输入都合理,且两个通道的温度都满足大于 100 ℃(滞回 90 ℃)或者与本车同侧的温度平均值差大于 30 ℃(滞回 28 ℃);

②两个通道的温度输入都合理,且两个通道的温度只有一个大于 100 ℃(滞回 90 ℃)或者与本车同侧的温度平均值差大于 30 ℃(滞回 28 ℃),持续时间大于 30 s;

③两个通道的温度输入只有一个合理,且合理通道的温度大于 100 ℃(滞回 90 ℃)或者与本车同侧的温度平均值差大于 30 ℃(滞回 28 ℃);产生轴的温度升高故障且持续 10 s 后会报出相应代码。

(2)车载处理方式。

动车组继续运行,轴承温度若恢复到门槛值以下,故障自动消除。同时会记录温度升高的故障代码,轴承温度升高的故障代码见表 4.1。

表 4.1 轴承温度升高的故障代码

代码	故障类型
68A4	1 转向架 1 轴左侧轮对轴承温度升高
68A8	1 转向架 2 轴左侧轮对轴承温度升高
68AC	1 转向架 1 轴右侧轮对轴承温度升高
68B0	1 转向架 2 轴右侧轮对轴承温度升高
68B4	2 转向架 3 轴左侧轮对轴承温度升高
68B8	2 转向架 4 轴左侧轮对轴承温度升高
68BC	2 转向架 3 轴右侧轮对轴承温度升高
68C0	2 转向架 4 轴右侧轮对轴承温度升高

（3）温度升高故障对列车的影响。

列车运行不受影响，会记录故障代码，供维护使用。

2）轮对轴承热轴预警

（1）报警门限。

只要满足下面的任一条件，就判定为热轴预警：

①轴承温度传感器两个通道的温度输入都合理，且两个通道的温度都大于 120 ℃ 或者与本车同侧的温度平均值差大于 50 ℃；

②两个通道的温度输入都合理，且两个通道的温度只有一个大于 120 ℃ 或者与本车同侧的温度平均值差大于 50 ℃，持续时间大于 30 s；

③两个通道的温度输入只有一个合理，且合理通道的温度大于 120 ℃ 或者与本车同侧的温度平均值差大于 50 ℃。

（2）车载处理方式。

热轴预警的故障不能自动消除，故障的恢复除了要求温度恢复到门槛值以下和轴承的温度测量没有故障（两个通道至少有一个正常），还要求人工复位干预。同时，热轴预警会产生故障代码，并在司机显示屏上报出，热轴预警的故障代码见表 4.2。

表 4.2 热轴预警的故障代码

代码	故障类型
6AA0	1 转向架 1 轴热轴预警
68A8	1 转向架 2 轴热轴预警
68AC	1 转向架 1 轴热轴预警
68B0	1 转向架 2 轴热轴预警
68B4	2 转向架 3 轴热轴预警
68B8	2 转向架 4 轴热轴预警
68BC	2 转向架 3 轴热轴预警
68C0	2 转向架 4 轴热轴预警

（3）热轴预警故障对列车的影响。

在司机占用端的显示屏上会有轴温预警提示，列车没有强迫制动。

3）轮对轴承温度热轴报警

（1）报警门限。

只要满足下面的任一条件，就判定为热轴报警故障：

①轴承温度传感器两个通道的温度输入都合理，且两个通道的温度都大于 140 ℃ 或者与本车同侧的温度平均值差大于 65 ℃；

②两个通道的温度输入都合理，且两个通道的温度只有一个大于 140 ℃ 或者与本车同侧的温度平均值差大于 65 ℃，持续时间大于 30 s；

③两个通道的温度输入只有一个合理，且合理通道的温度大于 140 ℃ 或者与本车同侧的温度平均值差大于 65 ℃。

（2）车载处理。

热轴预警的故障不能自动消除，故障的恢复除了要求轴承温度恢复到门槛值以下和轴承的温度测量没有故障（两个通道至少有一个正常），还要求人工复位干预。同时，热轴报警会产生故障代码，并在司机显示屏上报出，热轴报警的故障代码见表 4.3。

表 4.3 热轴报警的故障代码

代码	故障类型
6AC0	1 转向架 1 轴热轴警报
6AC4	1 转向架 2 轴热轴警报
6AC8	1 转向架 1 轴热轴警报
6ACC	1 转向架 2 轴热轴警报
6AD0	2 转向架 3 轴热轴警报
6AD4	2 转向架 4 轴热轴警报
6AD8	2 转向架 3 轴热轴警报
6ADC	2 转向架 4 轴热轴警报

（3）热轴报警故障对列车的影响。

列车产生最大常用强迫制动，列车被限速 40 km/h 运行。

4.2 城际动车组振动检测技术

4.2.1 振动检测技术概述

1. 简谐振动常用的参数

简谐振动中常用的参数为幅值、周期、频率、相位、位移、速度和加速度。机械振动是指物体围绕其平衡位置附近来回摆动并随时间变化的一种运动。振动通常以其幅值、周期（频率）和相位来描述，它们是描述振动的三个基本参量。振动信号常用其位移、速度和加速度来描述[26]。

（1）幅值：表示物体动态运动或振动的幅度，是机械振动强度的标志，也是机器振动严重程度的一个重要指标。机器运转状态的好坏绝大多数情况是根据振动幅值的大小来判别的。针对机械设备的振动信号，选择有效的特征参数指标，是实现状态监测的关键，常用的特征参数包括均方根、峰值和峰-峰值。

均方根（Root Mean Square，RMS）表征信号的能量，是对机组进行状态监测最重要的指标。由于均方根表征振动信号的能量，当机组正常运转时，振动信号的能量处于比较稳定的状态，当机组某个零部件出现异常后，信号的能量增加，当增加到超过设定阈值时，就可以判断出机组出现异常。对于速度信号的评估，通常用均方根表示。均方根的稳定性和趋势性较好，许多标准都采用均方根来作为状态监测的参数，ISO10816 是针对通用机械的状态监测标准，采用速度信号的均方根作为特征参数。VDI3834 作为唯一一个针对风电机组的振动标准，采用速度和加速度的均方根作为监测指标。

峰值是指某段采集的信号中的最高值和最低值，其中，最高值表示为 Peak(+)，最低值表示为 Peak(-)，由于加速度信号主要表征受力的大小，通常用峰值来表征加速度的大小。峰-峰值（Peak-Peak）是指某段采集的信号中，最高值和最低值之间的差值，它是峰值(+)和峰值(-)之间的范围，由于峰-峰值描述的是信号值的变化范围大小，对于位移信号，通常用峰-峰值表示。峰-峰值等于正峰和负峰之间的最大偏差值，峰值等于峰-峰值的 1/2。只有在纯正弦波的情况下，均方根值才等于峰值的 0.707 倍，平均值等于峰值的 0.637 倍。而平均值在振动测量中一般则很少使用。振动的峰-峰值、峰值、有效值和平均值示意图如图 4.1 所示。

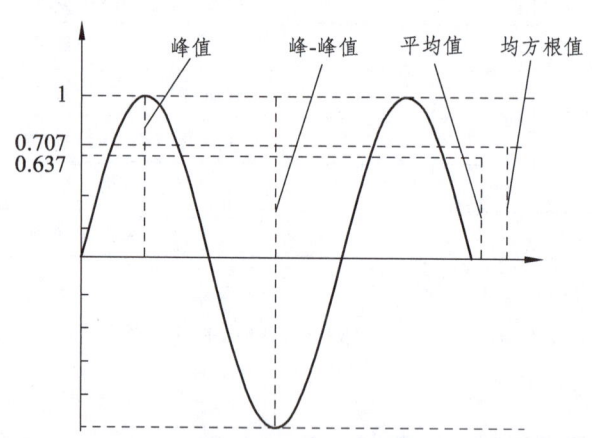

图 4.1　振动的峰-峰值、单峰值、有效值和平均值示意图

（2）周期：物体完成一个完整的振动所需要的时间，以 T_0 表示。单位一般是用"秒(s)"表示。例如一个单摆，它的周期就是重锤从左运动到右，再从右运动回左边起点所需要的时间。

（3）频率：是指振动物体在单位时间（1 s）内所产生振动的次数，即 Hz，以 f_0 表示。很显然，$f_0 = 1/T_0$。对于旋转机械的振动来说，存在下述令人感兴趣的频率：①转动轴的旋转频率；②各种振动分量的频率；③机器自身和基础或其他附着物的固有频率。

（4）相位：相位是指旋转机械测量中某一瞬间机器的选频振动信号（如基频）与轴上某

一固定标志（如键相器）之间的相位差。相位可用来描述某一特定时刻机器转子的位置，一个好的相位测量系统能够确定每一个传感器所在的机器转子上"高点"相对机器轴系上某一固定的标志点的位置。而平衡状态的变化将会引起"高点"位置的变化，这种变化也会通过相位角的变化而表示出来。相位的度量单位为度（°），通常振动相位在0°~360°变化。振动的相位在振动分析中十分重要，它不仅反映了不平衡分量的相对位置，在动平衡中必不可少，而且在故障诊断中也能发挥重要作用。

（5）位移：适用于低频范围，转速在1 500r/min以下的机组；反映质点的位能，可监测位能对设备部件的破坏。

（6）速度：适用于中频段，转速在1 500~10 000r/min范围内的机组；反映质点的动能，可监测动能对设备部件的破坏。

（7）加速度：适用于高频段，转速在10 000r/min以上的机组；反映质点的受力情况，可监测振源的冲击力对设备的破坏程度。位移、速度、加速度的转换关系如图4.2所示。

图4.2 位移、速度、加速度的转换关系图

把一个单摆横向来看，当重锤向上摆，通过起始点0时，其位移为零，而速度为正方向最大，加速度为零；当重锤运动到上死点时，位移为正方向最大，此时速度为零，加速度为负方向最大；重锤向下回零时，位移为零，速度为负方向最大，加速度为零；当重锤运动到下死点时，位移为负方向最大，而此时速度为零，加速度为正方向最大。振动位移、速度、加速度三者之间的相位关系如图4.3所示。

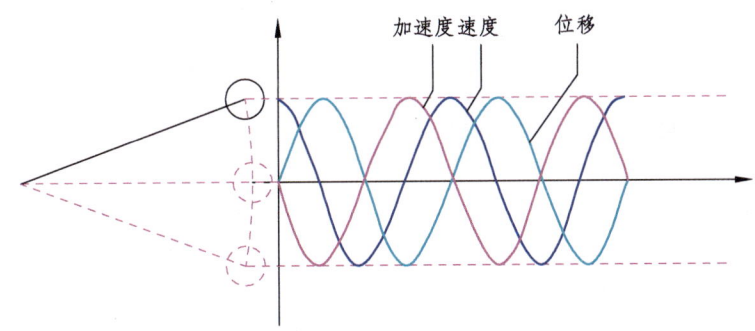

图4.3 振动位移、速度、加速度的转换关系

2. 振动测试及信号分析的任务

振动测试及信号分析主要有以下5个方面的任务：①验证振动理论和计算结果的准确性，也被称为实验验证或工程振动测试中的正问题；②为改进结构优化设计提供充分的实验依据；③查清外界干扰力的激振水平和规律，以便采取措施来减少或控制振动；④检测诊断设备故障；⑤振动控制。

3. 压电式、涡流式及磁电式传感器的机电变化原理

压电式传感器的机电变换原理：某些晶体（如人工极化陶瓷、压电石英晶体等）在一定

方向的外力作用下或承受变形时，它的晶体面或极化面上将有电荷产生。这种从机械能（力或变形）到电能（电荷或电场）的变换称为正压电效应。而从电能（电场或电压）到机械能（变形或力）的变换称为逆压电效应。因此，利用晶体的压电效应可以制成测力传感器。在振动测量中，由于 $F=ma$，所以压电式传感器是加速度传感器。

电涡流传感器的机电变换原理：电涡流传感器是一种相对式的非接触传感器，它是通过传感器端部与被测物体之间的距离变化来测量物体的振动位移或幅值的，主要应用于静位移的测量、振动位移的测量、旋转机械中检测转轴的振动测量。

电动式（磁电式）传感器的机电变换原理：电动式传感器基于电磁感应原理，即当运动的导体在固定的磁场里切割磁力线时，导体两端就感应出电动势，因此利用这一原理而产生的传感器称之为电动式（磁电式）传感器。它实际上是速度传感器。

4. 选择拾振器的原则

选择拾振器类型时，要根据测试的要求（如要求测位移或测速度、加速度、力等）、被测物体的振动特性（如待测的频率范围，估计的振幅范围等）及应用环境情况（如环境温度、湿度、电磁场干扰情况等）结合各类拾振器本身的各项特性指标来考虑。

下列情况可用位移拾振器：①位移幅值特别重要时（例如，不允许某振动部件在振动时碰到别的物体，即要求振幅时）；②测量位移幅值的场合，正好就是要分析应力的场合；③低频振动。此时速度、加速度数值太小不便于采用速度或加速度计测量。

下列情况下，可采用速度型拾振器：①位移的幅度太小，不便于测量中频段；②在与声音有关的振动测量中应用，因为振动部件在空气中产生的声压正比于振动的速度。

下列情况下，可采用加速度型拾振器：①高频振动；②测量对力、载荷或应力要做分析的部位时，因为力正比于加速度；③测量空间受限制，不允许传感器体积大、质量大的场合，采用压电加速度为佳。

4.2.2 振动检测基本参数的测量

1. 简谐振动频率的测量

1）李萨如图形比较法

利用示波器、信号发生器以及常用的振动信号测试设备所组成的测试系统，来测量简谐振动的振动频率，称之为李萨如图形比较法。运动方向相互垂直的两个简谐振动的合成运动轨迹，称之为李萨如（Lissajous）图形[27]。使用李萨如图形法测量振动频率的测量系统如图4.4所示，它是把被测信号送入阴极射线示波器的垂直偏转轴 Y，而把已知频率的比较电压信号（由信号发生器提供）送入水平偏转轴 X，这时在电子示波器的显示屏上将形成李萨如图形。

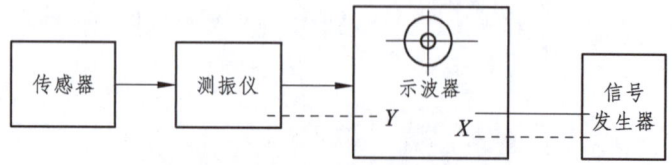

图 4.4 李萨如图形法测量振动频率的测量系统

2）录波比较法

这种方法是将被测振动信号的时标信号（一般为等间距的时间脉冲信号）一起送入光线示波器中，然后根据记录纸上的振动波形和时标信号两者之间的周期比测定被测振动波形的频率。录波比较测频方法示意图如图 4.5 所示。若测出被测信号在周期 T 长度中的时标脉动数 n，则被测信号频率 $f = 1/T = 1/nT_0 = 1/n \times f_0$，式中 $f_0 = 1/T_0$，为时标信号的频率，一般选取 $n = 5 \sim 10$，便可得到较准确的结果。此法顺便还可以利用振动信号的波形直接读出振动的振幅值 A。

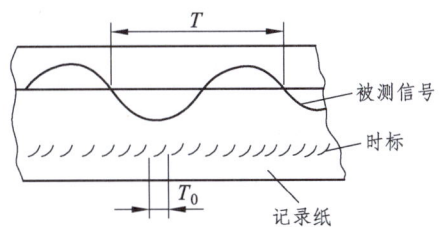

图 4.5　录波比较测频方法示意图

3）直接测量法

它是使用频率计数器直接测定简谐波形电压信号的频率或周期的一种方法。频率计数器有指针式和数字式两种，其中数字式频率计数器的测量精度较高，它是目前普遍采用的测频仪器。一般来说，此类仪器由三部分组成：计数部分、时基信号发生器和显示部分。数字式计数器的测频原理如图 4.6 所示。

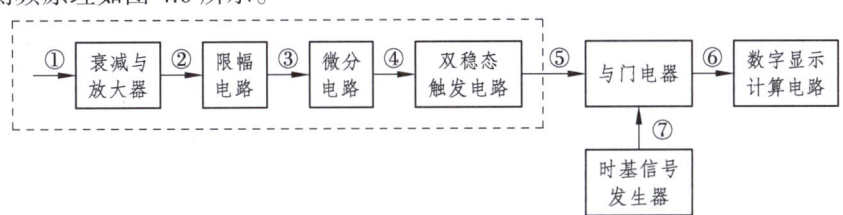

图 4.6　数字式计数器的测频原理

2. 简谐振动固有频率的测量

1）自由振动法

用自由振动法测量机械系统的固有频率，一般都是测量此系统的最低阶固有频率，因为较高阶自由振动衰减较快，几乎在振动波形图中无法看到。通常为了让机械系统产生自由振动，一般采取两个途径：初位移法和敲击法，如图 4.7（a）和图 4.7（b）所示。

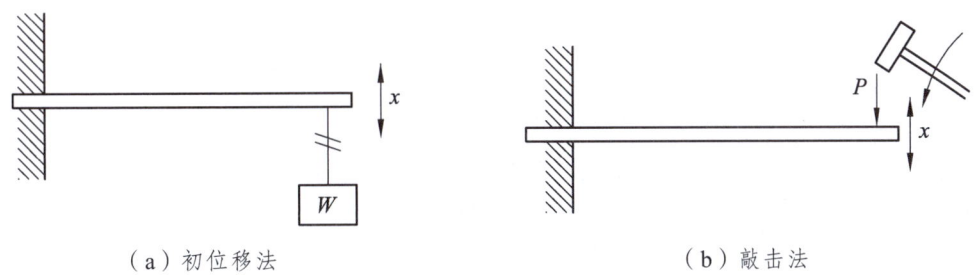

（a）初位移法　　　　　　　　　　（b）敲击法

图 4.7　自由振动法

2）强迫振动法

它实质上就是利用共振的特点（共振时振幅最大）来测量机械系统的固有频率，因此这种方法也叫共振法。在振动测量中，产生强迫振动的方法很多，主要有以下两种：调节转速法和调节干扰频率法。其示意图分别如图4.8和图4.9所示。

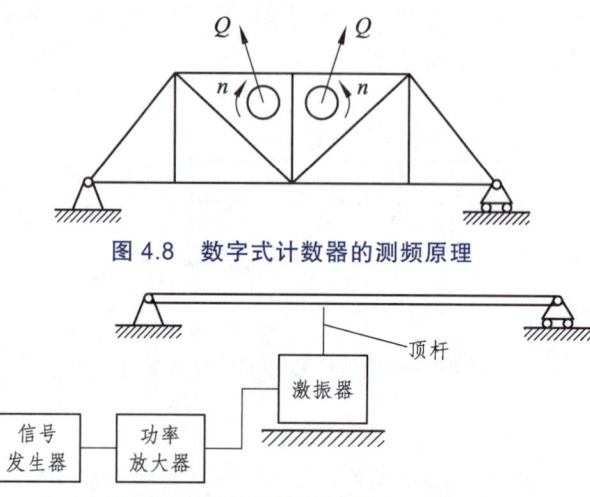

图4.8　数字式计数器的测频原理

图4.9　调节干扰力频率法示意图

3）简谐振动幅值的测量

对简谐振动来说，只要能够测出位移、速度和加速度的幅值中的任何一个，就能够很容易地计算出其他两个。因此，可以分别用压电加速度传感器、磁电式传感器等测量系统测量，只要选择适当的量程，从电压表或在示波器中就可以读出其振动的幅值。常用的方法有指针式电压表直读法、数字式电压表直读法和光学法（包括用读数显微镜观察法和楔形观察法）。

4）同频率简谐振动相位差的测量

主要包括：①示波器测量法，用电子示波器测量相位差，常用的是线性扫描法和椭圆法；②相位直接测量法，相位计的基本原理与双线示波器直接比较法是相同的。

5）简谐振动阻尼的测量

由简谐振动系数的阻尼系数或阻尼比可以导出衰减系数，因此，可根据衰减系数求得系统阻尼。根据衰减系数和机械振动基本参量的不同关系，大致可分为三种测量方法：用振动波形图测定机械系数的衰减系数、用共振频率测定机械系数的衰减系数和用共振曲线测定机械系统的衰减系数。

3. 振动测点位置的选择

由于轴承承载着机器的负荷，许多典型的机械问题（如不平衡、不对中、松动等）都会将振动信号传递给轴承。因此，通过监测轴承的振动，就会同时发现上述典型机械故障及轴承的缺陷。选择机组的测点位置，根据以下原则并考虑现场后续维护便利性，充分沟通之后确定：选择振动测点应尽量靠近被测轴承的承载区；安装点与被监测的转动部件最好只有一个界面，尽可能避免多层相隔，以减少振动信号在传递过程中因中间环节造成的能量衰减；

测量点与振动传递介质必须要有足够的刚度；安装位置的选择不能影响对机组的日常维护、检修和管理；传感器需要安装在易于维护、不会受到外在影响与破坏的位置。

4.3 城际动车组图像检测技术

4.3.1 图像检测技术概述

长久以来，对于轨道交通安全状态的检测主要以人工巡检的方式为主，该方式虽简单易行，但劳动强度大，效率低下，对巡检人员的专业素质要求较高，检测结果往往受主观的影响较大，一些检测不仅需在运营空窗期内完成甚至还可能危害到巡检工人的人身安全，而且难以满足日益增长的运营需求[28]。针对人工检测方式存在的诸多问题，在科学水平和自动化技术不断发展与成熟的推动下，多种非接触式无损检测方法逐渐被提出并应用在轨道交通系统安全状态检测领域。

非接触式无损检测技术是一种具有较高自动化程度和检测精度，并且便于操作的现代化诊断技术，主要包括超声波检测、电涡流法、漏磁检测、红外检测、激光全息检测等方法[29]。该技术在检测过程中没有破坏性，效率较高，且不与待检测目标接触，能够远距离实现对待测目标的检测。近几年，随着机器视觉、机器学习、深度学习、人工智能等领域技术的迅速发展，利用机器视觉的非接触式检测方法逐渐发展成熟并广泛应用在电气、电子、机械、汽车、工业检测等领域，是目前最为常用的一种检测方法[30]。

机器视觉技术一般是指使用非接触式光学设备和传感器自动接收并处理真实场景的图像以获得人们所需要的信息，它可以代替人类进行尺寸测量、缺陷检测、目标识别、机器人导航等[31]。工业上典型的机器视觉系统一般主要由光学成像模块（包括光源、相机、镜头）、图像获取模块（图像采集卡）、实时处理模块和执行模块等组成[32]。相较于传统的人工检测技术，基于机器视觉的检测方式具有非接触性、实时性、灵活性和精确性等特点，适用于重复性高、环境条件恶劣以及非接触精密测量的场合[33]。

计算机图像处理技术在 20 世纪 90 年代进入了发展高峰期，使用数字图像处理技术的非接触式检测系统开始陆续出现。使用图像处理技术的检测系统只需安装拍照设备、照明设备等少量设备，就可以对受电弓、接触线、钢轨等多种设备进行检测。这种检测方式具有节约成本、减少设备数量、检测范围广、自动化程度高、不干扰正常行车等特点。

4.3.2 图像检测技术在车辆状态检测中的应用

作为运输乘客的主要载具，城际动车组是整个城际轨道交通系统的重要组成部分，相比于系统中其他关键组成部分，城际动车组寿命周期较长，结构精密复杂，子系统及其部件众多，检修工艺繁复，而且其设备结构、设备数据以及运营维护等都有着其自身的特殊要求[34]。

"计划修"模式下的检修方式目前主要通过检修作业人员目测、鼻嗅、耳听等主观地检测车辆发现故障，人员配置多，对检修人员的专业素质和实践经验要求较高，当检修人员能力和综合素质不同时，检修质量也会参差不齐。而且，在长时间的高强度检修过程中，检修人员的身体和精神状态也会逐渐下滑，当检修人员疲惫时，检测质量和效率就会出现明显的下降，存在漏检现象，同时也会使得作业人员的自身安全无法得到切实的保障[35]。人工检修车辆工作示意图如图4.10所示。

图 4.10　人工检修动车组工作示意图

近年来，得益于前述机器视觉技术的特点和优势，基于机器视觉的车辆状态检测已逐渐成为该领域应用和研究的热点，包括车底巡检机器人、入段线日常综合检测系统等。以某动车运用所引进的轨道式车底巡检机器人为例，该复合型巡检机器人利用创新的智能图像识别技术，能够实现以自动化、智能化的视觉识别设备代替动车组日常检修的人工目检，对车辆底部全景、转向架等可视关键零部件进行灵活且多角度的自动检测，减少了检修作业人员配置，有效提升了车辆状态的检测效率，大大缩短了检测所需的时间。具体地，该车底巡检机器人能够按照预先设定的检测区域自动准确地定位并运行到该检测目标位置，首先运用图像检测模块完成对车辆底板及转向架关键部位的扫描检测，然后利用图像识别技术实现对车辆底部、车轴、轮对、转向架等关键部件的尺寸测量、状态监测等日常检修作业。该巡检机器人设备主要由视觉检测模块、多功能机械臂、安全防撞系统等功能单元组成，工作时利用铺设在检修地沟内的导轨前后运行来完成巡检，当班检修人员则通过配备的手持终端操控机器人进行作业。车底巡检机器人示意图如图4.11所示。

图 4.11　车底巡检机器人示意图

在车辆运维业务中引入"全智能维保体系"[36]，利用智能化设备实现对车辆的车顶、车侧、车底及转向架等关键部位安全状态的在线智能检测，全方位提升运营车辆的行车安全性，同时延长各关键部件的使用寿命。该体系主要包括库内深度检测系统、正线动态综合检测系统和入段线日常综合检测系统。其中，入段线日常综合检测系统安装在车辆段入段走行线上，可在车辆开始运营前和运营结束后对车辆各关键部件的安全状态进行全面的动态检测，以保障运营安全。入段线日常综合检测系统主要包括轮对故障在线检测系统、受电弓及车顶状态动态检测系统、车轮深层次探伤检测系统、全车运行故障动态图像监视系统、闸片状态在线动态检测系统5个子系统。入段线日常综合检测系统如图4.12所示。

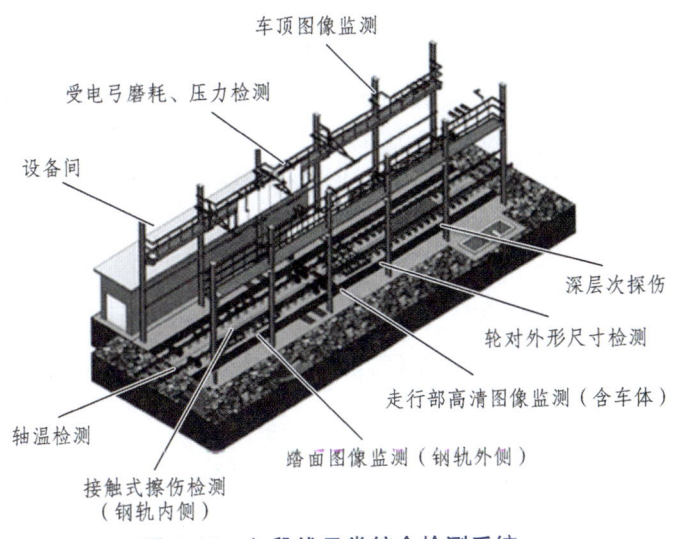

图 4.12 入段线日常综合检测系统

当车辆经过系统安装区域时，系统会自动完成对车辆车顶、车侧和车底关键部件可视部位图像的采集，并在此基础上实现对车顶受电弓、绝缘子、空调机组盖、车门、车底牵引装置、转向架、电机盖、闸瓦/制动盘、齿轮箱等关键设备及其部件安全状态的监测，主要检查关键部件异物、缺失、明显变形等异常情况，一旦任何关键部件出现上述异常情况，系统将自动报警提示。整个系统采用机器视觉、目标检测、图像处理、模式识别和高速、高分辨率线阵扫描等先进技术，实现了城际动车组车体外观的自动化检测，相较于人工检查，基于该系统的检测方式不仅能有效提升检查质量、降低安全隐患，而且能提高检查效率、减少人力成本，同时也为日后车辆的自动化检查奠定了良好的基础。

4.4 基于振动的故障诊断技术

4.4.1 基于振动的齿轮故障分析方法

在机械设备中，机器的动力传递要靠传动部件来实现，传动部件的运行状态直接影响着整机的功能。齿轮传动是机械设备中最常见的传动方式，现代机械对齿轮传动的要求日益提高，齿轮能在高速、重载、特殊介质等恶劣环境条件下工作，又要求齿轮装置具有高平稳性、高可靠性和结构紧凑等良好的工作性能，由此使得齿轮发生故障的因素愈来愈多，而齿轮异常又是诱发机器故障的重要因素。据有关数据统计，齿轮在齿轮箱的各零部件中的故障比例高达60%以上[37]，在实际工业生产过程中，齿轮运行状态的振动监测和故障诊断对于降低设备维修费用、防止突发性事故具有重要的实际意义。因此，对齿轮运行状态进行监测和故障诊断具有十分重要的意义。本节将主要对齿轮装置的故障及诊断方法进行讨论。

1. 常用振动诊断方法

1）时域同步平均法

时域同步平均法是从混杂有噪声干扰的信号中提取周期性分量的有效方法，也称为相干检波法[37]。当随机信号中包含有确定性周期信号时，如果使截取信号的采样时间与周期信号的周期 T 相等，将所截得的信号进行叠加平均，那么就能够将该特定周期信号从随机信号、非周期信号以及与指定周期 T 不一致的其他周期信号中分离出来，从而大大地提高指定周期信号的信噪比。设直接测量所得的信号为

$$x(t) = s(t) + n(t) \tag{4.1}$$

式中，$s(t)$ 为希望保留的周期信号，其周期为 T；$n(t)$ 为希望消除或抑制的噪声信号。可以证明，经几次平均之后，输出噪声能量降低为输入噪声能量的 $1/N$。则时域同步平均后的输出信号为

$$y(t) = s(t) + \frac{n(t)}{\sqrt{N}} \tag{4.2}$$

2）频率细化分析技术

频率细化分析（或称为局部频谱放大），能使某些感兴趣的重点频谱区域得到较高的分辨率，提高了分析的准确性，是20世纪70年代发展起来的一种新技术。频率细化分析的基本思想是利用频移定理，对被分析信号进行复调制，再重新采样作傅里叶变换，即可得到更高的频率分辨率，其主要计算步骤为，假定要在频带 ($f_1 \sim f_2$) 范围内进行频率细化，此频带中心频率为 $f_o = (f_1+f_2)/2$ 对被分析信号 $x(k)$ 进行复调制（可以是模拟的，也可是数字的），得到的频移信号为

$$y(k) = x(k)e^{-2\pi k L/N}$$
$$L = \frac{f_o}{\Delta f} \tag{4.3}$$

式中，Δf 是未细化分析前的频率间隔，也可仅为一参考值。

3）倒频谱分析

在频谱图中，当有几个边频带相互交叉分布在一起时，如果仍然仅依靠频率细化分析方法是不够的。虽然，复杂的时域信号可以利用快速傅里叶变换技术，在频域上获得结构清晰的频谱图。然而在有些情况下，例如齿轮箱的振动信号，即使被转换到频域其结构还是过于复杂，难于进行有效分析和识别。于是，根据傅里叶变换技术时域和频域转换的概念，将频谱结果再次利用傅里叶变换技术转换到一个新的分析域中，这样就形成了所谓的倒频谱分析。

1962 年 Bogert 等[39]首先提出了倒频谱的概念,他把信号 $x(t)$ 的功率倒频谱定义为"对数功率谱的功率谱"。其数学描述为

$$C_p(q) = \left| F\left[\lg G_x(f)\right] \right|^2 = \left| \int_{-\infty}^{+\infty} \lg G_x(f) e^{-j2\pi fq} df \right|^2 \quad (4.4)$$

式中,$G_x(f)$ 为时域信号 $x(t)$ 的功率谱。

由于 $G_x(f)$ 为偶函数,故在实际使用当中都将倒频谱定义为

$$C_p(q) = \left| F^{-1}\left[\lg G_x(f)\right] \right|^2 \quad (4.5)$$

并且在工程应用中常取其平方根值 $C_a(q)$,称为幅值倒频谱,即

$$C_a(q) = \left| F^{-1}\left[\lg G_x(f)\right] \right| \quad (4.6)$$

倒频谱属于谱函数的一种,其自变量 q 相对于原频谱函数的自变量频率 f 而言,称为倒频率。它具有与自相关函数自变量相同的时间量纲,一般以毫秒(ms)计量。

2. 齿轮的精密诊断

齿轮故障比较复杂,齿轮箱故障的精密诊断,不仅要判断其运行状态是否异常及发生异常的部位,还要求判断异常的类型和异常的程度。齿轮的精密诊断是以频率分析为基础的,结合其他方法。前文所述的几种信号分析处理方法针对齿轮故障诊断是非常有效的,但在实际工作中,通常是先利用常规的时域分析、频谱方法对齿轮故障做出诊断,这种诊断结果有时就是精密诊断结果,有时还需要利用前文所述的分析处理方法进一步对故障进行甄别和确认,最终得出精密诊断结果[40]。

齿轮振动的频率范围很宽(从几赫兹到几万赫兹),用同一频谱图来表示所有频率分量是非常困难的,因为频率范围和频率分辨率是相互矛盾的。考虑到各种齿轮失效类型的特征频率分布,一般可分为 3 个阶段:0~100 Hz 反映了各轴的转动频率,100~1 000 Hz 反映了齿轮的啮合频率,1 000~10 000 Hz 体现了齿轮的固有频率,所以在进行齿轮的精密诊断时可以根据需要选择分析的频段。

4.4.2 基于振动的滚动轴承故障诊断方法

旋转机械是设备状态监测与故障诊断工作的重点,而旋转机械的故障有相当大比例与滚动轴承有关。滚动轴承是机器的易损件之一,据不完全统计,旋转机械的故障约有 30% 是因滚动轴承引起的。引起滚动轴承故障的原因是多方面的,有些是系统内部原因造成的,有些是系统外部原因造成的[41]。只有对其结构和振动机理进行深入分析和研究,才能有效进行故障诊断。

1. 常用振动诊断方法

振动信号对绝大部分轴承故障都很敏感,故障会引发轴承振动增加或者改变振动特征。

将传感器安装在轴承座上,是因为轴承座离轴承越近,采集的信号越能真实、准确地反映滚动轴承的振动状态。在采集了轴承的原始振动信号之后,接着就要计算信号的特征参数。滚动轴承发生故障时,其振动信号中的许多统计特征参量都会随故障的性质及大小发生变化,因此可以作为故障诊断的依据。表征轴承状态的参数很多,可以分为时域参数和频域参数两种,下面介绍轴承故障诊断中用到的两种类型特征参数。

1)时域参数

基于振动信号分析的轴承故障诊断开始阶段,时域参数指标诊断方法占有重要地位。时域参数指标诊断方法的优点是计算简单方便、速度快,用少数指标就能表征机车轴承的状态,结果直观。轴承诊断中常用的时域特征参数分为有量纲故障特征和无量纲故障特征,具体的参数介绍如下:

(1)有量纲故障特征参数。

在轴承故障诊断中,有量纲特征参数一般与轴承故障的严重程度密切相关,可以直接用于分析故障情况,轴承的故障越严重,有量纲参数的值就会越大,但是有量纲特征参数诊断轴承故障时受载荷、转速等运转环境的影响比较大。常用的有量纲特征参数主要包括峰值、有效值(RMS)、方根幅值、绝对平均值等。各项有量纲参数的计算方式如下,假设离散信号为 x,那么:

峰值计算公式为

$$\text{Peak} = 0.5 \times [\max(x_i) - \min(x_i)] \tag{4.7}$$

有效值计算公式为

$$\text{RMS} = \sqrt{\frac{1}{N}\sum_{i=1}^{N}(x_i - \overline{x})^2} \tag{4.8}$$

式中,$\overline{x}$ 为时域信号的 x_i 平均值。有效值是信号对于时间的平均值,反映了信号的强度和能量,一般随着故障的发展,有效值会慢慢增加。

方根幅值的计算公式为

$$x_r = \left(\frac{1}{N}\sum_{i=1}^{N}\sqrt{|x_i|}\right)^2 \tag{4.9}$$

绝对平均值的计算公式为

$$|\overline{x}| = \frac{1}{N}\sum_{i=1}^{N}|x_i| \tag{4.10}$$

(2)无量纲故障特征参数。

无量纲故障特征参数指没有或没法用具体的单位去量化的参数,通常表示信号本身的一些性质。在轴承故障诊断中,常用的无量纲参数有偏度、峭度、峰值因子、脉冲因子、裕度因子等。

偏度的计算公式为

$$\alpha = \frac{1}{N} \sum_{i=1}^{N}(x_i - \overline{x})^3 \qquad (4.11)$$

峭度的计算公式为

$$\beta = \frac{1}{N} \sum_{i=1}^{N}(x_i - \overline{x})^4 \qquad (4.12)$$

峰值因子的计算公式为

$$CF = Peak / RMS \qquad (4.13)$$

波形因子的计算公式为

$$S = \frac{x_{rms}}{|\overline{x}|} \qquad (4.14)$$

脉冲因子的计算公式为

$$I = \frac{Peak}{|\overline{x}|} \qquad (4.15)$$

裕度因子的计算公式为

$$L = \frac{Peak}{x_r} \qquad (4.16)$$

诊断轴承故障时，其抗干扰性较差，容易产生误判等问题，如均方根值可以反映轴承总体的劣化状况，但是当传感器采集的信号中含有噪声时，则会影响诊断结果；峰值、偏度和峭度等对冲击很敏感，但是当有其他冲击干扰时，也会影响它们的诊断结果；同时时域参数只对发展初期的故障敏感，当故障逐渐稳定时，时域参数会逐渐趋于平稳，甚至与正常轴承的值相同，从而失去故障诊断能力。通常，为了提高轴承故障诊断结果的可信度，必须对轴承的原始采集信号进行滤波等预处理，同时计算几个参数，利用多参数综合诊断降低干扰信号的随机性，提高诊断的准确度。

2）频域参数

频域参数反映的是信号频率特征的一些参数，常用的参数包括功率谱、重心频率、均方根频率等。下面简单介绍几个频域参数指标。

频率重心的计算公式为

$$FC = \frac{\sum_{i=1}^{n} f_i \cdot S(f_i)}{\sum_{i=0}^{n} S(f_i)} \qquad (4.17)$$

均方频率的计算公式为

$$MSF = \frac{\sum_{i=1}^{n} f_i^2 \cdot S(f_i)}{\sum_{i=0}^{n} S(f_i)} \qquad (4.18)$$

均方根频率的计算公式为

$$\text{RMSF} = \sqrt{\text{MSF}} \tag{4.19}$$

频率方差的计算公式为

$$\text{VF} = \frac{\sum_{i=1}^{n}(f-FC)^2 \cdot S(f_i)}{\sum_{i=0}^{n}S(f_i)} \tag{4.20}$$

频率标准差的计算公式为

$$\text{RVF} = \sqrt{\text{VF}} \tag{4.21}$$

在轴承故障诊断中，频域参数用得比较少，但是频谱分析应用很广，因为轴承发生故障时，其振动信号的频谱图或功率谱中会出现很明显的特征，不用计算频率特征参数已经可以通过经验观察出轴承是否发生故障。故障特征频率也是轴承故障的明显特征。当轴承的旋转速度是定值时，轴承的故障特征频率是一个定值，故障特征频率对早期故障很敏感且准确，所以通常用故障特征频率诊断轴承故障而不采用频率参数，且频率参数与轴承故障之间的内在关联研究甚少，而时域特征参数对故障的早期阶段研究较多。

2. 包络谱分析法

包络谱分析法是利用包络检测和对包络谱的分析，根据包络谱峰识别故障。当滚动轴承元件产生缺陷而在运行中引起脉动时，不但会引起轴承外圈及传感器本身产生高频固有振动，且此高频振动的幅值还会受到上述脉动激发力的调制。包络谱分析法的基本步骤：将经调制的高频分量拾取，经放大、滤波后送入解调器，即可得到原来的低频脉动信号，再经谱分析即可获得功率谱（与冲击脉冲法相似）。包络谱分析法的基本原理：①理想的故障微弱冲击脉冲信号；②传感器接收后，产生的高频振荡波；③波形包络；④频谱分析。共振解调法（又称包络检波频谱分析法）通常用于具有滚动轴承的轴组件振动的分析。它利用轴承或检测系统作为谐振体，把故障冲击产生的高频共振响应波放大，通过包络检波方法（例如希尔伯特变换）变为具有故障特征信息的低频波形，然后采用频谱分析法找出故障的特征频率（间隔频率），从而确定故障的类型以及故障发生。

3. 倒频谱分析法

对于一个复杂的振动情况，其谐波成分更加复杂而密集，仅仅去观察其频谱图，可能什么也辨认不出。常利用倒频谱分析法，对功率谱上的周期分量进行再处理，找出功率谱上不易发现的问题。

4. 其他分析方法

1）振幅概率密度分析法

概率密度分布对正常和有疲劳剥落的轴承可进行定性区分（正常、异常）；定量化可用概率密度分布的幅度 R_4 表示，即概率密度分布的峭度（是概率密度分布陡峭程度的度量），把异常的程度数量化，然后根据 R_4 的大小判断轴承异常情况。

$$R_4 = \frac{\int_{-\infty}^{\infty} x^4 p(x) \mathrm{d}x}{\sigma_x^4} \tag{4.22}$$

式中，x 为瞬时幅值；$p(x)$ 为概率密度函数；σ_x 为标准偏差。

一般来讲，对于正常轴承，R_4 的大小为 3；当剥落发生时，R_4 将变大。R_4 与峰值指标类似，因其与轴承转速、尺寸、负荷等条件无关，所以使用起来对轴承好坏的判定非常简单。缺点是，对轴承表面皱裂、磨损等异常缺乏检测能力，主要适用于轴承表面有伤痕的情况。

2）频谱分析法

将低频段测得振动信号，经低通抗叠混滤波器后，进行快速傅里叶变换，得到频谱图。根据各项计算特征频率，在频谱图中找出其对应值、观察其变化，从而判别故障的存在与部位。

3）高通绝对值频率分析法

将加速度计测得的振动加速度信号经电荷放大器放大后，再经过高通滤波器，只抽出其高频成分，然后将滤波后的波形作绝对值处理，再对经绝对值处理后的波形进行频率分析，即可判明各种故障原因。

4）波形因数诊断法

当波形因数值过大时，表明滚动轴承可能有点蚀；而波形因数小时，则有可能发生了磨损。波形因数即峰值与均值之比（脉冲指标）。

5）概率密度诊断法

根据不同状态下轴承的振动信号的概率密度统计特性不同来判断是否出现故障。对于无故障轴承，概率密度呈现典型正态分布曲线；对于有故障轴承，概率密度曲线可能出现偏斜或分散。

4.5 基于机器视觉的受电弓碳滑板磨耗估计技术

4.5.1 数字图像处理基础

1. 数字图像基本概念

数字图像是计算机中使用二维数组 $f(x,y)$ 表示的二维函数。这里的 x 和 y 表示的二维坐标空间。坐标 (x,y) 中的幅值 f 表示的是这一点的亮度，或者被称为灰度。当 x 和 y 表示的二维空间为有限离散空间，且 $f(x,y)$ 表示的灰度是有限非 0 时，这样的二维数组称为数字图像。数字图像中，每一个点 (x,y) 被称为像素[42]。

2. 数字图像处理研究内容

数字图像处理技术中涉及的基础知识和专业知识主要包括通信技术、计算机技术等技术。图像处理技术涉及的研究方向也非常广泛，主要包括图像变换、图像压缩、图像增强与复原和图像分析。

3. 算法开发环境

目前，数字图像处理领域中众多开发环境可供选择，如 C#、OpenCV、MATLAB、C++ 等开发环境，其中 MATLAB 较为成熟，它具有完成数据计算、分析、可视化、绘图等功能；与数学结合紧密，其编译和执行速度远超 C 语言，因此编程效率高，易学易用；拓展性强，用户可以自己编写库函数用来调用，可实现混合编程；提供了众多图像处理领域的函数库，不仅适合初学者，也适合算法设计者。基于上述原因，本章使用 MATLAB 作为算法开发环境。

4. 灰度变换算法

灰度变换是在空间域中使用某种算子，直接对空间域中的像素进行变换，可用下列表达式表示：

$$g(x,y) = Tf(x,y) \tag{4.23}$$

式中，$f(x,y)$ 为输入图像的像素；T 为变换算子；$g(x,y)$ 为输出图像。

常见的灰度变换有负片变换、伽马变换、直方图均衡化和对数变换等方法。负片变换也叫顶帽操作，是指使用最大灰度值减去图片灰度，起到灰度反转效果的变换。变换公式为

$$g(x,y) = S - f(x,y) \tag{4.24}$$

式中，S 为灰度的最大值。

伽马变换是使用指数函数对原图像灰度进行放大或者缩小。伽马变换适用的公式为

$$g(x,y) = f(x,y)^{\gamma} \tag{4.25}$$

式中，C 为比例系数；γ 为控制灰度变换的系数。

直方图均衡化的作用是进行图像增强，完成从输入图像到输出图像的映射。直方图均衡化的公式为

$$s_k = \sum_{j=0}^{k} p_r(r_j) = \sum_{j=0}^{k} \frac{n_j}{n} \tag{4.26}$$

式中，$p_r(r_j)$ 是指直方图中每一直方的面积；k 是预先设置好的灰度级，$k=1,2,3\cdots$。

对数变换法是用来强调灰度较低区域，压缩高灰度值区域的变化范围的一种变换方法。变换方式为

$$g(x,y) = C\log_{1+v}[1+f(x,y)] \tag{4.27}$$

式中，v 为底数，它的变化会影响对数变换的效果。v 越大，变换效果越强。

5. 空间滤波算法

空间滤波主要分为线性空间滤波和非线性空间滤波。线性空间滤波的过程和图像增强的

过程相同，都是使用某算子 T 对像素 $f(x,y)$ 的邻域进行线性运算，输出的结果计入像素 $g(x,y)$。非线性空间滤波是指算子 T 并不是 $f(x,y)$ 的邻域进行线性运算，这种空间滤波方法称为非线性滤波。

数字图形处理中空间滤波做定义为

$$g(x,y) = w(x,y) \otimes f(x,y) = \sum_{s=-a}^{a} \sum_{t=-b}^{b} g(s,t) f(x-s, y-t) \tag{4.28}$$

式中，$w(x,y)$ 称为变换模板，一般是有奇数的边长的矩形数组，奇数边长的存在是为了保证变换模板有一个中心点。$w(x,y) \otimes f(x,y)$ 表示使用模板对输入图像做卷积。

拉普拉斯滤波器是一种常见的线性滤波器，一幅图像在像素处的拉普拉斯算子定义为该点 x 方向和 y 方向二阶偏导数的和，记为

$$\nabla^2 f(x,y) = \frac{\partial^2 f(x,y)}{\partial x^2} + \frac{\partial^2 f(x,y)}{\partial y^2} \tag{4.29}$$

通常离散的二阶偏导数可近似为

$$\frac{\partial^2 f(x,y)}{\partial x^2} = f(x+1, y) + f(x-1, y) - 2f(x, y) \tag{4.30}$$

因而拉普拉斯算子可以近似为

$$\nabla^2 f(x,y) = f(x+1, y) + f(x-1, y) + f(x, y+1) + f(x, y-1) - 4f(x, y) \tag{4.31}$$

这个表达式可以使用变换模板来表示，如图 4.13 所示。

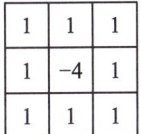

图 4.13　变换模板

使用拉普拉斯算子可以检测到一部分边缘，用拉普拉斯算子处理过的图片对原图做顶帽操作可以起到加强边缘的作用。

常见的非线性滤波器有中值滤波和均值滤波。中值滤波是指将输入点 $f(x,y)$ 邻域的像素点按照大小排列起来，取中值点作为输出点 $g(x,y)$。均值滤波是指将输入点 $f(x,y)$ 邻域像素求均值，把该均值作为输出点 $g(x,y)$。中值滤波主要可以去除椒盐噪声，均值滤波主要可以去除高斯噪声。

6. 边缘检测算法

边缘检测是属于图像分割中的重要部分。图像分割的目的是将输入图像经过处理，提取出图像中的特征作为输出。图像分割是图像处理中最困难的技术之一，分割的精确度将直接影响整个图像处理的效果。边缘检测主要包括点、线和边缘检测。点检测的算子模板如图 4.14 所示。

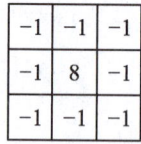

图 4.14　点检测的算子模板

直线检测比点检测稍微复杂一些，可以使用霍夫变换或者如下的变换模板完成，直线检测变换模板如图 4.15 所示。

图 4.15　直线检测变换模板

图 4.15 中的 4 个模板依次是针对水平直线检测、45°角直线检测、垂直直线检测和 – 45°角直线检测。

边缘检测是更为普适的检测方法，边缘检测可以检测出不连续亮度的边缘，在这里这种变化是由一阶导数或者二阶导数来检测的。某一点的梯度的表达式为

$$\nabla f(x,y) = \begin{bmatrix} g_x \\ g_y \end{bmatrix} = \begin{bmatrix} \dfrac{\partial f(x,y)}{\partial x} \\ \dfrac{\partial f(x,y)}{\partial y} \end{bmatrix} \quad (4.32)$$

这个向量的幅值为

$$\nabla f(x,y) = (g_x^2 + g_y^2)^{1/2} \quad (4.33)$$

7. 霍夫变换

霍夫变换是一种将 (x,y) 空间域的直线变换为 (θ,r) 上的点的变换过程。对于 (x,y) 空间域的一条直线，通常有

$$y = kx + b \quad (4.34)$$

式中，k 表示斜率；b 表示在 y 轴上的截距。这样的一条直线可以使用极坐标来表示，表达公式为

$$r = x\cos\theta + y\sin\theta \quad (4.35)$$

式中，r 和 θ 代表了该直线法线的长度和角度。

显然，给定任意一点，过这一点的某一条直线方程可以确定一对。经过一点的方程有无数条，因此可以确定出无数对。通过三角函数的和差公式可以得到

$$\dfrac{r}{\sqrt{x_0^2 + y_0^2}} = \sin(\theta + \alpha) \quad (4.36)$$

式中，$\sin(\alpha)=\dfrac{x_0}{\sqrt{x_0^2+y_0^2}}$，从式（4.35）中可以看出，$(x,y)$ 空间域中的任意一点 (r_0,θ_0) 可以确定 (x,y) 域中的一条正弦函数线。相反的，(r,θ) 域中的任意一点 (r_0,θ_0) 可以确定 (x,y) 空间域中得一条直线 $r_0=x\cos\theta_0+y\sin\theta_0$。

这就是霍夫变换直线检测的基本原理，即将 (x,y) 空间域中的直线变换到域中可以变为一点 (r_0,θ_0)。当在霍夫变换域中找到了多条正弦曲线的交点，说明找到了 (x,y) 空间域中的一条直线。

4.5.2 图像处理算法流程

1. 碳滑板边缘检测算法流程设计

受电弓碳滑板所涉及的大部分病害都可以通过提取磨损边缘曲线，识别磨损曲线的类型来识别病害类型。因此，受电弓碳滑板病害检测，实际就是检测受电弓碳滑板磨损边缘。基于此，从获得受电弓图像，到获取受电弓碳滑板磨耗深度。受电弓碳滑板磨耗估计算法流程如图 4.16 所示。

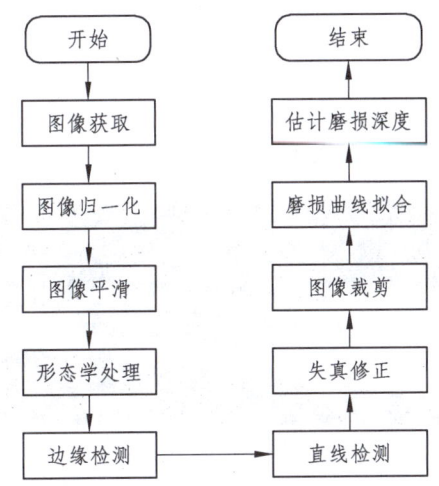

图 4.16 受电弓碳滑板磨耗估计算法流程

2. 算法实现及验证

（1）图像获取：图像采集设备是一台架设在某线路刚性和柔性接触网交界处的高速高清摄像机。补光灯采用 850 nm 波长的红外光波对拍摄区域进行补光。实际拍摄图像如图 4.17 所示。

图 4.17 实际拍摄图像

（2）图像归一化：图像归一化要解决的问题有图像的预裁剪、图像的压缩和灰度级拉伸。图像归一化后的结果如图 4.18 所示。

（a）原图像

（b）归一化后的图像

图 4.18　归一化结果

（3）图像平滑：图像平滑算法的主要目的是去除图片中的椒盐噪声、高斯噪声和脉冲噪声等。在设计算法时均有所考虑。图像平滑的结果如图 4.19 所示。

（a）原图像

（b）平滑后的图像

图 4.19　图像平滑结果

（4）形态学处理：形态学处理主要是针对图片中一些无关结构的去除。从图 4.17 中可以看出，受电弓弓头被接触网遮挡，弓头下部有空气弹簧和下臂杆支架的一部分。因此，可以使用形态学中先腐蚀再重建的方法去除接触网和空气弹簧。形态学处理结果如图 4.20 所示。

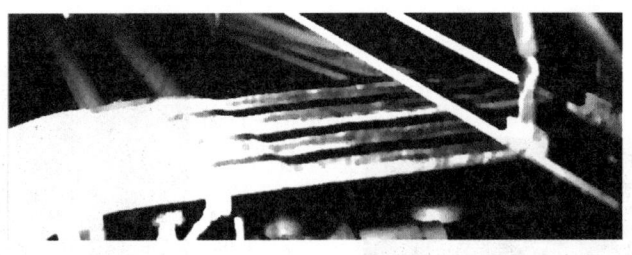

（a）待处理图像

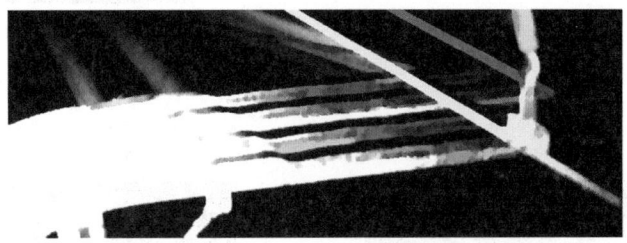

（b）形态学处理

图 4.20　形态学处理结果

由图 4.20 可知，从结果可以看出，形态学操作去除了右上角的接触线、弓头下的空气弹簧。除此之外，碳滑板侧面的高光和阴影也被去除了。

（5）边缘检测：边缘检测在整个处理流程中使用了两次，在这一次使用中，边缘检测的作用是检测出最下面那根弓头的铝板的直线边缘以及接触线的直线边缘并使用 Canny 算子。使用膨胀模板直径为 5 像素的圆形，经过膨胀处理后，边缘检测结果如图 4.21 所示。

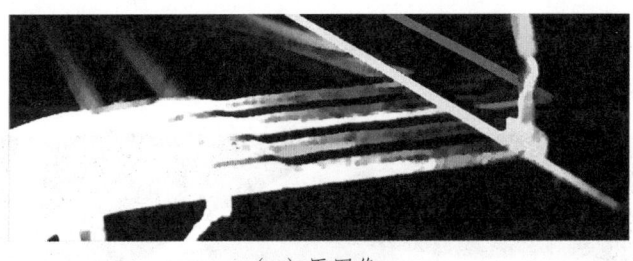

（a）原图像

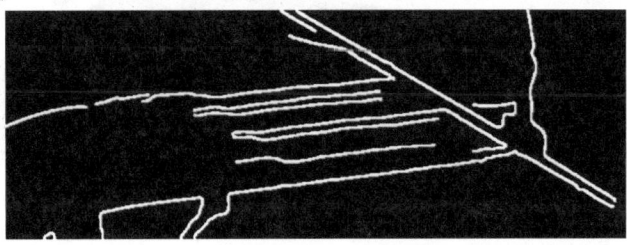

（b）边缘检测结果

图 4.21　边缘检测结果

由图 4.21 可以看出，边缘检测成功地检测到了最下部弓头的铝板下边缘，以及接触线的边缘。

（6）直线检测：直线检测的目的是检测出最下部弓头的铝板下边缘直线边缘和接触线直

线边缘。直线检测结果如图 4.22 所示。

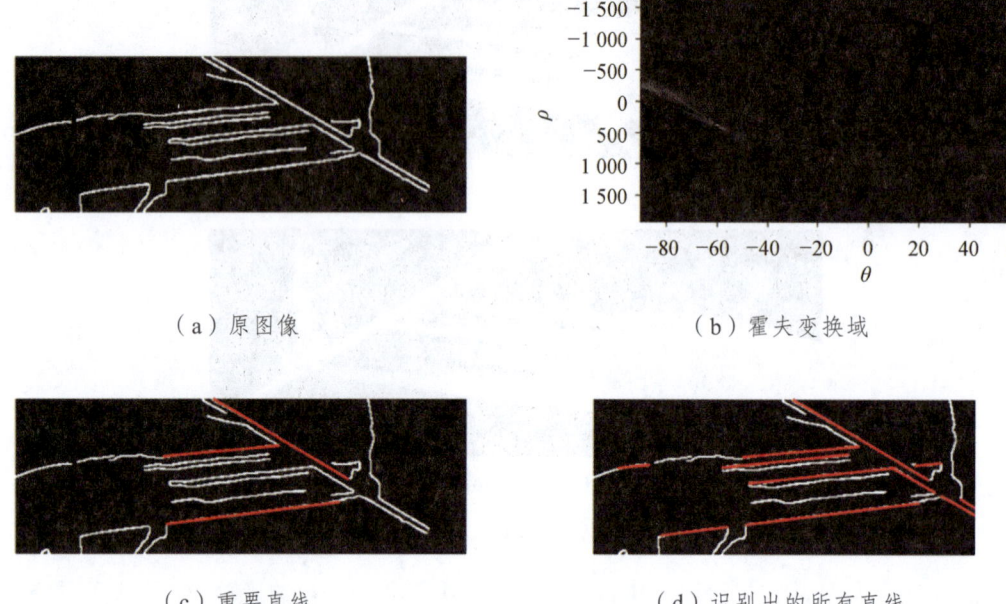

图 4.22 直线检测结果

由图 4.22 可以看出，直线检测出了一共 11 条直线，经过挑选，得到了最有意义的 3 条直线。

（7）失真修正：如果定义受电弓横向方向为 x 轴，纵向为 y 轴，竖直方向为 z 轴，那么因拍摄角度的原因，拍摄图像会产生 x 轴和 y 轴上的几何失真，而 z 轴没有失真。失真示意图如图 4.23 所示。

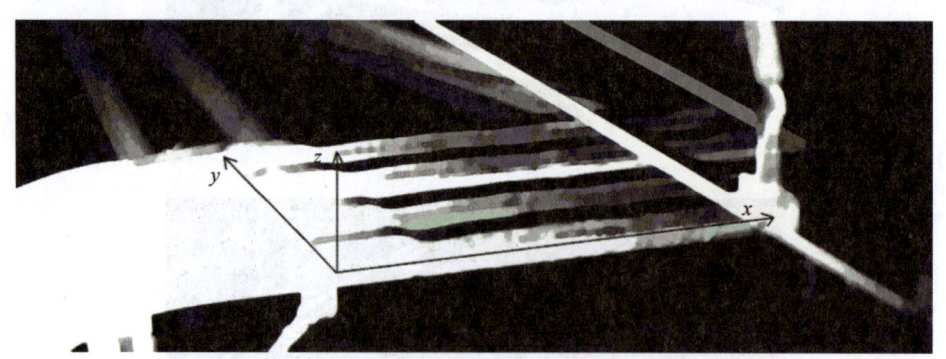

图 4.23 失真示意图

本章设计了两种失真修正方式，第一种方式是修正 x 轴和 y 轴，但是本来竖直的 z 轴会向顺时针方向旋转一定角度，产生 z 轴的失真；第二种方式是修正 x 轴和 z 轴的失真，不管 y 轴。两种方式都是通过先生成放射变换模板，使用放射变换模板来修正几何失真。为了得到放射变换模板，需要先确定原图中输入点的坐标，还要确定这些输入点应当在输出点中处于什么坐标点。两种变换的结果如图 4.24 所示。

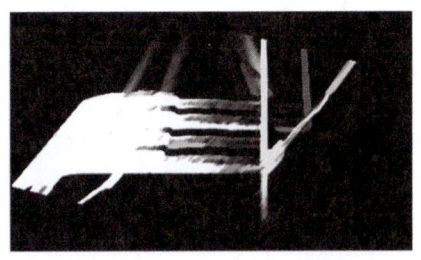
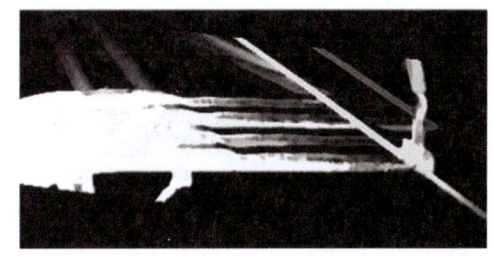

（a）修正 x 轴和 y 轴结果　　　　　　　　（b）修正 x 轴和 z 轴结果

图 4.24　几何失真修正结果

（8）图像裁剪：图像裁剪的目的是把受电弓完全与背景分离，裁剪出尺寸略大于受电弓的小图片。对于两种不同失真修正结果，有两种裁剪方法，考虑只保留最下部弓头的所在的区域，两种裁剪方式得到的结果分别如图 4.25 和 4.26 所示。

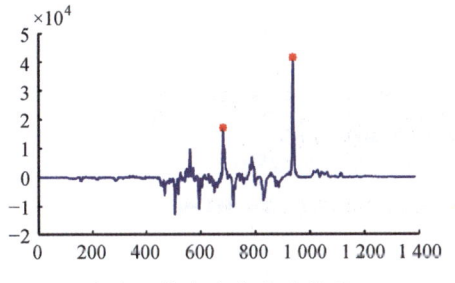
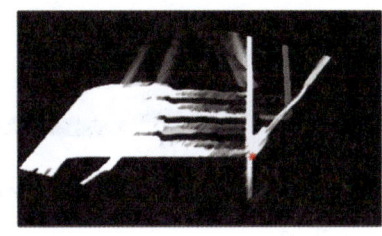

（a）y 轴灰度值差分峰值　　　　　　　　　　（b）原图像

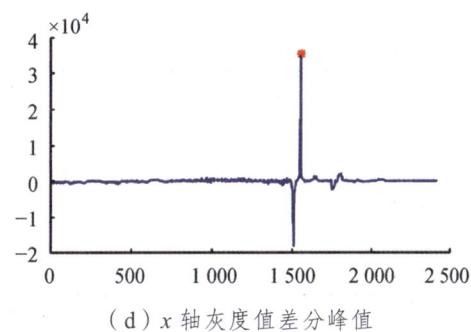

（c）裁剪后图像　　　　　　　　　　（d）x 轴灰度值差分峰值

图 4.25　图像裁剪结果，输入图像是修正 x 轴和 y 轴失真的图像

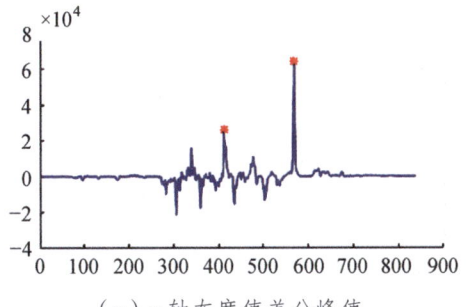
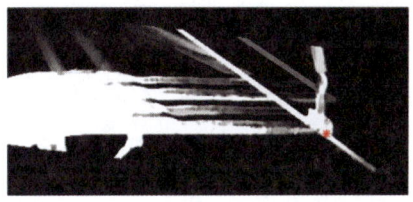

（a）y 轴灰度值差分峰值　　　　　　　　　　（b）原图像

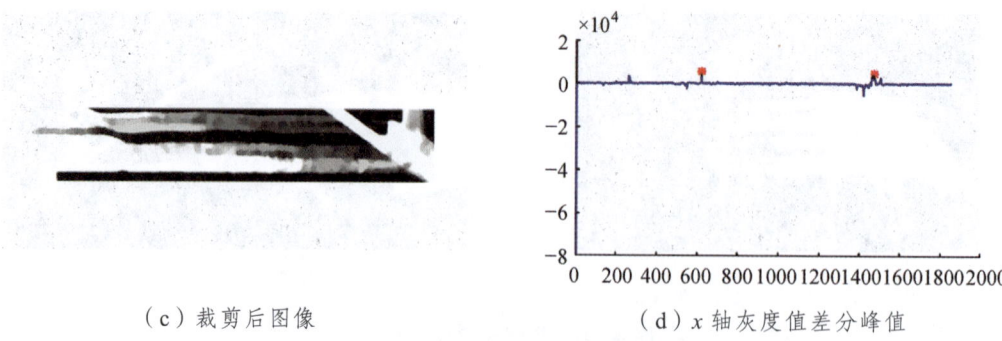

（c）裁剪后图像　　　　　　　　（d）x 轴灰度值差分峰值

图 4.26　图像裁剪结果，输入图像是修正 x 轴和 z 轴失真的图像

（9）磨损曲线拟合：磨损曲线的拟合是使用边缘检测技术和相关技术找出磨损边缘，本章使用一种简化版 Canny 算子来识别出更弱的边缘，使用的平滑算法是使用 loss 方法对磨损边缘进行回归，回归方程即为平滑结果。曲线拟合结果如图 4.27 所示。图中纵坐标与横坐标单位都是像素。

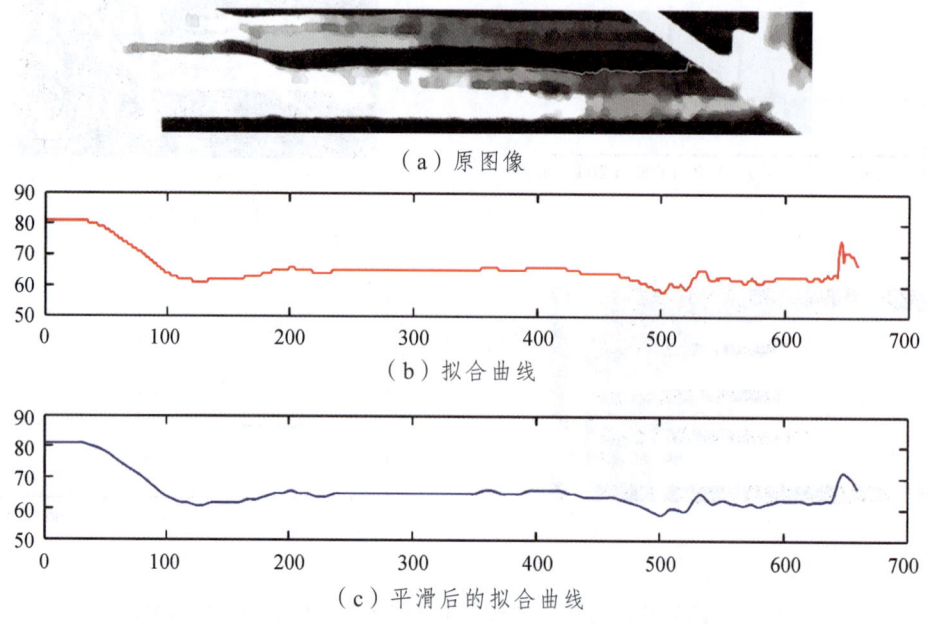

图 4.27　图像裁剪结果，输入图像是修正 x 轴和 y 轴失真的图像

（10）估计最大磨损深度：根据受电弓维修手册里的数据，受电弓弓头铝制底座厚度为 18 mm，受电弓弓头（含铝制底座）总厚度为 40 mm，碳滑板磨损曲线最高点通常磨损程度极低甚至未磨损，因此可以认为最高点近似于 40 mm，使用碳滑板磨耗曲线的最高点做参照目标，该算法检测结果如图 4.28 所示。图中纵坐标单位是毫米（mm），横坐标单位是像素。

由 4.28 可知，最深磨损深度为 28.75 mm。

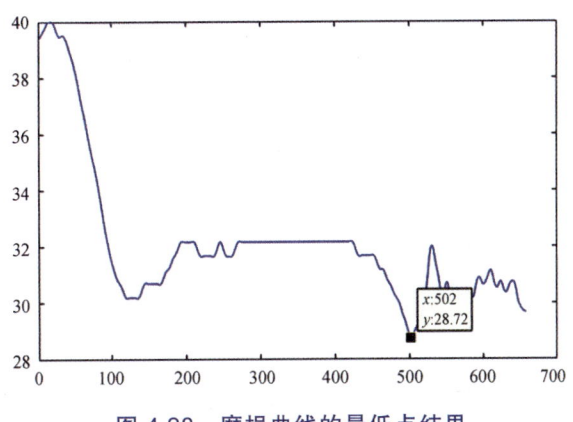

图 4.28　磨损曲线的最低点结果

（11）判断同一位置磨损深度是否超限：根据调研结果，运营单位还需要知道到 4 根弓条高度在同一位置的高度差是否大于 5 mm；选择使用碳滑板磨耗最高点当参考目标，另外，为了得到图上每像素所占的实际高度（mm）还需使用铝板最低点，使用碳滑板最高点像素高度减去铝板最低点像素高度，这个像素高度差应当接近对应实际高差度 40 mm，使用这个比例关系，并且令碳滑板最高点的高度为 40 mm，对原磨耗曲线进行线性变换，得到的结果就是实际高度曲线。得到的 4 条实际高度曲线如图 4.29 所示。

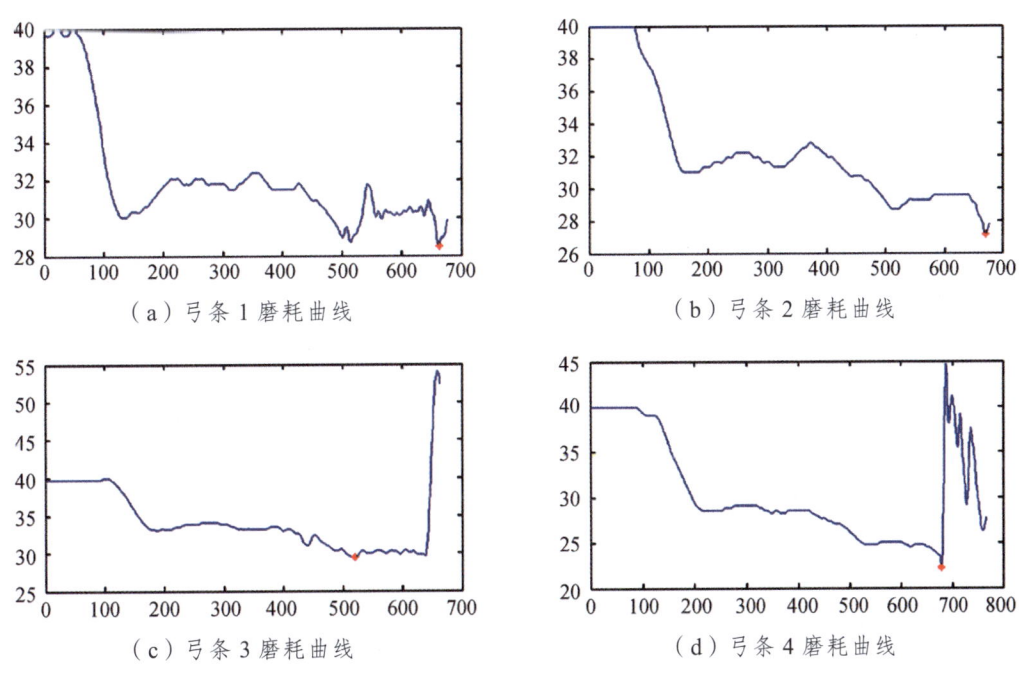

(a) 弓条 1 磨耗曲线

(b) 弓条 2 磨耗曲线

(c) 弓条 3 磨耗曲线

(d) 弓条 4 磨耗曲线

图 4.29　4 根弓条磨损曲线（纵轴单位为 mm）

将这 4 条曲线放在一起比较，如图 4.30 所示。通过上述分析，基于机器视觉的受电弓碳滑板磨耗技术在实际运维过程中，可以解决碳滑板磨耗的识别问题；满足碳滑板检修的需求，检测受电弓碳滑板的异常磨耗情况；也可以用于弓网自动监测系统当中，进行实时受电弓磨耗检测,进而指导现场的检修和维修。

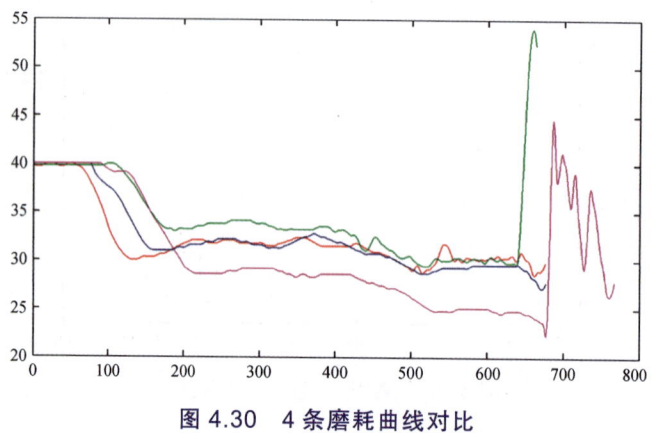

图 4.30 4 条磨耗曲线对比

4.6 城际动车组在线监测典型系统

城际动车组结构复杂、技术先进、集成度高,价格昂贵。如何合理安排动车组的使用,缩短动车组的检修时间,提高动车组的利用效率,是具有重要现实意义的问题。动车组能否持续可靠、高效地运行,是人们极为关注的问题。为确保实现动车组持续可靠、高效运行,不仅要依靠科学的检修管理机制,同时还要采取技术措施,加强动车组检车作业辅助手段,提供安全防范能力。因此,建立先进的在线监测系统,在动车组入库或进站时就进行故障检测,提前预报并处理故障,是确保动车组持续可靠、高效运行的重要手段,针对列车安全关键因素,我国采用力学、声学、电子等监测技术,建立动车组运行故障动态图像检测系统(Trouble of Moving EMU Detection System,TEDS)、动车组滚动轴承早期故障轨边声学诊断系统(Trackside Acoustic Detection System,TADS)、动车组车轮故障在线检测系统(LY 系统)和受电弓滑板状态监测装置(SJ 系统)对运行列车进行动态检测,确保行车安全[43]。

此外,TEDS、TADS、红外线轴温探测系统(Trace Hotbox Detection System,THDS)、货车运行状态地面安全监测系统(Truck Performance Detection System,TPDS)和客车运行安全监控系统(Train Coach Running Diagnosis System,TCDS)形成地对车安全监控预警体系,但 THDS、TPDS 和 TCDS 三种系统适用于普速客车和货车,此处不再做概述。

4.6.1 动车组运行故障动态图像检测系统(TEDS)

动车组运行故障动态图像检测系统(TEDS)是指动车组在出入动车所时或进站前,利用在轨边安装的高清智能彩色摄像头,采集运行中动车组走行部、制动系统、车端链接、车体底部、车体两侧下部等部位的彩色高清图像,通过网络实时输送至检测中心或动车所检测终端,进行分析并预报故障,对重大安全隐患的动车组及时拦停处理,保证动车组运行安全;通过对入库动车组进行检测、诊断,为检修作业提供依据,提高动车组检修作业准确性,确保检修作业质量，加强动作运行中隐形故障的发现能力，并提供故障基本信息收集、分析、管理功能的人机系统。

1. TEDS 硬件组成

TEDS 设备由轨边设备、探测站设备和监测站三部分组成。在轨边安装面阵和线阵摄像头组合摄像头，采集运行动车组走行部、制动配件、底架悬吊件、钩缓连接、车体两侧裙板、转向架等部位图像，采用图像自动识别技术，对图像进行自动分析和分级预警，同时利用图像传输及处理加速器技术，将异常报警信息及大容量图像数据实时传输至动车段内报警终端。

系统由轨边设备、探测站设备（轨边机房）和监测站（设于段内调度中心）三部分组成[44]。门锁闭装置智能嵌入式监测系统如图 4.31 所示。

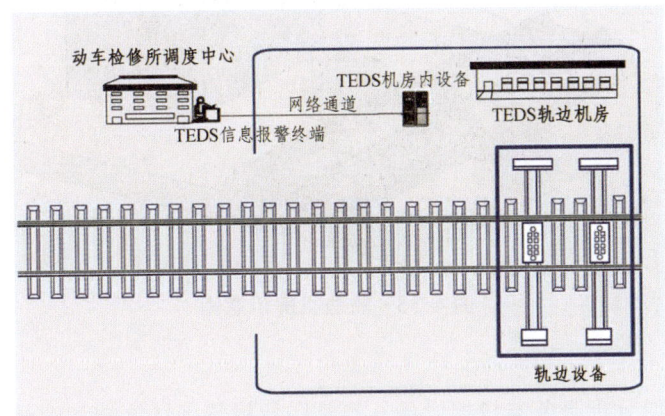

图 4.31 车门锁闭装置智能嵌入式监测系统

1）轨边设备

轨边设备由轨内底箱、轨外底箱、侧箱、分线箱、车轮传感器（磁钢）及连接线管等组成。有砟轨道设备构成示意图如图 4.32 所示。

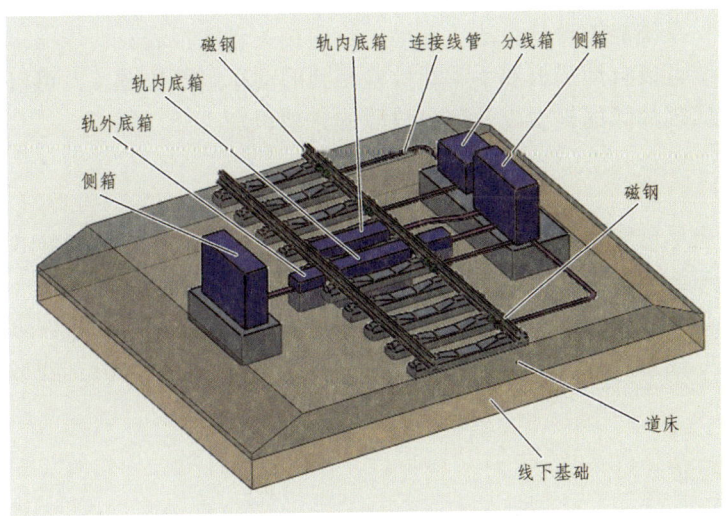

图 4.32 有砟轨道设备构成示意图

2）探测站设备

轨边机房包括：空调、UPS（不间断电源）、室内机柜。轨边机房室内机柜设备包括图像信息采集设备、控制工控机、图像传输与加速器设备、多功能电源箱、信号防雷箱、电源防雷箱、远程控制箱、主备用服务器、磁盘阵列、主机 KVM、信号处理设备、车号识别设备、光纤收发器、网络传输设备等。轨边机房示意图如图 4.33 所示。

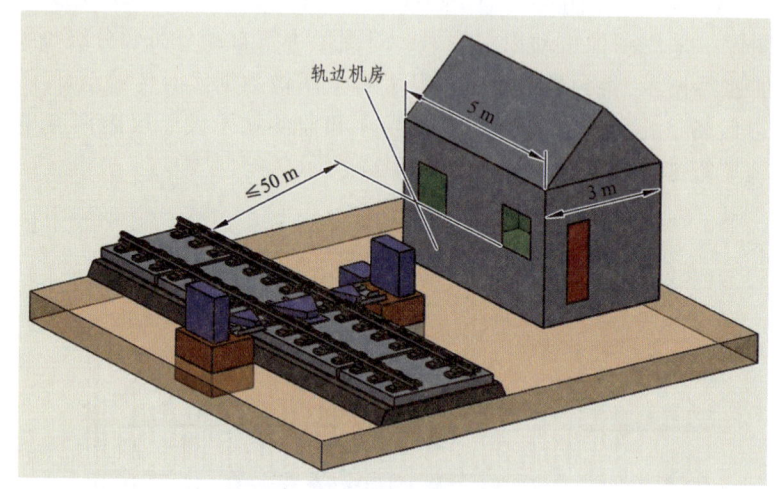

图 4.33　轨边机房示意图

3）监测站

监测站包含图像分析服务器机柜设备、异常图像报警确认终端和图像信息浏览终端[45]。

现场探测站的基本功能：对通过的动车组进行探测，能够自动计轴计辆、测速，自动采集车号、车次信息，自动拍摄动车组底部及侧下部的部件图像，采集的动车组、车号及图像信息通过光纤通道传输至集中监控中心服务器。

集中监测中心的基本功能：现场探测站采集的车辆、车号及图像信息，并显示在部件信息浏览终端，监测人员通过对分配部位的图像进行分析，判断动车组故障，故障信息能够自动存储到服务器，系统能够自动生成、存储、打印相关台账报表。

检测作业系统可以自动播放和手动播放检测到的动车组部位图片，可以调节图片亮度、对比度等，可以实现故障的提交以及部分故障的自动识别。

2. TEDS 设备安装条件

探测站机房应尽可能靠近轨边设备设置，原则上 ≤50 m，使用面积 ≥15 m²，有良好的通风、空调设施；探测站机房的供电容量 ≥20 kVA/台，监测站的供电容量 ≥6 kVA，具备双路电源；探测站机房采用综合防雷措施，接地电阻 ≤4 Ω，符合探测站综合防雷标准；探测站设备通过光缆以专线方式联入广域网络，网络传输速率不低于 8Mbit/s；监测站有良好的通风、空调设施。

3. TEDS 功能

（1）系统采集高速运行中动车底部、动车转向架和裙板可视部件的完整图像。采用高清工业彩色相机采集图片,该图片能够清晰看到底部的排障器、牵引电机、联轴器、齿轮箱、轴箱、牵引拉杆、各种管线、跨接线、基础制动装置、轮轴、制动盘、闸片,以及底部各螺栓螺母、圆销开口销、转向架各零部件、各管线、悬吊件及裙板螺栓螺母等的外观状态。

(2)系统能够对动车图像进行自动图像分析和识别,对异常的地方进行分级报警提示。系统创新研制了动车组全列图像异常预警功能,通过图像自动分析和比对,对异常部位进行分级报警提示,人工仅需对报警提示信息进行确认和处理,系统大大降低了看图人员的工作量,减少了动态作业人员配备数量和作业时间,有效地提高故障预警和作业质量,该功能可以辅助质检人员和验收人员进行二次核查,减少故障的漏检。

(3)系统具备双向接车功能。系统可以实现双向接车,对出库和入库的动车均进行图像检测。

(4)系统具有车号图像自动识别功能,实现车辆图像与车号的自动索引。系统采用图像识别技术,自动识别动车组车号,建立车辆部件图像与车号的一一对应关系,实现同一车辆的部件图像自动比对和异常分级报警。

(5)系统具有动车信息管理系统的数据交换接口,以识别出来的车号作为关键词和索引,自动与动车信息管理系统进行数据交换,可以实时获取动车车次信息,并向动车信息管理系统上传故障图像数据。

(6)系统采用图像传输及处理加速器技术,实现低带宽下的大容量图像数据的实时传输和浏览,采用图像传输及处理加速器技术,可以实现低带宽下的异地图像实时浏览及监测,为异地检测和监控提供有效手段。

4.6.2 动车组滚动轴承早期故障轨边声学诊断系统(TADS)

TADS 利用轨边安装声学麦克风阵列,采集车辆通过时发出的轴承音频信号,实时传输至检测中心,采用智能模式识别技术,对音频信号进行分析,实现在线自动检测动车组轴承的故障检测并进行分级预警。根据检测诊断结果判定并预报车辆轴承故障类型及轴承缺陷的程度,从而实现对滚动轴承早期故障进行预警、防范,保证行车安全。由于系统采用了声学传感器阵列技术和多传感器信号合成及定位技术,保证了系统对故障轴承诊断的可靠性和准确性。利用故障轴承信号拾取技术、系统降噪技术及频谱分析和小波形分析技术使得系统对故障轴承缺陷程度具有极高预报精度。

1. TADS 硬件组成

TADS 设备包括探测站设备和中心设备等。TADS 设备由探测站设备、中心设备和远程控制单元组成。探测站设备主要实现滚动轴承声音信号及车号信息的采集、测速及计轴计辆等功能;中心设备主要实现声音信号的处理、故障模式的识别及车号识别等功能;远程控制单元主要实现数据的远程分析、运行状态监控等功能,设备日常数据分析及监控等工作在远程调度室进行。TADS 设备示意图如图 4.34 所示。

图 4.34 TADS 设备示意图

TADS 的核心是探测站轨边设备，轨边设备由室外、室内两部分组成[46]。室内部分主要包括声学传感器阵列、车轮传感器和 AEI 地面天线、其他模块（车轮速度传感器、车轮辅助传感器、车号图像识别模块）等。

1）声学传感器阵列

声学传感器阵列放置在一个特殊设计的保护机柜内，安装在线路两侧。箱内装有保护门和自动加温装置、声学放大器电路等。保护箱具有抗振、防水和灰尘功能，适应轨边环境，保护箱还设有保护门，只有当列车通过时才打开。抛物线形反射腔装置（包括抛物线形反射腔、麦克风金属杆、位置调节装置）被安装在机柜箱中。它的位置正对于（集中于）经过列车的每个轮轴。系统就是利用此抛物线形反射腔来获取轴承声学信号。声学传感器阵列示意图如图 4.35 所示。

图 4.35 声学传感器阵列示意图

2）车轮传感器

TADS 地面探测站采用 5 个车轮传感器，固定在轨底。其中 2 个用于声学采集系统，另外 3 个用于 AEI 系统。车轮传感器作用时，当列车接近时自动启动声学系统的采集程序，打开声音传感器序列保护箱的保护门。同时，启动 AEI 设备天线，进行计轴、计量车轮定位。车轮传感器示意图如图 4.36 所示。

图 4.36 车轮传感器示意图

3）AEI 地面天线

发射微波载频信号，同时接收车载标签反射回来的调制信号，获得车次、车号等信息。室内部分主要由电源防雷箱、声学信号放大器箱、电源信号控制分配箱、信号采集处理工业控制计算机、主处理计算机、HUB 集线器、KVM 转换器、AEI 识别设备等组成。AEI 地面天线示意图如图 4.37 所示。

图 4.37 AEI 地面天线示意图

4）其他模块

磁头用具固定在钢轨上。当列车接近时，开启磁头探测、测速磁头定位、计轴计辆和测速等。车轮直径传感器，用于测量车轮的直径并测量车轮的转速。车号图像识别模块用来采集车号图像信息，经过图像处理提取出车号信息。

2. TADS 设备安装条件

（1）适应车速为 20 ~ 130 km/h。

（2）安装点前后 100 m 线路应为平直线段，坡度应小于 5‰，区段内不得有道岔和长大桥涵，且道床坚实、线路质量好。

（3）安装点处轨道无焊缝、接头、剥离等存在，距离最近焊缝处距离≥10 m。

（4）避开影响探测的干扰因素，如电气化区段分相点、轨道电路回流点、钢轨接头等，无法避开时应采取保护和加强防干扰措施。

（5）现场配套 220 V 5 kW 电源，现场接地电阻≤4 Ω，采取综合防雷措施。

（6）数据处理单元至远程控制单元铺设 1 根单模 8 芯光纤。

（7）提供远程终端网络接口（提供 IP 地址）。

3. TADS 功能

TADS 通过对运行中列车的滚动轴承噪声信号的采集和分析，识别轴承的工作状态，可在热轴之前，提供有效的轴承内部早期故障诊断结果，发现故障。TADS 具有自动判别滚动轴承外、内圈滚道和滚动体裂纹、剥离、磨损及腐蚀等故障；自动识别车号信息，自动计轴、计辆和测速；自动预报故障轴承车辆的车号和故障轴位；自动跟踪故障轴承的发展趋势，可根据轴承状态实施监控或维修；具有分级报警、历史数据对比、故障查询统计、自动生成报表等功能；具有系统自检和远程维护及监控功能；具有软硬件设计抗干扰措施；具有完善的设备和人身安全保护功能。该系统与车号自动识别系统结合，从而实现故障轴承的车号定位和轴位的自动定位[47]。

滚动轴承早期故障轨边声学系统是车辆轴承还没有热轴时，能诊断出故障，做到轴承故障早期发现，早期预报，将车辆轴承故障的防范关口比红外线预报提前一个阶段。该系统与红外轴温监测系统结合，可大大提高切轴预报的准确率和兑现率，对运输安全提供可靠保障。

4.6.3 动车组车轮故障在线检测系统（LY 系统）

动车组车轮故障在线检测系统（简称 LY 系统），可用于动车组轮对踏面浅表层裂纹探伤、轮对尺寸、踏面表面剥离和擦伤的检测，是动车组轮对探伤体系的重要组成部分，是动车运用所、动车检修基地的关键设备，是动车组轮对探伤体系的重要组成部分。

1. LY 系统硬件组成

《动车组车轮故障在线检测系统技术条件》（铁总运〔2013〕17 号文）新技术条件规定 LY 设备包括尺寸检测、擦伤检测、探伤三大功能模块，其中尺寸和擦伤检测模块的技术条件要求 LY 设备必须具备动车组轮对外形尺寸及踏面缺陷动态自动检测功能，包括车轮外形尺寸检测、踏面擦伤及不圆度检测、踏面浅表层径向裂纹（10 mm 以内）检测三模块（单元），其中，探伤模块由踏面浅层探伤要求升级为轮辋内部缺陷探伤要求。LY 系统布局示意图如图 4.38 所示[48]。

1）擦伤单元

采用光编码位移测量技术，定量测量车轮踏面直径、擦伤、磨耗等参数，使用车辆轮对动态检测技术实现车辆车轮的非接触检测，基于图像的自动检测方法实现车辆车轮的非接触检测，具有检测速度快、采样率高、机构简单、在线测量等优点。

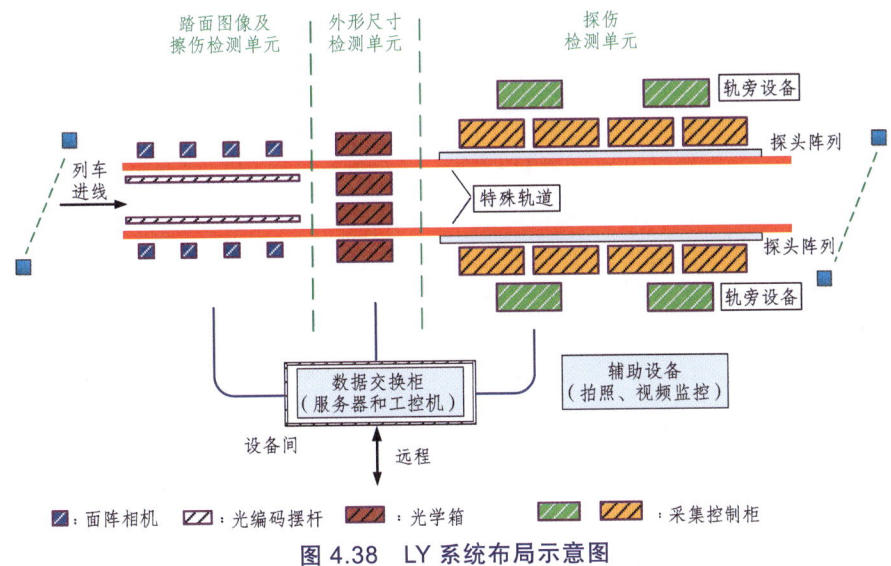

图 4.38 LY 系统布局示意图

2）尺寸检测单元

由相机对高精度激光轮廓多幅成像，再通过 FPGA 硬件对图像进行压缩处理，实现多幅激光图像对比计算，精度更高、动态误差更小。检测的数据主要有轮径 A、轮缘厚度 B、踏面磨耗 C、轮缘厚度 D、轮辋宽度 E、擦伤深度 F、轮对内侧距 G、轮座轴径 H、轴头牌历史信息。

3）深层次探伤单元

LY 轮对故障在线检测系统利用超声波阵列探伤技术，轨道两侧分别布置双排超声波探头阵列，该探头阵列分别由大角度超声波探头和双晶体直探头组成，实现轮辋周向和径向缺陷，轮缘顶点至根部径向缺陷覆盖扫查。该系统主要由专用探伤钢轨及安装组件、纵波探伤模组安装平台、横波探伤模组安装平台、纵波超声波探头及模组单元、横波超声波探头及模组单元、超声波精确触发单元、超声电子单元、超声通道高速切换装置、系统控制及处理单元、耦合水供应及循环单元、样板轮上线装置等组成。车组车轮故障在线检测系统技术条件见表 4.4。

表 4.4 车组车轮故障在线检测系统技术条件

适用环境	检测功能	技术参数	检测速度
室外 －30～＋55 ℃，室内 －5～＋35 ℃。相对湿度：不大于 95%	踏面表面裂纹和严重剥离缺陷检测能力：滚动圆 20 mm（长）×3 mm（深）缺陷当量；踏面外侧上倒角 15 mm（长）×5 mm（深）缺陷当量；轮辋径向裂纹检测能力：踏面 30 mm 以下，φ3×100 mm 横孔当量；轮辋周向裂纹检测能力：滚动圆处踏面下 20 mm 处，长轴 40 mm、短轴 30 mm 的平底椭圆缺陷当量；缺陷检测能力：轮缘 5 mm 深径向、斜向刻槽当量	踏面磨耗：±0.2 mm；轮缘厚度：±0.2 mm；QR 值：±0.4 mm；车轮直径：±0.5 mm；轮对内距：±0.6 mm；轮辋厚度：±0.4 mm；擦伤深度：±0.2 mm；轮辋部位裂纹探伤：径向裂纹，φ3×100 mm 周向裂纹，长轴 40 mm，短轴 30 mm 的平底椭圆当量缺陷；轮缘裂纹，5 mm 深	适应范围：检测速度 5～15 km/h，最佳速度 8～12 km/h

2. LY 系统功能

为了满足车轮内部实际缺陷检测需求,LY 系统主要检测功能为自动在线检测动车各种轮型轮辋径向、周向缺陷及轮缘径向缺陷;为了实现有效的数据分析管理,满足现场环境要求,对缺陷进行跟踪控制,系统具备自动车号识别、耦合水自动喷射与回收循环利用、耦合水冬季防冻、检测结果自动存储与对比以及数据联网管理等功能。为了提高系统的高效性、稳定性和可维护性,保障系统长期正常使用,系统还具有自检、远程数据分析及诊断、数据超限自动报警、历史数据对比功能[47]。接触式超声波探伤技术能满足实际需求,能够检测出动车组车轮轮辋内部实际缺陷,保障动车组安全运行。

4.6.4 动车组受电弓及车顶状态动态检测系统(SJ 系统)

受电弓及车顶状态动态检测系统(SJ 系统)安装在机车、动车组入库线路上,采用高速、高分辨率图像分析测量技术和现代传感技术,实现受电弓关键特性参数的在线动态自动检测和车顶关键部件、车顶异物的室内可视化观测,适用于各型电力机车、动车组的受电弓和车顶设备检测。该系统具有检测效率高、自动化程度高、全天候检测和技术先进、可靠的特点。具体特点如下:采用在线动态检测方式,不停车、不停电、不占用动车组时间,检测效率高;检测过程和监控录像过程计算机自动执行;无论雨、雪等恶劣天气均可检测,不受气候条件影响;采用非接触的图像测量技术在体现技术先进的同时,极大地提高了系统的可靠性,其中,大屏幕显示技术,实现了受电弓车顶状况的室内可视化观测。受电弓及车顶状态动态检测系统安装位置如图 4.39 所示。

图 4.39 受电弓及车顶状态动态检测系统安装位置

1. 硬件组成

系统按布局可划分为基本检测单元、现场控制中心、远程传输通道、远程控制中心 4 个部分。系统结构组成如图 4.40 所示。

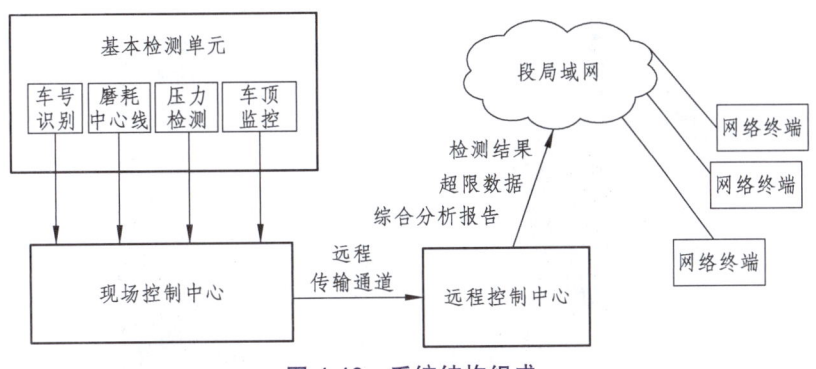

图 4.40 系统结构组成

1）基本检测单元

基本检测单元位于检测现场，实现系统检测功能。基本检测单元从逻辑上可划分为磨耗中心线检测子系统、压力检测子系统、车顶状态监控子系统，以及辅助系统实现检测功能的车号识别系统、安防系统等其他单元。基本检测单元如图 4.41 所示。

图 4.41 基本检测单元

2）现场控制中心

现场控制中心位于检测现场，完成各传感器信号的实时采集以及压力传感器预压力值的定时传输；同时，现场控制中心控制现场部件的供断电、现场控制中心与远程控制中心的通信。现场控制中心如图 4.42 所示。

图 4.42 现场控制中心

3）远程传输通道

远程传输通道连接远程控制中心与现场控制中心，保证多路测量信号和控制信号在两级控制中心之间的可靠传输。远程传输通道由视频线、电源线、通信线及控制线等组成。

4）远程控制中心

远程控制中心位于距现场一定距离的控制室内，由数据处理主机及其外围设备构成。远程控制中心是系统的控制和数据显示中心，完成系统的启/停、检测与否及检测进程控制，同时，存储和显示从现场获取的检测数据，起着数据显示中心的作用。操作人员可以通过大屏幕监控机车的车顶状态。远程控制中心如图 4.43 所示。

图 4.43 远程控制中心

2. 技术参数

受电弓及车顶状态动态检测系统技术参数见表4.5。

表4.5 受电弓及车顶状态动态检系统技术参数

参数类别	技术参数
测量范围及精度	滑板磨耗检测精度：±0.8 mm； 滑板有效检测长度：800 mm； 受电弓中心线偏差检测精度：±5 mm； 受电弓中心线偏差检测范围：±200 mm； 受电弓工作位接触压力检测精度：±5 N； 接触压力检测范围：0～200 N； 车顶异物及车顶关键部件观测分辨率：5 mm
设备安装线路条件	轨距：1 435 mm； 设备长度：<20 m； 设备安装股道与相邻线间距：≥5 m； 轨边设备房屋距线路中心距离：≥4.5 m； 设备安装线路条件：线路平直要求左右高差≤1 mm，线路平顺要求≤2 mm，距设备两端直线段距离≥25 m
设备应用环境参数	环境温度：室外设备 −35～+75 ℃，室内设备 −20～+50 ℃； 车速范围：通过速度≤30 km/h，检测时通过速度≤15 km/h，最佳检测速度10 km/h； 两列车通过间隔时间：>3 min

3. 检测流程

受电弓及车顶状态动态检测系统由磨耗和中心线检测子系统、压力检测子系统、车顶状态监控子系统、车号识别系统、安防系统等协同工作，完成系统检测功能。系统工作流程如图4.44所示。

4. 系统功能

受电弓及车顶状态动态检测系统的主要功能：

（1）动态非接触自动图像分析处理并记录机车受电弓滑板磨耗值。
（2）动态非接触自动图像分析处理并记录机车受电弓中心线偏差值。
（3）自动动态检测并记录受电弓工作位接触压力值。
（4）车顶监控视频大屏幕实时显示、存储及不同速度回放。
（5）车顶异物及车顶关键部件状态室内可视化观测与判断。
（6）机车车号和端位自动识别。
（7）提供检测项目的图像及数据报表输出。
（8）提供检测结果的查询、统计、综合分析、打印、故障预警及网络共享管理。
（9）具有对检测出的数据进行分析、判断、整理的能力：通过对历史数据的综合分析，总结受电弓的磨耗规律，绘制磨耗趋势图，预测受电弓滑板运用到限时间；通过数据的综合分析比较（按时间段、运行公里数对同类型受电弓检测数据进行综合分析比较）对受电弓的技术状态做出综合评价，给出优化的综合维护保养方案，以指导受电弓的检修。

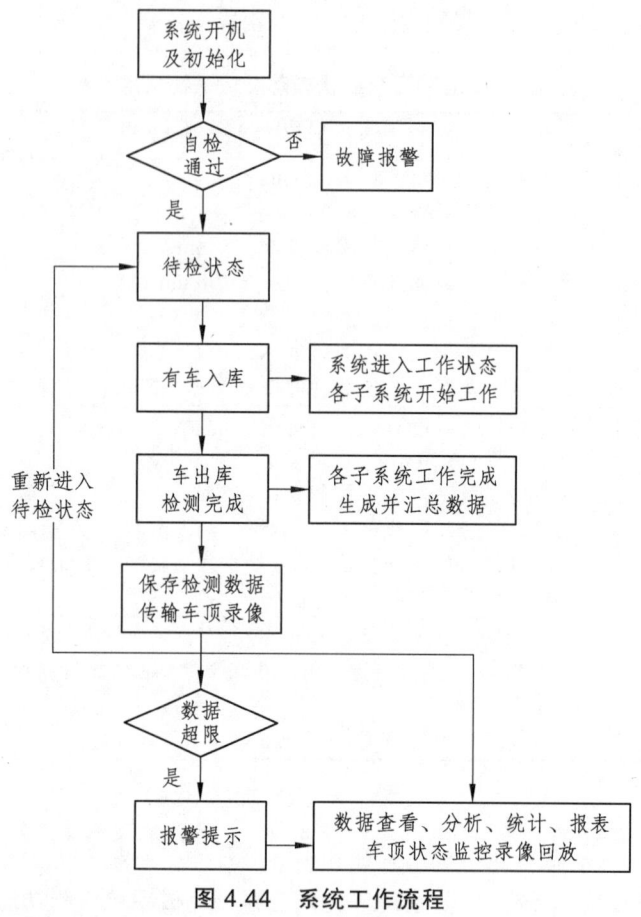

图 4.44 系统工作流程

（10）提供丰富的数据接口：机车基本信息输入接口、走行公里数输入接口、人工反馈信息输入接口、段相关部门和铁路局的网络访问接口等。

5 城际动车组部件寿命及寿命预测技术

本章以城际动车组部件寿命为研究对象，首先，介绍城际动车组部件剩余寿命的概念和定义[49]，然后，对寿命的确定方法进行概述，对寿命预测技术进行分析，并对寿命管理方法进行论述，最后，对寿命周期费用 LCC（全生命周期成本）进行分析与评价。

5.1 城际动车组部件寿命概述

5.1.1 寿命的概念

根据相关定义，寿命是设备耐久性的一种度量参数。设备的耐久性是指：设备在规定的使用、储存与维修条件下，达到极限状态之前，完成规定功能的能力。寿命的主要参数有首次大修期限和使用寿命等。

1. 寿命与寿命单位

在许多领域，特别是工程技术和生物医学界，都会涉及寿命的概念。寿命的度量单位称为寿命单位，它可以是时间单位，年、月、日、小时、分、秒等；可以是长度单位，千米、米、厘米、毫米等；对于循环工作的设备（例如内燃机的曲轴），可以是循环次数；对于开关设备（例如电气开关），可以是开关次数。

2. 设备的寿命问题

轨道交通系统是复杂技术系统设备。理论上说来，复杂设备的可靠性与时间无关。设备只要不存在惯性故障，且发生故障以后能够及时更换故障件，那么这个设备就能无限期地运用下去，似乎就意味着复杂系统设备无须讨论寿命问题。但实际情况并非如此，这是由于不同的用途、不同的情况有着不同的寿命定义，对于不可修复的部件（例如橡胶圈、电子元器件等），第一次失效就报废，因此发生失效前的工作时间就成为其寿命，即所谓物质寿命或报废寿命。对于可修复设备则有不同的寿命情况：如果设备的故障率超出了允许的规定值，需要大修，此时所经历的工作时间是一种寿命，即所谓大修间隔期；有的设备虽可以继续使用，但其性能达不到要求，也可能由于技术落后，舒适性或美观程度满足不了需要等，必须进行改造、维修，这也是一种寿命情况，即所谓技术寿命。另外，还有可能由于经济方面的原因不值得维修而被淘汰，则涉及经济寿命。总之，一个技术系统设备总有到达使用期极限的时候，组成系统设备的分系统、组件、零部件和元器件等都有寿命问题，需要我们对设备的寿命及其管理进行深入的研究。

3. 寿命的重要性

在设备的整个寿命周期中，许多工作需要已知设备或零部件的寿命值。例如，在设备设计中，零部件寿命的估计往往是很重要的，设计者应尽量使零部件的寿命同步，特别是现代并行工程中的设计，对寿命知识的需求更加迫切、广泛和准确；在设备运用维修中，实施寿命管理和换件修时需要预先得知设备的寿命；配件的生产规划以及设备维修中备件的管理与库存，都需要得知备件的寿命值；在确定系统寿命周期费用时，寿命是先决条件；在进行环境评估和产业生态学研究时，作为新的环境管理工具的寿命周期评价方法，也需要将设备的寿命作为前提；在设备耐久性评估中，需要得知设备的寿命值。常作为耐久性参数的寿命值有可靠寿命、使用寿命、经济寿命、储存寿命、总寿命、大修间隔期等。

因此，设备的定寿工作直接关系到许多任务的完成，关系到设备的运用维修和经济性，特别是对于复杂系统设备，科学合理地确定系统设备及主要零部件的寿命，对于提高工作能力和经济效益都有着十分重要的意义。

5.1.2 寿命的定义

设备寿命的类别是多种多样的，各个行业由于设备的用途和使用习惯不同，都有自己的设备寿命定义。即使同一行业，世界各国采用的寿命参数也有不同，对各类设备选用的寿命参数也不一样，但其基本概念和理论基础则是相同的。设备寿命的选择除考虑安全性、可靠性、维修性、保障性和经济性以外，主要考虑设备在什么时候达到临界状态。这里的"临界状态"是指设备在此状态下不能继续使用，例如磨损超限或裂纹损伤超过容限等；或者继续使用已不划算，例如经济性降低到不能容许的程度；或者对可修复设备恢复其完好性能和工作能力已不可能或不划算，在设备进入这种"临界状态"时，将暂时或永远地停止使用。对于不可修复设备发生失效则将报废；对于可修复设备，则需进行修理或报废。设备出现临界状态的主要特征有：出现无法排除且影响安全的故障或规定参数值偏离了使用极限已无法纠正；经济性低于规定值且无法提高；设备技术状态落后，不能满足使用要求，须更换淘汰等。如何判定这些"临界状态"，分清什么样的"临界状态"属于什么样的寿命类型，对于我们确定寿命是十分重要的。但是，迄今我国设备寿命值的概念还比较模糊和混乱，需要梳理，以达到统一认识的目的。设备常用的寿命类型及定义见表5.1。

表 5.1 设备寿命类型及定义

序号	寿命类型	定义
1	使用寿命	设备在按设计者或制造者规定的使用条件下，保持安全工作能力的时间
2	总寿命	设备从开始投入使用直到报废为止的总的时间
3	全寿命周期	设备从准备进入市场开始到被淘汰退出市场为止的全部运动过程
4	储存寿命	设备暴露于规定的储存条件下而不改变其性能的最长时间

续表

序号	寿命类型	定义
5	经济寿命	设备从开始使用到其年平均成本最低的年份所延续的时间
6	技术寿命	设备从投入使用到因技术进步而使其丧失使用价值所经历的时间
7	疲劳寿命	材料在疲劳破坏前所经历的应力循环数
8	动车组检修周期	动车组两次相同修程之间的走行公里数或时间间隔
9	首次大修间隔	设备从使用开始到首次大修的间隔时间
10	大修间隔	设备前一次大修到后一次大修之间所使用时间

由表 5.1 可知，设备寿命类型繁多，在选择寿命参数时要考虑设备的类型和特点、设备的维修方式、设备是否可修复、设备发生故障时对系统安全的影响程度、设备的工作状态以及设备运输与存储状态等。对于一般的复杂技术系统设备来说，常用的寿命类型有使用寿命、总寿命（物质寿命、自然寿命）、经济寿命、技术寿命和大修间隔期等。

1. 使用寿命

使用寿命的定义是：设备在按设计者或制造者规定的使用条件下，保持安全工作能力的时间，是由有形磨损所决定的设备使用寿命，是指一台设备从全新的状态开始使用，产生有形磨损，造成设备逐渐老化、损坏直至报废所经历的全部时间。时间的度量可以是工作小时、日、月、年，可以是运行公里，也可以是循环次数、开关次数等。使用寿命主要根据设备的故障情况（可靠性）来决定，常用故障率曲线来表示。对于简单类型（纯机械类型）、有耗损期的设备，影响其寿命的主要因素是磨损型故障，诸如磨损、疲劳、腐蚀和老化等。这类设备的典型故障率曲线（浴盆曲线）如图 5.1 所示。

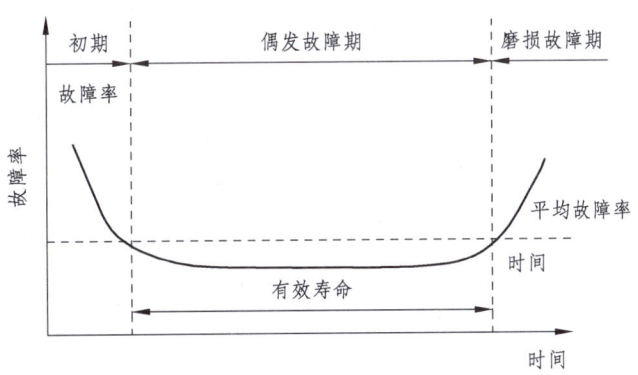

图 5.1　浴盆曲线

2. 总寿命

总寿命是指设备从开始投入使用直到报废为止的总的时间。总寿命可以包括一个或多个大修间隔期，如果开始阶段设备处于库存状态，则该寿命还应包括设备的储存寿命。设备的总寿命和设备的全寿命周期是不同的，总寿命只是全寿命周期的后半生（从设备开始使用直至报废的时间），而全寿命周期还要包括设备的前半生（从设备开始论证直至报废的全部时间）。对于有耗损期的设备来说，其总寿命如图 5.2 所示。

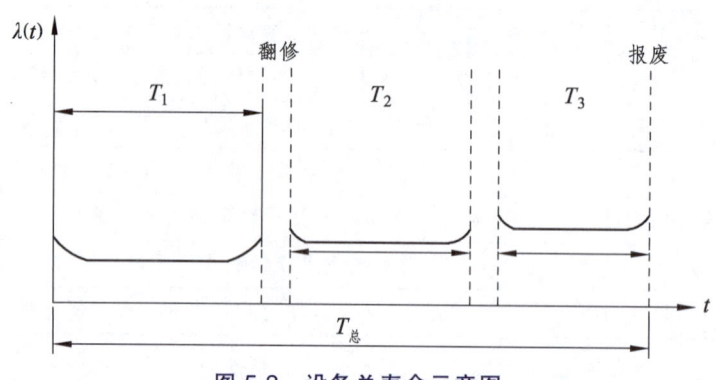

图 5.2 设备总寿命示意图

3. 经济寿命

设备的经济寿命是指设备从开始使用到其年平均成本最低的年份所延续的时间。经济寿命既考虑了有形磨损，又考虑了无形磨损，是设备合理更新的依据，一般来说经济寿命短于使用寿命[50]。它是由设备使用价值的降低和维护费用的提高决定的。设备年度费用曲线如图 5.3 所示。

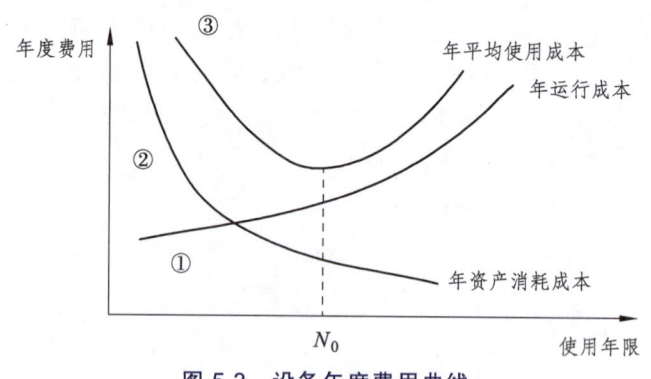

图 5.3 设备年度费用曲线

如图 5.3 所示，随着设备使用年限的延长，每年所分摊的设备年资产消耗成本越来越低。但与此同时，为保证生产的顺利进行，需要更多的设备维护费用维持设备的原有功能；另外，设备的操作成本及原材料的消耗、能源耗费、设备不合格率也会增大，设备的年运行时间、生产效率、设备质量则会下降[51]。在 N_0 年时，设备年平均使用成本达到最低值，我们把设备从开始使用到其年平均使用成本最小（或年盈利最高）的使用年限称为设备的经济寿命。

4. 大修间隔期

大修间隔期表示设备前一次大修到后一次大修之间所使用时间[52]。这是设备最常用的寿命称谓。我国动车组及其系统的大修间隔期见表 5.2。

表 5.2　我国动车组及其系统的大修间隔期

序号	动车组系统类型	大修间隔期（五级检修）
1	CRH1、CRH3、CRH5、CRH380B 及 CRH380C 系列	480 万 km 或 12 年
2	CRH2、CRH380A 系列	240 万 km 或 6 年
3	CRH6 系列	480 万 km 或 12 年
4	动车组运行故障动态图像检测系统	6 年
5	动车组滚动轴承早期故障轨边声学诊断系统	8 年

5. 动车组检修周期

动车组检修周期是指动车组两次相同修程之间的走行公里数或间隔时间。如在两次大修之间就是大修周期。修理周期取决于主要零部件在两次修程间保证安全运行的最短期限，要根据动车组的构造特点、运行条件、技术条件和生产技术水平来决定[53]。动车组检修分为五个等级。一级和二级检修为运用检修，三级、四级、五级检修为高级检修，我国动车组高级检修周期循环图如图 5.4 所示。

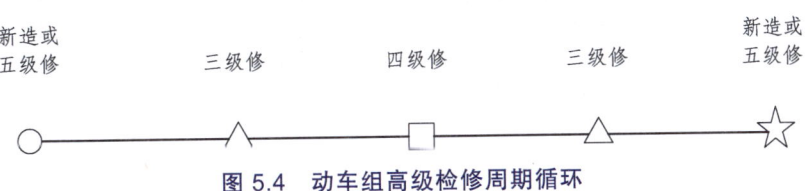

图 5.4　动车组高级检修周期循环

5.1.3　寿命分类

1. 按照使用期限分类

按照使用期限，设备的寿命分为总寿命、经济寿命和技术寿命，其中的最小值起决定作用。

总寿命：是指设备从开始投入使用直到报废为止的总的时间，其中包含多次磨损、疲劳、变形、劣化的时间；

经济寿命：是指设备从投入使用开始到因继续使用经济上不合理而被更新所经历的时间段，它是由维护费用的提高和使用价值的降低决定的；

技术寿命：是指从设备投入使用到因技术进步而使其丧失使用价值所经历的时间，主要由设备的无形磨损所决定，并与科学技术的进步有关[54]。

2. 按照不同的寿命周期阶段分类

按照不同的寿命周期阶段可以把寿命分为全寿命周期、使用寿命和储存寿命。

全寿命周期：设备从准备进入市场开始到被淘汰退出市场为止的全部运动过程，全寿命周期设计意味着，设计设备不仅是设计设备的功能和结构，而且要设计设备的规划、设计、生产、经销、运行、使用、维修保养、直到回收再用处置的全寿命周期过程；

使用寿命：是指设备在按设计者或制造者规定的使用条件下，保持安全工作能力的期限，其中包括进行必要的维修保养所占的时间，设备超过使用寿命，再继续使用已不安全，存在着某种事故隐患；

储存寿命：设备暴露于规定的储存条件下而不改变其性能的最长时间，这种寿命对于许多军用设备是很重要的。

3. 按照失效（故障）间隔期分类

1）平均失效前时间（Mean Time to Failure，MTTF）

对于不可修复系统，系统的平均寿命指系统发生失效前的平均工作（或存储）时间或工作次数，也称为系统在失效前的平均时间。设有 N 个设备（不可修复的设备）在同样条件下进行试验，失效时间为 $T_1, T_2, \cdots, T_N$，则 MTTF 的表达式为

$$\mathrm{MTTF} = \frac{1}{N}\sum_{i=1}^{N} T_i \tag{5.1}$$

2）平均失效间隔时间（Mean Time Between Failure，MTBF）

对于可修复系统，就是从新的设备在规定的工作环境下开始工作到出现第一个故障的时间的平均值。设系统及其零部件的可靠度服从指数分布，即 $R(t) = \mathrm{e}^{-\lambda t}$，则有

$$\mathrm{MTBF} = \int_0^\infty R(t)\mathrm{d}t = \frac{1}{\lambda} \tag{5.2}$$

3）平均修复时间（Mean Time To Repair，MTTR）

平均修复时间描述设备由故障状态转为工作状态时修理时间的平均值。设备的特性决定了平均值的长短平均修复时间。MTTR 越短表示易恢复性越好。设 t_i 为第 i 次修复时间，n 为修复的次数，则 MTTR 的表达式为

$$\mathrm{MTTR} = \frac{\sum_{i=1}^{n} t_i}{n} \tag{5.3}$$

4. 按照维修间隔期分类

按照维修间隔期分类，常用的设备寿命有首次大修间隔和大修间隔。

首次大修间隔期：是指在规定的条件下，设备从使用开始到首次大修的间隔时间（或寿命单位限额）。

大修间隔期：是指在规定的条件下，设备前一次大修到后一次大修之间所使用时间（或寿命单位限额）。

无维修使用期：又称为不拆卸寿命，是指设备无故障地工作而无须拆下来进行维修的使用期限。

5. 按照故障模式分类

按照故障模式分类，常用的设备寿命有疲劳寿命、磨损寿命和腐蚀寿命等。

疲劳寿命：是指材料在疲劳破坏前所经历的应力循环数。

磨损寿命：磨损寿命是指承受磨损负载的设备零部件（轴承、齿轮、机床导轨等），从开始使用到磨损至规定的限度所经历的时间（寿命单位限额）。

腐蚀寿命：腐蚀寿命是指遭受腐蚀的设备（管道、储罐等），从开始使用到腐蚀至规定的限度所经历的时间（寿命单位限额）。

5.2 寿命的确定方法

设备及其主要零部件的寿命是设备设计制造和运用维修中的一个重要问题。在设计制造中应保证设计规定的设备主要零部件不需要进行大修即可按其预定目的使用的时间尽可能同步，采取各种设计和工艺措施来提高设备及其零部件的寿命；在运用维修中应当根据零部件出现故障的规律特点不同设定不同的维修策略，保持和提升设备及其主要零部件的可靠性并延长它们的寿命[55]。面对这些任务，设备工作者在许多情况下需要了解设备及其主要零部件的寿命。我国许多设备行业存在这一问题：一方面，设备及其主要零部件的寿命估计值非常急需，另一方面，却又拿不出实用的成果，因而寿命的确定方法应该引起格外的重视[56]。

5.2.1 使用寿命的确定方法

1. 知识法

基于知识的方法是采用由组织者归纳整理各位专家对设备及其主要零部件的寿命预测结果，并要求专家在规定的时间内进行若干次的反馈和评估，获得较为一致的结果，最后，采用统计方法对专家意见进行处理，得出最终预测结果。该方法与其余方法相比，其最大优点是不需要建立预测模型，当我们无法获取精确的数学预测模型时，通常采用基于知识的预测方法进行寿命预测研究，其主要方法包括专家系统和模糊逻辑。其中，专家系统是人工智能领域的重要概念之一，之前在故障诊断研究领域应用广泛，随着技术的不断发展，目前研究人员逐渐尝试将其应用于故障预测的研究之中。所谓的模糊逻辑，其可以说是一种强大的数学框架，用于解决实际生产生活中存在的不确定性和非统计不确定性问题，其需要和其他方法进行结合方可完成寿命预测研究。

2. 计算法

由于现代机械断裂力学和计算机技术的发展，在机械设备的失效时间预测方面得到了越来越多的应用，尤其是受力情况可以检测、结构单一的设备。不过对于动车组来说，组成结构复杂、故障类型多样、受力情况不固定等情况，要想通过计算法来准确计算出设备的失效时间是困难的，现在还不能完全实现，但是现在设备失效时间预测的方法有多种，计算法可以作为其他预测失效时间方法的辅助工具。例如，当耐磨件因价格昂贵等原因无修理价值时，柴油机使用寿命终结。因此，柴油机的使用寿命可以通过计算耐磨件的工作可靠度、可靠寿命而得到[57]。

3. 试验法

试验法主要包括工作寿命试验和加速寿命试验。

工作寿命试验：是指设备在规定的条件下做加负荷的试验。寿命试验分为连续工作寿命试验和间断工作寿命试验。连续工作试验还分为静态连续工作和动态连续工作试验两种。间断工作寿命试验的特点是周期性的工作和停止工作，动态连续工作是不间断的连续工作。

加速寿命试验：为缩短试验时间，节省样品与试验费用，快速地评价设备的可靠性，就需要做加速寿命试验；另外，由于当前工艺水平的提高，常规试验方法很难判定设备的可靠性水平，因此也需要采用加速寿命试验方法。这种方法比较可靠，但存在试验周期长、耗费大和模拟试验时所加负载及工况的真实模拟比较困难等问题，因此试验法只对某些关键零部件（如机车车辆车轴等）和简单件（如弹簧、杆件等）采用。根据有关资料统计，一个新设备60%以上的问题可以在设计阶段消除，而基于有限元技术的疲劳分析能够在设计阶段判断疲劳寿命薄弱部位，预先避免不合理的寿命分布[58]。

4. 数理统计法

根据实验室和现场大量试验结果与以往相似设备经验的积累和故障数据处理结果，采用一定的经验公式或假定寿命分布，判断其分布函数的类型，利用可靠性理论，计算出包括使用寿命在内的可靠性特征参数值。采用这种方法计算出符合设备真实情况的失效时间预测，具有良好的准确度。不过采用这种方法需要以设备运行时产生的真实数据为基础，为此需要建立一个完善的实时监测设备运行状态的制度。只要可以实时获得设备的实时运行数据，采用此方法是最佳的方案[59]。

5.2.2 经济寿命的确定方法

1. 确定设备经济寿命的原则

确定设备的经济寿命时，应当遵循以下两条原则：保证设备在经济寿命内平均每年净收益或纯利润为最大；保证设备在经济寿命内一次性投资和各种经营费用总和为最小。

2. 静态模式下设备经济寿命的确定方法

1）静态模式下设备经济寿命的确定方法

设备的购置和安装需要企业投入一定的资金，而维持设备的正常运转、保证生产的顺利进行也需要花费各种费用，这两种形式都表现为设备对企业资金的占用，而资金作为企业的生产经营要素是有时间价值的。若在确定设备的经济寿命时，只考虑资金量的多少而不考虑资金的时间价值，我们称之为在静态模式下确定设备的经济寿命。通过计算设备在一定时期内的年平均使用成本 $\bar{C}_N$，并对其计算数据进行比较，$\bar{C}_N$ 为最小值的使用年限 N 即为设备的经济寿命[60]。$\bar{C}_N$ 的计算公式为

$$\bar{C}_N = \frac{P - L_N}{N} + \frac{1}{N}\sum_{t=1}^{N} C_t \tag{5.4}$$

式中，$\bar{C}_N$ 为 N 年内设备的年平均使用成本；P 为设备目前实际价值，包括设备的购置费、安装费和为设备在使用期内能正常使用需追加的投资；C_t 为第 t 年设备的运行成本，包括人工费、材料费、维修费、能源费、停工损失、废次品损失等；L_N 为第 N 年末设备的净残值。

2）常用的设备经济寿命的确定方法

对于很多机械设备来说，在没有达到设备的失效时间之前就需要对其进行维修或替换。因为如果不采取任何措施，就会产生巨大的经济成本。设备在使用费用率最低的时间进行设备更换，就是此设备的经济寿命，综合考虑设备的总体寿命，在设备没出现故障时，需要对其采取维修措施。现在有一种通用计算设备经济寿命的方法[61]。

若设备的采购费为 A，设备可使用 t 年，则设备的年采购费为

$$C_a = A/t \tag{5.5}$$

在运用维修费中，一部分为与年限无关的固定支出费用 a；另一部分则为运用维修增长费用 b。因此，每年的运用维修费用依次为

$a+b$ 设备第1年的运用维修费
$a+2b$ 设备第2年的运用维修费
$\vdots$
$a+tb$ 设备第 t 年的运用维修费

因此，设备使用 t 年的年平均运用维修费为

$$[(a+b)+(a+2b)+\cdots+(a+tb)]/t = a+(t+1)b/2 \tag{5.6}$$

设备的年平均总费用为设备的年采购费与运用维修费之和，即

$$C(t) = \frac{A}{t} + a + \frac{b}{2}(t+1) \tag{5.7}$$

式中，A 为设备采购费（假设无利息），t 为设备使用年限；a 为固定支出；b 为设备运用维修费的增长值。

求经济寿命则需使设备年平均总费用最低，令 $\dfrac{\mathrm{d}C(t)}{\mathrm{d}t} = 0$，求得的 t 值即为最经济的寿命点，则有

$$A/t + a + b(t+1)/2 = 0$$

得

$$t = \sqrt{\frac{2A}{b}} \tag{5.8}$$

通过式（5.4）可得出设备的经济寿命。另外，有很多设备以第一次大修费用作为经济寿命的重要参考，例如美国海军对大型设备的维修规定，设备维修的费用超过设备购买费用的就报废；我国铁路局对列车设备的规定，设备的维修费用超过设备购买费用时可以办理设备报废程序。

5.3 寿命分析和预测技术

5.3.1 寿命分析技术

从机械到电子设备再到航天航空，各行各业均有其关键设备，这些关键设备的工作状态、功能、寿命都极为重要，若出现问题，轻则带来不可挽回的财产损失，重则造成人员伤亡。因此，对设备进行寿命分析具有重大的实际意义。

1. 寿命分析概述

寿命分析理论按照技术发展进程可分为两个阶段：机械设备的疲劳寿命分析和成败型简单电子产品的性能寿命分析。1847 年，德国人 A·沃勒用旋转疲劳试验机首先对疲劳现象进行了系统的研究，提出 S-N 疲劳寿命曲线及疲劳极限的概念，奠定了疲劳破坏的经典强度理论基础。

工程机械材料普遍使用金属或其合金，其寿命分析通常采用数值仿真和基于疲劳试验的寿命评估两种方式。基于疲劳试验的寿命评估，一般先通过试验获得材料的疲劳数据，然后采用雨流计数法、名义应力法、Paris 方法等评估产品寿命。对于城际动车组，其牵引变流器、制动盘、车轴、轴承、齿轮和螺栓等设备部件可以使用经验公式、耐久性试验、有限元仿真分析、名义应力法、可靠性试验与分析、疲劳试验等方法进行寿命分析。

2. 基于机械疲劳分析的车辆关键部件寿命

1）疲劳和疲劳寿命

疲劳：国际标准化组织在 1964 年发表的报告《金属疲劳试验的一般原理》中对疲劳所作的定义是：金属材料在应力或应变的反复作用下所发生的性能变化叫作疲劳；虽然在一般情况下，这个术语特指那些导致开裂或破坏的性能变化。这一描述也普遍适用于非金属材料。

疲劳寿命是指材料或结构直至破坏所受到的循环载荷的作用次数或时间。所谓疲劳破坏或疲劳失效的定义或准则是多种多样的。

2）金属材料的 S-N 疲劳寿命曲线

为了评价和估算疲劳寿命或疲劳强度，需要建立外载荷与材料寿命之间的关系。反映外加应力 S 和疲劳寿命 N 之间关系的曲线叫作 S-N 曲线。一条完整的 S-N 曲线可分为三段，即低周疲劳区（LCF）、高周疲劳区（HCF）和亚疲劳区（SF）。典型的 S-N 曲线如图 5.5 所示。

3）疲劳载荷谱

由分析和实测获得的载荷-时间历程可采用多种方法（如计数法、谱分析法等）处理成可用于结构疲劳寿命分析或试验的载荷谱。载荷谱的基本参数包括变程、幅值、谷值、参考载荷等，其中从一个折返点到相邻一个折返点被称为变程。疲劳载荷的基本参数如图 5.6 所示。

载荷谱有三种类型，即常幅谱、块谱和随机谱。

（1）常幅谱：是指所有循环载荷的峰值相等和谷值相等的载荷-时间历程。

（2）块谱：又称程序块谱，是指载荷-时间历程具有周期性重复的疲劳载荷谱。

（3）随机谱：是指载荷的大小和次序毫无规律可循的载荷-时间历程。

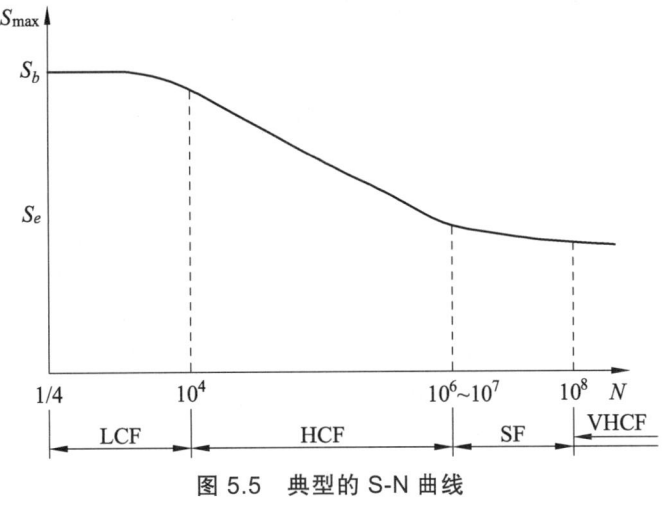

图 5.5 典型的 S-N 曲线

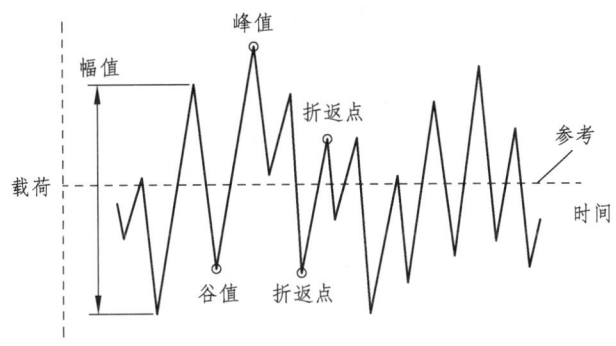

图 5.6 疲劳载荷的基本参数

4）疲劳试验

疲劳极限是长寿命机械和结构抗疲劳设计的基本数据，但实验测定疲劳极限却十分耗资且费力，因此研究者试图通过材料的静力性能去估计疲劳极限。获得材料疲劳极限的试验即为疲劳试验。

材料疲劳性能试验通常采用成组法和升降法。仅采用成组法不能直接获得疲劳极限，但可以通过对成组法疲劳试验数据的 S-N 曲线的拟合，间接获得疲劳极限。升降法试验按顺序进行，后一个试验件的应力水平视前次实验结果而定。若试验件在指定寿命 N_t 之前破坏，则下一个试验件在低一级的应力水平下进行，否则在高一级应力水平下进行，以此类推，直到完成全部试验。

5）疲劳累积损伤理论

疲劳累积损伤理论研究的是在循环载荷作用下疲劳损伤的累积规律和疲劳破坏的准则。任何一个疲劳累积损伤理论必定以疲劳损伤的定义为基石，以疲劳损伤的演化为基础。构造一个疲劳累积损伤理论，必须定量地回答下述三个问题：

（1）一个载荷循环对材料或结构造成的损伤是多少？即疲劳损伤的定义问题。

（2）多个载荷循环时，损伤是如何累加的？

（3）疲劳失效时的临界损伤是多少？

上述三个问题是构成疲劳累积损伤理论的三要素。

6）一些动车组关键部件疲劳寿命分析

（1）转向架：基于哈大线沈阳南—鞍山西测试区间的线路动应力测试数据，根据IIW（国际焊接学会）标准推算构架的疲劳寿命，结果显示定位转臂座区域测点的损伤值最大，其对应的构架安全运营里程为6594万km，满足1500万km的设计要求。当在设计范围内稳态运行时，转向架结构的疲劳寿命随速度等级的提高而增加；当速度超过350 km/h时，横侧梁连接部、定位转臂座、制动吊座部位的疲劳寿命降低，无附加装置的拖车转向架对这一趋势表现更加显著。

（2）车轮：根据Miner损伤法则，可得车轮在随机载荷作用下的运行距离为947.69万km；如果高速动车组每年运行30万km，则车轮可使用31.59年。车轮疲劳寿命小于34.75万转时，可靠度大于99.99%；疲劳寿命大于40万转时，可靠度出现明显下降；到达60万转之后，可靠度基本降为0。相较于无擦伤车轮，当擦伤长度不超过20 mm时，擦伤车轮的疲劳寿命受周期性轮轨冲击的影响较小；但当擦伤长度大于20 mm时，擦伤车轮的疲劳寿命受周期性轮轨冲击的影响明显，擦伤车轮的寿命急剧下降。

（3）轴承：设Miner理论修正系数为1，即损伤值达到1时轴承损坏。计算可得到列车所有运营工况下轴承99%可靠度下的预测寿命里程为2512.71万km。轴承在不同的可靠度要求下，行驶寿命里程会不一样。轴承的检修是在三级修才做的，到四级修240万km才进行更换。

（4）天线梁：转向架前天线梁疲劳损伤最大位置位于下盖板与立板T形焊缝位置，寿命为7.3128×10^7 s，换算为运行里程为609万km；后天线梁疲劳薄弱位置也位于下盖板与立板T形焊缝位置，最小寿命为2.8414×10^7 s，换算成运算里程为237万km。前后天线梁的疲劳寿命与轨道不平顺类型及运行速度有关，各轨道谱激励及不同速度等级下的前后天线梁的疲劳寿命见表5.3和表5.4所示。

表5.3 各轨道谱激励下前后天线梁疲劳寿命

轨道不平顺	前天线梁疲劳寿命/万 km	后天线梁疲劳寿命/万 km
京津	607	237
武广	433	209
美国六级	293	167
德国低干扰	360	314
德国高干扰	251	179

表5.4 不同速度等级前后天线梁疲劳寿命

速度等级/（km/h）	前天线梁疲劳寿命/万 km	后天线梁疲劳寿命/万 km
350	233	212
300	360	314
250	1 034	514

5 城际动车组部件寿命及寿命预测技术

（5）车轴：根据材质为 30NiCrMoV12 的车轴钢试样 S-N 曲线以及 Miner 线性累积损伤理论可以得到车轮在可靠度为 99%时，车辆在京津线 118 km 的线路条件下有无扁疤作用下的车轴疲劳寿命见表 5.5。

表 5.5 车轴损伤寿命计算

轮对状态	10 mm 扁疤	20 mm 扁疤	30 mm 扁疤	40 mm 扁疤
寿命/万 km	990.3	779.3	723.1	694.3

当车辆处于不同的健康状态下，车轴的寿命会不同：
①车辆横向小幅失稳时，车轴的寿命仅为 361 万 km，为车辆正常运行且无扁疤时寿命的 19%。
②考虑车轮谐波磨耗下的动力车轴最小对数里程寿命为 1 153.5 万 km。

（6）车体：基于武汉-广州南线实测加速度载荷谱，分别考虑车体母材和焊缝不同的材料 S-N 曲线，采用 FKM 平均应力修正方法，得到动车组各运行里程往返损伤，见表 5.6。

表 5.6 动车组各运行里程往返损伤

运行里程/万 km	2	4	6	8	10	12
损伤	6.84×10^{-6}	7.3×10^{-6}	9.86×10^{-6}	1.11×10^{-6}	1.26×10^{-6}	1.32×10^{-6}

以该动车组服役 2 400 万 km 推算，其累积损伤约为 0.163，<1，满足车辆设计的要求。依据损伤等效一致性原则,参照对应材料的 S-N 曲线得到各运行里程每往返的等效加速度(根据 S-N 曲线，得到"运行里程"对应的应力，然后根据应力和加速度的关系计算得到等效加速度)，动车组各运行里程往返等效加速度见表 5.7。

表 5.7 动车组各运行里程时往返等效加速度

运行里程/万 km	2	4	6	8	10	12
横向等效加速度	0.076g	0.081g	0.1g	0.107g	0.11g	0.131g
垂向等效加速度	0.081g	0.084g	0.123g	0.165g	0.167g	0.178g

3. 牵引变流器板卡失效分析

将动车组牵引变流器板卡在恒温恒湿环境和温度冲击环境试验中进行寿命分析，并进行失效分析，目前存在 AVR6 板卡在环境试验出现的失效见表 5.8 和表 5.9。

表 5.8 板卡恒温恒湿环境试验出现的失效

样品编号	发现失效的检测项目	失效现象
1-1-2	恒温恒湿（70 °C，85%RH）试验 48 h 后，恢复常温测试	空载上电 CH1、CH2、CH4 无电压，指示灯不亮
1-4-2	恒温恒湿（70 °C，85%RH）试验 48 h 后，恢复常温测试	121 V 输入电压，满载测各通道电压，过程中发生故障，CH1 和 CH2 无电压，指示灯不亮

续表

样品编号	发现失效的检测项目	失效现象
1-4-3	恒温恒湿（70 ℃，85%RH）试验 480 h 后，恢复常温测试	CH7 和 CH8 无电压，指示灯不亮
1-5-3	恒温恒湿（70 ℃，85%RH）试验 384 h 后，恢复常温测试	CH7 和 CH8 满载电压异常，表现为电压值过低且不稳定
1-5-5	恒温恒湿（70 ℃，85%RH）试验 192 h 后，恢复常温测试	CH7 和 CH8 无电压，指示灯不亮
1-5-6	恒温恒湿（70 ℃，85%RH）试验 48 h 后，恢复常温测试	75 V 输入电压，满载测上电时序过程中，调电子负载（接 CH3），输出电流只能到 8A，不能继续调大；断开电源，100 V 输入电压，所有通道空载，输入电源限流 4A，通电后输入电流瞬间到最大值（4A），板卡电容爆裂声，冒烟。断电后检查发现电容 C113 排爆阀顶开，电阻 R116 有烧蚀痕迹
1-5-8	入箱接线后调试过程中	CH7 和 CH8 无电压，检查后发现 CH7 和 CH8 接负载时灯不亮，空载时指示灯有时候不亮，这时断电重启，指示灯点亮
1-5-9	试验前外观检查	板卡连接器塑料外壳存在裂纹
1-5-11	试验前电性能测试	100 V 输入电压，满载测试过程中，板卡掉电，指示灯不亮，所有通道无电压输出，不能重新上电
1-5-19	恒温恒湿（前 120 h 条件为 70 ℃，85%RH，后更改为 85 ℃，85%RH）试验 816 h 后，恢复常温测试	CH6 电压较低（−9 V 左右），长时间上电运行后电压会一直上升（可超过 −20 V）；CH2 指示灯不亮，电压正常

表 5.9 板卡温度冲击环境试验出现的失效

样品编号	发现失效的检测项目	失效现象
1-4-4	高低温冲击（前 96 h 条件为 −25~70 ℃，后更改为 −25 ℃~85%RH）试验 456 h 后，恢复常温测试	电容 C222、C223、C224、C411、C123 开裂，板卡输出、指示灯正常
1-4-5	高低温冲击（前 96 h 条件为 −25~70 ℃，后更改为 −25 ℃~85%RH）试验 456 h 后，恢复常温测试	电容 C222、C223、C224、C411 开裂，板卡输出、指示灯正常

根据表 5.8 和表 5.9 记录的失效现象，将失效的 AVR6 板卡分为三类：第一类为失效集中在 CH1、CH2 通道（1-1-2、1-4-2）；第二类为失效集中在 CH7、CH8 通道（1-4-3、1-5-3、1-5-5）；第三类为其他类型的失效，其中包括试验前的失效（1-5-9、1-5-11）、不稳定失效（1-5-8）、CH6 通道的失效（1-5-19）、电容损坏但功能正常（1-4-4、1-4-5）、测试过程中发生的失效（1-5-6）。主要对第一类失效过程进行分析。

第一类失效主要是针对 CH1、CH2 通道发生的失效，失效现象主要表现为上电后 CH1、CH2 通道无输出电压、指示灯不亮，失效元器件集中靠近输出端一侧的元件，包括 CH1、CH2

通道的电解电容、轴向电阻、贴片电阻。失效板卡有 2 块，为板卡 1-1-2、1-4-2，均在恒温恒湿试验 48 h 后发生的失效。对板卡 1-1-2 进行失效分析，具体包括：

1）外部检查

为了检查板卡 1-1-2 在恒温恒湿环境试验后外观是否存在异常，对其进行外观检查。经观察，板卡外观无异常，开盖板后，发现板卡 1-1-2 上的电容 C113、C115、C221 已鼓包，防爆阀已开启，未发现有电解液渗出，还发现电阻 R116 的包封层有烧毁的痕迹，未发现板上其他器件有明显的异常或缺陷。失效板卡 1-1-2 典型的外观形貌如图 5.7 所示。

图 5.7 失效板卡 1-1-2 的外观形貌

为了检查拆下的电容 C113、C115、C221，电阻 R128、R135、R116 在恒温恒湿环境试验后外观是否存在异常，对其进行外观检查。外观检查发现，电容 C113、C115、C221 均已鼓包，防爆阀已开启，但未发现电容 C113、C115、C221 有漏液的痕迹；电阻 R116 的包封层有烧毁的痕迹、电阻 R128 的包封层有破损、未发现电阻 R135 有明显异常。电容 C113、C115、C221，电阻 R116、R128、R135 的外观典型形貌如图 5.8 和图 5.9 所示。

 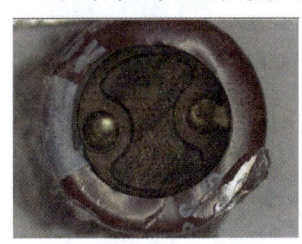 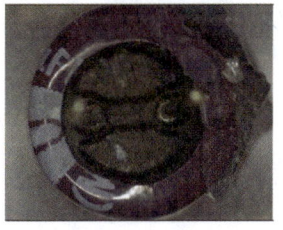

（a）失效电容 C113　　　（b）失效电容 C115　　　（c）失效电容 C221

图 5.8 失效电容的底部形貌

（a）失效电阻 R116　　　（b）失效电阻 R128　　　（c）失效电阻 R135

图 5.9 失效电阻的正面形貌

2）X-ray 检查

为了确定失效板卡的器件内部是否存在异常，对失效板卡进行 X-ray 检查。X-ray 检查未发现其内部引脚有明显的腐蚀形貌，未发现其电阻 R116 内部存在明显的异常。失效板卡 1-1-2 的 X-ray 检查的典型形貌如图 5.10 所示。

图 5.10　失效板卡 1-1-2 的 X-ray 形貌

为了确定拆下的失效元器件（电容 C113、C115、C221，电阻 R128、R135、R116）内部是否存在失效，对其进行 X-ray 检查，X-ray 检查发现电阻 R128、R135 的电阻膜烧毁破损，电容 C113、C115、C221、电阻 R116 未发现其内部有明显异常。拆下的失效元器件电容 C113、C115、C221，电阻 R116、R128、R135 的 X-ray 典型形貌如图 5.11 和图 5.12 所示。

 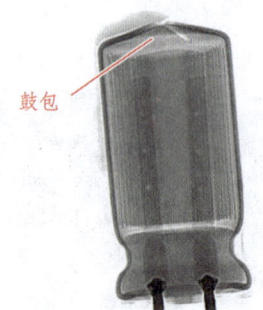 

（a）失效电容 C113　　　　（b）失效电容 C115　　　　（c）失效电容 C221

图 5.11　失效电容的 X-ray 正面形貌

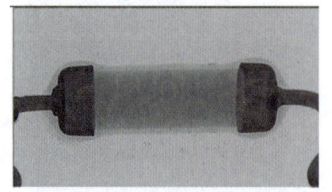 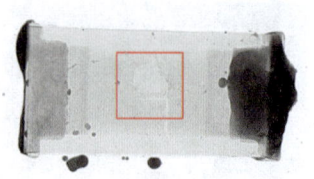 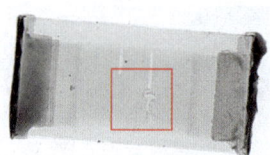

（a）失效电阻 R116　　　　（b）失效电阻 R128　　　　（c）失效电阻 R135

图 5.12　失效电阻的 X-ray 正面形貌

3）功能测试

根据外观检查及 X-ray 检查结果，电容 C113、C115、C221 已鼓包，防爆阀已开启，电阻 R116 包封层有烧焦形貌，判断以上 4 个元件已存在参数漂移或者失效的情况，将 4 个元件从板卡 1-1-2 上拆下，更换良品板卡上的同位号的元件，并对更换器件后的板卡 1-1-2 进行上电测试（空载）。空载上电测试后发现，板卡 1-1-2 的输入电流值仍偏大（0.23A，正常空载下的输入电流为 0.15A 左右），CH2、CH4 通道的输出电压已恢复正常，此外，CH1 通道输出电压值远超过其误差范围（此时 CH1 通道输出电压为 24.5 V），但输出稳定，显然，更换器件后的板卡 1-1-2 仍存在导致其失效的器件（CH1 通道）。

4）电参数测试

为了确定拆下的失效元器件的失效特性，复现失效现象，鉴别失效模式，利用相关仪器对拆下的失效元器件进行电参数测试。失效元器件电容 C113、C115、C221，电阻 R116、R128、R135 的电参数测试结果见表 5.10 和表 5.11。

表 5.10 失效电容的电参数测试结果

样品位号	C、DF：f = 120 Hz, V_{rms} = 0.5 V	
	$C/\mu F$	DF
C221	—	—
样品位号	C、DF：f = 120 Hz, V_{rms} = 1 V	
	C/nF	DF
C113	2.38	29.66%
C115	587.89	5.08%

表 5.11 失效电阻的电参数测试结果

样品位号	电阻/kΩ
R116（220 Ω）	开路
R118（1.5 kΩ）	92.94
R135（1 kΩ）	267.30

由表 5.10 和表 5.11 可知，测试结果表明，电容 C113、C115 电容值降低，电容 C221 由于失效未测量到其电容值（C）、损耗（DF），电阻 R116、R128、R135 阻值变大甚至开路，显然，拆下的 6 个元件均已失效。

5）开封检查

为了确定拆下的失效元件的状态，对板卡上的失效电容（C113、C115、C221）、失效电阻（R116、R128、R135）进行开封。开封检查发现，电容 C113、C115、C221 芯包上的胶带已变形甚至部分熔融，电容 C113、C115、C221 芯包的电解纸已干涸。将其芯包展开后，电容 C113 的阳极箔有击穿点，电容 C221 的阴极箔严重击穿熔融，击穿区域对应的阳极箔也有明显的烧焦形貌，电容 C115 未发现明显的击穿与腐蚀的形貌，未发现电容 C113、C115、

C221 引脚有明显的断裂、腐蚀形貌。开封检查还发现电阻 R116 的电阻膜已烧毁，电阻 R128、R135 的玻璃保护层已破损，电阻膜外露在表面，且发现电阻膜有明显的烧毁熔融形貌。失效元器件电容 C113、C115、C221，电阻 R116、R128、R135 的开封的典型形貌分别如图 5.13 和图 5.14 所示。

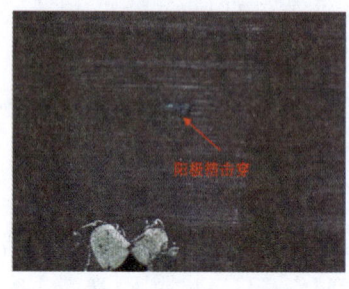  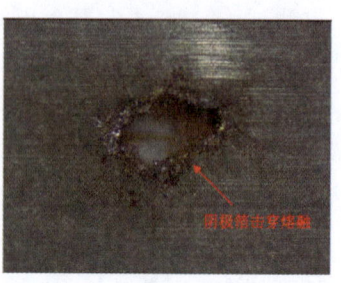

（a）失效电容 C113 阳极箔的形貌　　（b）失效电容 C115 阳极箔的形貌　　（c）失效电容 C221 阴极箔的形貌

图 5.13　失效电容的典型形貌

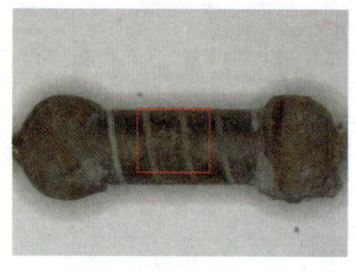  

（a）失效电阻 R116　　　　　　（b）失效电阻 R128　　　　　　（c）失效电阻 R135

图 5.14　失效电阻开封后的正面形貌

综合开封检查测试结果，由图 5.13 可知，电容 C113、C115、C221 电解液已枯干，其中 C113 电极箔上并未发现较大的击穿点，分析认为电容 C113 电容值下降是其电解液耗尽干涸导致的，C113 的击穿点的损伤是电极箔击穿后未能完全修复导致的。由图 5.14 可知，从失效电阻 R128、R135 的 X-ray 检查及开封形貌上看，电阻 R128、R135 电阻膜的烧毁区域集中在调阻槽附近，此外，试验过程中未监测到有异常的瞬时过电应力，因此分析认为电阻 R128、R135 的失效是长时间过电所引起的。结合电容 C113 的失效情况，分析认为是由于电容 C113 在较高的温度条件下，电解液耗尽加快，电解液枯干引起其电容值下降，引起电容的滤波能力下降，电路中的纹波电流变大，在较高的温度条件下，电阻 R128、R135 调阻槽附近区域的发热量骤增，超过其承受范围导致电阻膜击穿烧毁失效。电容 C221 分析是由于其耐压性能下降，在较严苛的试验条件下，电极箔被击穿而导致失效的发生。

5.3.2　寿命预测方法

设备的剩余使用寿命（Remaining Useful Life，RUL）是指设备的预期使用寿命，或者指设备在进行修理或更换前的剩余使用时间。使用设备运行的历史数据预测其剩余使用寿命是预测维护算法的中心目标。在广义上,此处的"寿命"或者"使用时间"是指任何可以用来衡量设备运行时间的数量值,如行驶距离、耗油量、运行时间等[62]。近几十年内对于剩余寿命预测方法的研究非常广泛,目前的寿命预测方法可以分为:基于失效机理分析的方法、基于数据驱动的方法和二者融合的方法[63]。其中,基于数据驱动的方法能够有效地解决复杂工业设备的控制、决策和优化问题,因此数据驱动算法逐渐成为主流的研究方法。基于数据驱动的方法又可以分为统计数据驱动的方法和基于机器学习的方法[64]。此处主要介绍基于统计数据驱动的剩余寿命预测方法、基于机器学习的方法和基于统计分析的寿命预测方法。

1. 基于统计数据驱动的剩余寿命预测方法

基于统计数据的寿命预测方法分为基于失效数据的方法、基于退化数据的方法和多源数据融合的方法[65]。其中,基于失效数据的预测方法需要大量的历史失效数据或者拥有很高相似度设备的故障记录作为基础,否则很难保证结果足够准确,而且,获取复杂设备失效数据的成本太高,因此这种方法已经不再过多使用。此外,随着状态监测技术的快速发展,获取能够表征设备健康状态程度的状态特征值越来越容易,所以基于退化数据的寿命预测方法得到了快速发展。该方法又主要分为基于随机系数回归模型的寿命预测方法、基于时间序列建模的寿命预测方法、基于隐马尔可夫模型的剩余寿命预测方法、基于随机滤波的寿命预测和基于随机过程的寿命预测方法。

1)基于随机系数回归模型的剩余寿命预测方法

基于随机系数回归的方法较为简单,通常用于工业以及学术领域中的寿命估算[66]。一个简单的线性回归模型,也许是用于描述退化轨迹发展趋势最简单的模型。这些方法的基本原则是,所研究的系统的健康状况可以通过一些关键退化变量来反映,然后可以通过监测,趋势分析,预测这些带有预先设定的阈值的退化变量来估计剩余使用寿命。随机系数回归方法使用退化量的数据预测部件的退化路径,然后推导寿命分布。

2)基于时间序列模型的剩余寿命预测方法

将获取的监测数据作为一个时间序列,然后利用时间序列建模方法建立设备的退化模型,最后基于此确定设备达到失效阈值的首达时间,进而获得设备的剩余寿命,常用的时间序列模型包括灰色模型、人工神经网络和支持向量机等[67]。

3)基于隐马尔可夫模型的剩余寿命预测方法

隐马尔可夫模型是在马尔可夫链的基础上发展而来,基于隐马尔可夫模型的寿命预测方法适用于具有离散退化状态的设备,且设备未来时刻的退化状态只跟设备当前的退化状态有关,与之前的退化过程无关。对于退化状态难以直接观测的情形,隐马尔可夫模型(Hidden Markov Model,HMM)得到了广泛的应用。

4)基于随机滤波的预测方法

基于随机滤波寿命预测方法的基本原理是将设备的寿命视作不可观测的隐含状态,利用实时监测数据对设备的寿命分布进行在线更新。这是一种在不确定寿命分布和退化轨迹形式的情况下,间接地建模监测数据与隐含状态关系的方法,其寿命预测结果完全取决于所获取的监测数据。

5）基于随机过程的剩余寿命预测方法

基于随机过程的预测方法包含基于马尔可夫链的方法、基于逆高斯过程的方法、基于 Gamma 过程的方法和基于 Wiener 过程的方法，其中基于 Wiener 过程的方法的应用更为广泛。

Wiener 过程是一类具有高斯分布增量的随机过程，便于进行参数的估计和求解剩余寿命分布的解析解，同时适用于非严格单调的退化过程。通过建立随机过程模型来描述退化轨迹，在概率论框架下讨论设备的剩余寿命问题，获得剩余寿命的概率密度分布，能够很好地描述预测结果的不确定性，并为后续的维修提供方便[68]。Wiener 过程 $X(t)$ 的一般形式如下：

$$X(t) = \theta t + \sigma B(t) \tag{5.9}$$

式中，θ 为漂移系数；$\sigma > 0$ 为扩散系数；$B(t)$ 为标准布朗运动。

基于维纳过程的剩余寿命预测方法，通过建立随机过程模型来描述退化轨迹，然后，对模型参数进行估计和更新，最后，获得剩余寿命的概率密度分布，实现剩余寿命预测。基于维纳过程的剩余寿命预测方法流程图如图 5.15 所示。

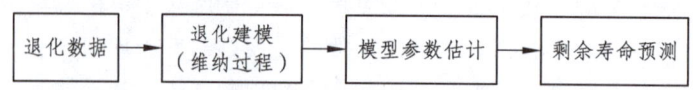

图 5.15　基于维纳过程的剩余寿命预测方法流程图

2. 基于机器学习的剩余寿命预测方法

基于机器学习的剩余寿命预测方法分为浅层和深层两类，浅层机器学习方法主要包括相关向量机、极限学习机等，深度学习预测方法主要包括循环神经网络、深度信念网络、卷积神经网络等[69]。以下介绍两种常用的预测方法：

1）基于相关向量机的剩余寿命预测方法

相关向量机（Relevance Vector Machine，RVM）是建立在支持向量机上的一种分类与回归方法，它与支持向量机（Support Vector Machine，SVM）具有类似的函数形式，通过引入核函数和升维的方式解决非线性分类问题。

2）基于循环神经网络的剩余寿命预测方法

循环神经网络（Recurrent Neural Network，RNN）关键是该网络具有记忆性，可充分利用历史时刻信息，最大程度挖掘隐藏在数据内的状态趋势变化特征，这与轴承退化趋势理论相符。

3. 基于统计分析的寿命预测方法

基于统计分析的方法首先需要不断进行寿命实验并收集大量失效数据，然后应用合适的统计分析方法，选择恰当的剩余健康寿命统计分析模型，采用相关统计学公式，并对设备失效状况进行"拟合"分析，得到与剩余寿命相关的特征分布。该预测方法相比其他方法无须大量先验信息，主要是建立在同类事件概率分布基础之上，采用指数分布、威尔逊分布以及对数正太分布等可靠性分析方法，是较为简单可靠的研究方法，在健康寿命预测领域占有一席之地。采用基于统计分析的预测方法进行构建预测模型时，无须清晰掌握设备故障机理，同时也没有考虑环境等因素产生的影响，主要是借助统计学原理表示随机因素对健康寿命产生的影响。

4. 基于退化过程的寿命预测方法

工程实际中，针对不同的机械设备可能因为经历不同的环境条件，表现出不同的退化特性，例如一些零部件（如岩滑板等）的磨耗过程呈现线性特征、轴承退化信号的指数特征和其他设备退化过程的非线性，研究人员们细致地研究了其精确的剩余寿命预测方法，针对线性退化过程，建立线性退化模型；针对指数退化过程，建立指数模型，并进一步进行线性化[70]；针对非线性退化过程，建立非线性退化模型，将退化过程分阶段进行追踪与预测。例如文献[71-73]研究了轴承的两阶段退化；文献[74]通过统计模型估计两阶段退化的变点，基于贝叶斯理论进行实时预测。对于更为复杂的退化，需要建立更多阶段的退化模型[75-76]。

5.4 寿命管理

5.4.1 寿命管理基本概念

现代寿命管理的概念是广义的，是指设备在整个寿命周期内与寿命有关活动的管理与决策。设备寿命管理指的是从不同角度可以将设备寿命划分为物资寿命、经济寿命、技术寿命和折旧寿命，从而进行管理的行为。设备的寿命周期是设备状态在时间轴上展开的、自始至终的过程，用 $T(t)$ 为时间坐标，$F(t)$ 为设备的功能状况，$V(t)$ 为设备的费用，设备寿命周期三维状态空间图如图 5.16 所示[77]。

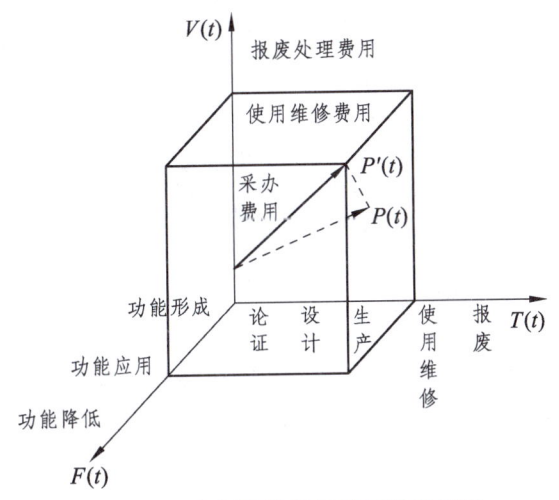

图 5.16 寿命周期状况的三维空间图

设备的时间坐标轴 $T(t)$ 通常分为 5 个阶段：技术论证、设计与研制、制造与安装、运用与维修和报废处理；设备的效能坐标轴 $F(t)$ 通常分为 3 个阶段：功能形成、功能应用和功能降低，直至报废，效能丧失；设备的费用坐标轴 $V(t)$ 通常分为 3 个阶段：采购（采办）费用、运用维修费用和报废处理费用。

在设备寿命状态空间图中，当状态由 $P(t)$ 变化到 $P'(t)$ 时，形成一条曲线 PP'。曲线 PP' 在 $F(t)$-$T(t)$ 坐标面上的投影反映出设备效能随时间的变化关系，也就是对设备进行动态效能分析；曲线 PP' 在 $V(t)$-$T(t)$ 坐标面上的投影反映设备费用随时间的变化关系，也就是对设备进行 LCC 分析；曲线 PP' 在 $T(t)$-$F(t)$ 坐标面上的投影反映出设备效能与费用间的关系，也就是对设备进行效能费用分析。

设备全系统、全寿命管理就是指对设备体系建设的全系统管理与对体系内各重大设备全寿命管理的紧密结合。设备全系统、全寿命管理的管理理念可以表述为：通过建立科学的设备领导管理体制和法规制度，制定高瞻远瞩的设备发展战略、体系结构、规划计划，实施生机勃勃的运行机制，科学、高效地分配和管理设备建设资源（人、财、物、信息），以提高设备建设效益的一系列管理活动[78]。由此可见，设备全系统、全寿命管理，既不是领导体制变了就自然而然可以实现的，也不是设备全寿命期各个阶段都有人管理就顺理成章是全寿命管理了；而必须在管理思想、管理方法、组织机构、运行机制、规章制度等方面进行一系列深刻的变革，设备全系统、全寿命管理才能实现。

寿命管理是以可靠性为中心维修的另一个方面。我国在近几年的铁路机车维修中已经引入了牵引电动机轴承和轴箱轴承的寿命管理，取得了良好的效果。部分国家的铁路机车车辆其他重要部件也实行寿命管理。寿命限值是客观存在的，且与可靠性指标是联系在一起的，需要着重研究设备寿命与可靠性之间的关系。这就必须对主要部件进行全程跟踪，并进行可靠性分析。机车车辆履历信息系统是进行此项工作的基础。

寿命管理是计划预防维修制度的主要方法，是定期维修方式的基础，只有通过对设备主要零部件的寿命管理才能合理地掌握维修时机，制订正确的维修计划，实施正确的维修。否则，过早的维修不能发挥机件的寿命潜力，造成极大的浪费；过晚的维修会降低设备的可靠性，给安全带来危害，甚至造成重大事故[79-80]。因此，在计划预防维修体制中，作为主要维修方式的定期维修，一定要掌握好寿命管理这把利器。同样，在视情维修和修复性维修这两种维修方式中，寿命管理也起着重要的作用。对主要零部件进行寿命管理，合理地制定检测间隔，正确地选择检查时间，才能适时地发现故障、监测故障和隔离故障。

5.4.2 寿命管理方法

科学合理地确定设备的寿命对于提高设备效能和减少耗费具有重大的意义，在实践中采用什么方法来确定设备的寿命，要根据设备的类型、用途以及具体的运用情况来决定。一般来说，设备的寿命值应该由制造厂家给出，在设备的采购合同中应该有明确的寿命指标和承诺，以后再由用户来考核和验证。但目前许多厂家无法提供准确详尽的设备及其主要零部件的寿命值明细。

1. 寿命分析

寿命管理的另一项重要工作是寿命分析工作。在设备及其主要零部件的寿命初步确定以后，需要对它们进行寿命分析和管理，尤其对于那些具有成千上万个零部件的复杂系统设备，需要对零部件进行分类管理。根据设备的结构特点和维修的具体任务，从寿命的角度考虑，可以把技术系统设备的零部件分为段修件、大修件和全寿件三大类。

（1）段修件：这种零部件属于短寿命件，其寿命小于一个大修期，此类零部件必须在现场进行更换或修理，最好将这类零部件设计成现场可更换单元，即利用现场的维修保障资源可以更换或修复的单元。可更换单元若不能在现场修复，也可委外修理。

（2）大修件：在规定的运用和维护条件下，该件在大修期内能满足可靠性指标要求，即在一定的置信度下，其单侧寿命均值大于设备的使用寿命（大修期）。从宏观上讲，设备的使用寿命能够反映这种大修件的故障规律。

（3）全寿件：在规定的运用和维修条件下，该件在总寿命期内能够满足可靠性指标的要求，也就是说在一定的置信度下，其单侧寿命均值大于设备的总寿命。因此，在进行维修保障设计时，应该明确和解决如下问题：确定设备及其零部件的使用寿命、总寿命、大修间隔期和大修次数；明确哪些零部件是一次性失效（不修复）或可修复的，哪些零部件是现场维修件、大修件或全寿件，其中哪些是现场可更换单元，不同类型的零部件应有不同的设计要求。对于现场维修件，一方面要提高其可靠性和寿命，使其逐渐变成大修件；另一方面要将其设计成可更换单元件，至少利于更换（维修性好）。对于大修件，其寿命应满足设备使用寿命周期内可靠度和可用度的要求；结构设计要满足大修时进行修理的要求，当然，对于接近全寿件的大修件也应尽量提高其耐久性，使其转变为全寿件，全寿件基本上是不准备翻修的，因此其寿命和耐久性要有充分的保障；制订维修计划的框架。上述寿命分析为我们制订设备的维修计划打下了坚实的基础，尤其是对于那些需要定期维修（定期更换、定期报废）的零部件，以上分析明确了维修数量、维修等级、维修场所和配件库存等一系列规划。

2. 寿命追踪

设备的寿命追踪是指对设备及其零部件寿命历程中的所有活动信息进行实时收集和记录。严格说来，它应该属于设备维修信息系统中的一个重要环节。它的任务：一方面是根据所收集的信息数据为寿命的确定打下基础，通过反复循环校正得出设备及其重要零部件的准确寿命；另一方面：根据设备寿命追踪信息为维修决策提供依据。寿命追踪所得信息可分为：

基本信息：指反映设备基本情况的一些信息，如设备名称、型号、类型、生产厂家、生产日期、批次、序号等。

使用信息：指反映设备使用情况的信息，如使用单位、使用时间、使用强度、役龄、使用环境等。

储存信息：指设备储存情况的信息，如储存条件、时间、质量变化等。

故障信息：指反映设备在使用、储存等过程中的故障信息，如故障时间、故障部位、故障模式、故障原因和故障影响等。

维修信息：指反映设备故障修复或预防维修的有关信息，如维修时间、维修级别、维修地点、维修类型和维修资源等。

备件信息：指反映备件的品种、需求、储存和消耗数量等。

费用信息：指反映设备运用维修中的费用预算和实际收支情况的信息，如维修费、使用费等。

3. 寿命监视

在设备中引入寿命监视系统，主要目的是充分利用设备及其主要零部件的固有寿命，保证设备运行安全和节约运营成本。初步的寿命监视系统是记录设备及其主要零部件的寿命单位，再根据它们寿命的预定值来监视其寿命消耗和剩余寿命。设备的主要零部件可分为三类：限制寿命的关键件（其故障可能危及运行安全）、限制寿命的重要件（其故障会严重影响性能、可靠性或使用费用）和不限制寿命件（其故障的影响较小，可修理或更新）。依据寿命监视系统的指示，在达到寿命极限前将这些零部件退役更换或维修处理。零部件的寿命极限取决于它们的寿命消耗和剩余寿命。对设备的寿命消耗历程进行监视，特别是对于限制系统设备寿命的零部件进行监视是非常重要的，可以提高技术系统设备运行的安全性和经济性。

除了对整个技术系统设备进行寿命监视以外，还应对限制技术系统设备寿命的重要零部件，特别是关键零部件进行监视和管理。实践表明，实施使用寿命监视可以使设备的主要零部件的寿命得到充分的利用，缩短维修时间，提高设备的安全性。

5.5 寿命周期费用分析与评价

5.5.1 寿命周期费用概述

寿命周期费用（Life Cycle Cost，LCC）最早起源是瑞典的铁路系统（1904年）。把LCC的概念用于技术经济分析可追溯到1947年在美国创立的价值分析法。然而LCC问题真正引起重视并得到发展却是在20世纪的后半叶。20世纪60年代末期，美国军方提出了武器系统LCC的概念，随着武器装备整体性能趋于完善，其使用和维护费用也大幅上升，有时甚至超过了其购置费用，在成本支出中占据更大比重，人们开始意识到设备LCC的重要性。

1. 寿命周期费用（LCC）定义

寿命周期费用，也被称为全寿命周期费用。LCC在国际标准IEC 60300-3-3：2004中寿命周期费用定义为：产品在其整个寿命周期中的累计费用[81]。车辆全寿命周期费用是车辆在概念和定义、设计研制、生产制造、运营和退役报废等阶段产生的所有直接或间接费用的总和，它包括车辆设计费用、制造费用、采购费用、使用费用、维修保养费用、废弃处置费用等，其分析目的是针对车辆的性能、可靠性、维修性、经济性等诸多因素进行综合权衡，使车辆的费用-效能达到最佳，并为设备的经济寿命和维修方案的确定提供依据[82-83]。

2. LCC与设备可靠性的关系

此处需要强调的是，早期策划和设计阶段对LCC具有重要的意义。在设备管理过程中，为了追求设备的效益最大化,通常我们在全寿命周期费用分析的基础上,通过建立相应的模型,例如 LCC 按照支出的时间,划分为一次性投资费用和运行维护费用模型,对 LCC 曲线进行分析,以期得到最小 LCC 的全寿命周期。全寿命周期费用与设备可靠性的关系[84]如图 5.17 所示。

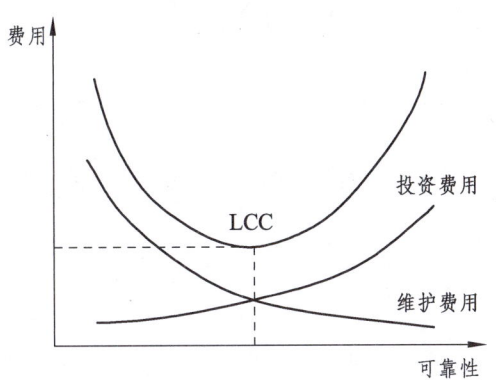

图 5.17　全寿命周期费用与设备可靠性的关系

3. LCC 评估方法

寿命周期费用分析又称寿命周期费用评价,是经济分析的一种方法,用于对设备的采购和运用维修总体费用进行评估的经济分析方法。1996 年国际电工委员会发布了国际标准 IEC60300-3-3《寿命周期费用评价实施指南》,并于 2004 年进行了修订。根据国际标准 IEC60300-3-3 寿命周期费用分析的要求,寿命周期费用的评估方法有两种:

(1) 寿命周期费用模型分析法。这种方法是通过建立购置费、运营费和维修费用的计算模型,分析计算结果,对组成设备寿命周期费用的任一费用进行评估分析。

(2) 寿命周期费用经验法。这种方法是根据设备购置和运营维修的实践,基于对过去熟悉产品和技术的经验,利用在可信任的信息系统中的历史数据,进行设备寿命周期费用的评估分析。

5.5.2　费用的分类

1. 购置费用、维修费用和退役处置费用

寿命周期可以划分为早期和后期。早期发生的费用称为初始费用或投资费用或获取费用;后期发生的费用称为运用维修费用或使用时期费用[85-86]。

寿命周期各个阶段费用叠加,则得到的寿命周期总费用的曲线如图 5.18 所示。其中购置费是设备设计制造、选型采购以及安装期所支出的费用,维修费是设备运行使用期所支出的费用,而处置费一般指设备淘汰期所支出的费用。中间的起伏代表设备大修期间发生的费用支出。

设备寿命周期费用 = 设备购置费用 + 设备维修费用 + 退役处置费用。

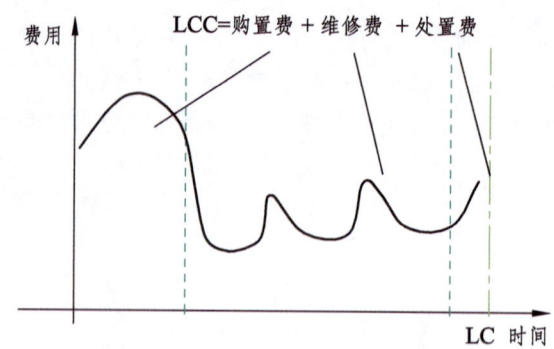

图 5.18 叠加后的设备寿命周期总费用

1）购置费用

购置费用是为一个活动或项目的启动投入的费用。决策设计阶段的成本费用包括最开始设计时产生的费用、建议书的费用、可行性研究的费用、研究试验及勘察设计的费用等。决策设计阶段是落实并控制建设造价的基础，决策设计阶段是系统成本费用中控制能力最大的一个阶段。而这个阶段可以在分析系统成本时，对系统设备全生命周期费用产生最大程度的影响。建筑工程事项费用、设备的采购费用、安装工程事项费用、工程建设及其他费用成本构成了施工建设阶段的成本。设备购置费用包括研究费（规划费、调研费）、设计费、制造费、设备采购费、运输费、安装调试费。

2）维修费用

运营维护阶段是系统设备从开始运营到全部报废分解的整个过程。维护费用是指设备正常维护所需的耗费。设备维修费用包括能源费、维修费、日常保养费、检测费用、更改费用，以及相应的材料费用、人工成本和设备有关的各种杂费，如保管、安全、保险、环保费等。

3）退役处置费用

退役处置费用即系统设备生命周期结束产生的成本。系统的各个组成部分的时间不同、更新的年份不同以及其他的固定资产具有不同程度上的使用价值。报废回收阶段残值成本就是除掉报废回收过程中消耗的成本后剩余的成本价值。系统中的废旧材料、设备等，如果采取合理的回收方式，不仅可以降低材料及设备对环境的不利影响，而且可以增加环境保护的收益，实现环境资源的保护和发展。退役处置费用包括设备报废的解体、销毁、环保处理等费用。

2. 固定和变动的费用

1）固定费用

固定费用：通常是指在整个运营活动范围内，投入进行活动的各种费用中，在总体上始终保持相对不变的费用。固定费用由多项费用元素组成，诸如折旧、维修、税款、保险、租赁、投资资金的利息，以及销售程序、某些管理耗费和研究等费用。这些费用是由于过去的决策而发生的，一般不会快速变化[87]。

2）变动费用

变动费用：一般是指与运用活动等级有关的某些变化的费用，每个设备单元所需的材料总量可以预计为保持不变,则材料费用将直接随生产单元的量而变化。一般说来,诸如直接劳务、直接材料、直接功率等所有费用,以及可以准备分给每个设备单元的费用都要考虑可变费用的组成。总费用的固定和可变部分如图 5.19 所示。

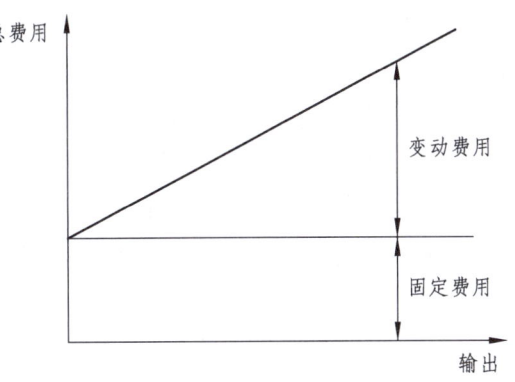

图 5.19　固定、变动和总费用

3. 直接费用和间接费用

直接费用和间接费用组成制造费用。直接费用是指设备制造过程中,直接用于设备生产的材料、生产工人的工资和福利费、其他费用等,它直接计入设备的生产成本,是指那些只能部分计入费用预测值内的诸如公共设施、行政管理、维修保障等费用。间接费用是"直接费用"的对称,是指制造企业各生产单位为组织和管理生产所发生的各种费用,包括生产单位管理人员的工资和福利费、办公费、水电费、机物料消耗、劳动保护费、机器设备的折旧费、修理费、低值易耗品摊销等。直接费用和间接费用是按生产费用计入设备成本的方法不同划分的。一种费用是否属于直接费用,取决于该费用能否直接计入设备生产成本。制造费用的种类如图 5.20 所示。

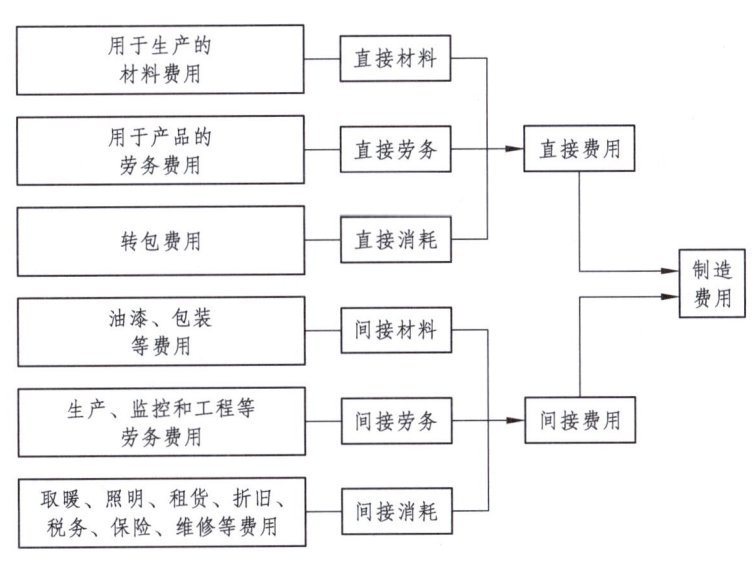

图 5.20　制造费用的种类

4. 总费用和单元费用

1）总费用

总费用是指设备的寿命周期费用（LCC），以 LCC 最小为准则，决策出最优的设计、生产、使用、维修、更新、报废方案，以及其他与费用有关的备选方案。早期对设备的 LCC 的预测，可以为项目评估提供决策依据，提出预算并进行控制，检验项目的可行性，作为是否上项、经费预算、费用控制的依据等。

2）单元费用

单元费用是总费用的基础单元，可以表示为每个生产项目的费用、每个人员的费用，每个效率（例如可靠性）增量的费用、每个单位输出生产量的费用、每个时间间隔的费用等。实际上，单元费用应该表达为对实现 LCC 最小值目标最有意义的度量。

5. 内部费用和外部费用

内部费用是指内部生产所产生的费用，如职工工资、差旅费、培训费用、领用材料等。外部费用是指外部服务所产生的费用，如支付的律师费、审计费、设计费、工程款、审查费、外聘专家报酬等。

5.5.3 费用分解结构（CBS）

为了估算设备的 LCC 总值，需要将其分解成为各种费用单元，这样才能对各个单元的费用进行估算，通过累加得出总费用值，这种分解过程就称为费用分解，分解后得到的结果就是费用分解结构（Cost Breakdown Structure，CBS）。将设备 LCC 的各个组成部分层层分解到所需的层次，才能建立 CBS。CBS 是一个逐级细化的倒置树状结构，它包括所有相关的费用单元，由粗到细一直分解到可以进行估算的本费用单元为止[88]。

1. LCC 分解结构的编制及其原则

计算设备寿命周期费用时，首先要明确它所包括的费用项目，也就是要列出其构成体系，即费用分解结构。不同类型的设备，其分解结构也会不同，但在计算寿命周期费用时不应漏掉重要的费用项目，也不允许重复计算费用项目。

费用分解须遵守一定原则，由于设备种类繁多，功能差异巨大，进行费用预测的目的也不尽相同，所以分解的结构和形式也会有很大不同，没有统一、不变的模式。但费用分解结构的基本特点和原则是类似的，主要遵循以下几条分解原则[89-91]：

（1）必须考虑全过程、全系统的所有相关费用。

（2）各项费用节点可以按设备各个阶段、工作门类和等级，或按硬件组成系统来划分，每个费用单元必须有明确的定义，并且要为费用分析人员、项目经理、制造厂和用户所共识，分解的单元应该包括寿命周期的所有费用，既不遗漏，也不重复。

（3）能够对费用单元进行计算机管理，费用预测的不同阶段，分解的详细程度和类目可能有所差别。

（4）费用分解结构应当与工作分解结构以及财会类目等协调一致，这样有助于直接获得财会部门的财务数据。

（5）费用分解首先将寿命周期费用分解为若干个主费用单元，然后再把主费用单元分解为若干个子费用单元，这样逐级分解，直到可以独立进行计算的基本单元为止。上一级费用单元的费用为下一级所有费用单元费用之和，这样逐级累加，就可以得出寿命周期的总费用。

费用分解的主要作用是理清设备的费用单元，便于计算，通过费用的敏感性分析，确定主要的费用单元，在粗略预测时可以只考虑主要单元，减少复杂度和不确定因素，另外，费用单元之间存在一些相互关系，通过费用分解，在决策时能够进行合理权衡。

2. 典型的 LCC 分解结构示例

可以按照寿命周期费用各个阶段进行分解，即从设备的研制、生产施工、使用维护、报废处理等几个寿命周期阶段来进行分解。设备寿命周期各种费用分布如图 5.21 所示。

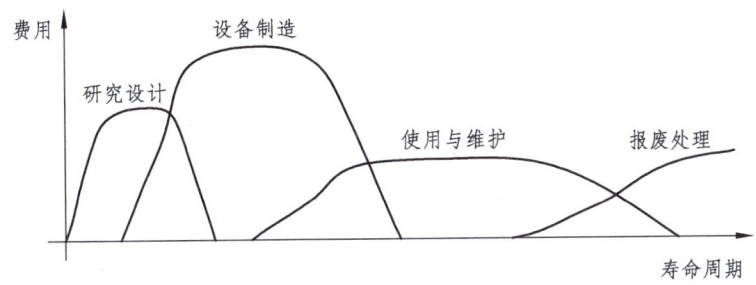

图 5.21 设备寿命周期各种费用分布

研制费用：包括系统管理、系统规划、系统研究、工程设计、编制设计文件编制系统软件、系统试验鉴定等费用。

生产施工费用：包括生产/施工管理、工程管理分析、制造（设备、生产设备、检验）、设施（设备环境）、质量控制、初始后勤保障等费用。

使用维护费用：包括设备寿命周期管理、系统使用、系统分配、系统维护、备件与物资保障、操作与维修工培训、技术文件资料、系统技术改造等费用。

报废处理费用：包括不可修复处理、系统淘汰、编制文件等费用。

5.5.4 动车组 LCC 分解

如前所述，对于不同的设备和用途，所选择和建立的 LCC 模型及其分解结构是不同的。对于动车组，其全寿命周期费用主要由方案研究费用、设计研制费用、制造费用、运行耗能费、维修费、维修支付保障费、退役处置费用等构成。结合轨道交通建设和运营特点，本书将动车组方案研究费用、设计研制费用、制造费用合并至购置费用，运营维修费用按运行能耗费用、维修费用和人员工时费用等三部分考虑[92]。根据国际和国内 LCC 相关标准，动车组 LCC 组成结构如图 5.22 所示。

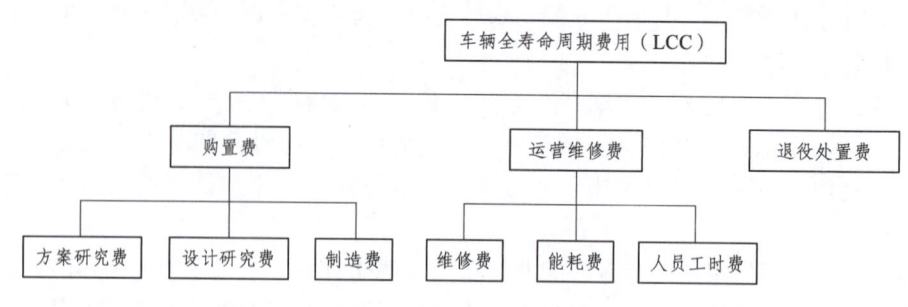

图 5.22 LCC 组成结构示意图

动车组的 LCC 归纳分成三个主要部分：购置费用、运营维修费用和退役处置费用。则

$$C_t = C_{gz} + C_{yw} + C_{ty} \tag{5.10}$$

式中，C_t 为寿命周期费用；C_{gz} 为购置费用；C_{yw} 为运营维修费用；C_{ty} 为退役处置费用。

1. 购置费用分解

动车组一般由车体、车钩、转向架、制动、牵引、通风空调、乘客信息、自动控制、视频监控、辅助系统等系统或零部件组成，其购置一般通过公开招标方式实施。随着近年来国内轨道交通快速发展，通过引进、消化吸收再创新，各车辆与主要设备部件制造厂商不断提高车辆设计、制造水平，车辆国产化率不断提高，当前国产化率普遍已达到 75%以上，部分关键系统、部件国产化率已达到 100%，如车体、贯通道、受电弓、车钩等。整车价格也在逐步降低，其中市域 D 型电客车购置费约为 1 100 万元/辆，CRH6A 型城际动车组购置费约为 1 500 万元/辆。调研发现，当前各车辆制造厂商基本掌握车辆各系统的关键技术并通过自身的设计、制造平台为国内外诸多城市提供了车辆，车辆造价已得到有效控制，下降空间不大。影响动车组造价的因素主要为新技术、新设备、新材料的使用，如采用铝合金车体实施轻量化，采用永磁电机降低能耗等。购置费包括动车组方案研究费用、设计研制费用、制造费用，则购置费为

$$C_{gz} = C_{yj} + C_{sj} + C_{zz} \tag{5.11}$$

式中，C_{yj} 为车辆方案研究费；C_{sj} 为设计研制费用；C_{zz} 为制造费用。

2. 运营维修费用分解

在动车组运营阶段，动车组维护维修一般分为预防性维护和故障维修两种。动车组采用电力牵引，主要消耗电能，其费用与动车组牵引重量（动车组自重和载客重量之和）和线路状态有关。轨道交通线路建成后，其线路长度、站间距、坡度、曲线等技术参数已确定不能再作调整，因此影响牵引能耗的主要因素为牵引重量。配套设备设施在轨道交通线路开通运营前或厂架修开展前配设到位，其主要为一次性投入，后期还有一定的维护费用，相比购置费用较低，因此影响动车组维护维修费用的主要因素为人工时费和物料费。维修人员数量与薪酬待遇水平、技能状态、修程修制等直接影响人工时费，修程修制、物料标准化与采购等

直接影响物料费。

运营维修费用应包括设备运行能耗费用、维修费用和人员工时费用,运营维修费用为

$$C_{yw} = C_{nh} + C_{wx} + C_{rg} \tag{5.12}$$

式中,C_{nh} 为能耗费用;C_{wx} 为维修费用;C_{rg} 为人员工时费用。

动车组维修费用 C_{wx} 包含了动车组预防性维护费用和动车组故障维修费用,动车组维修费用为

$$C_{wx} = C_{ywh} + C_{gwx} \tag{5.13}$$

式中,C_{ywh} 为预防性维护费用;C_{gwx} 为故障维修费用。

预防性维护费用包括预防性维护人工时费、预防性维护物料费及配套设备设施费用(如架车机、移车台等),则预防性维护费用为

$$C_{ywh} = C_{yrg} + C_{ywl} + C_{yss} \tag{5.14}$$

式中,C_{yrg} 为预防性维护人工时费;C_{ywl} 为预防性维护物料费;C_{yss} 为预防性维护配套设备设施费用。

故障维修费用包括故障维修人工时费、故障维修物料费及配套设备设施费用(如架车机、移车台等),则故障维修费用为

$$C_{gwx} = C_{grg} + C_{gwl} + C_{gss} \tag{5.15}$$

式中,C_{grg} 为故障维修人工时费;C_{gwl} 为故障维修物料费;C_{gss} 为故障维修配套设备设施费用。

3. 退役处置费用分解

车辆退役报废一般要按照绿色环保的原则进行报废及回收利用,理论上会产生一定的拆卸和运输的人工费及机械台班费。目前国内动车组最早为 2006 年生产,均未达到设计为 20~30 年的使用寿命,国家也暂未出台相应的退役处置办法。由于车辆报废可按废旧钢材进行回收处理,同时虽车辆报废但部分零部件还具有一定残值可继续使用,因此对轨道交通运营单位而言,车辆退役报废不会发生费用而是会产生收益。此处将不做退役处置费用的分解。

6 城际动车组与高速列车、地铁列车维修策略对比分析

6.1 高速列车五级修简介

高速列车的运营一般由铁路运营单位的车辆部门、客运部门、机务部门等联合组织。根据高速列车检修规程,高速列车运营不同时间段进行不同等级的检修工作[93]。在高速列车维修方面,我国充分借鉴了欧洲和日本的高速列车维修经验,采用预防性维修和状态维修。随着科技发展,高速列车设备也更趋向于自动化、模块化,性能也更加稳定,状态修应用也越来越广泛[94]。根据高速列车运营公里数的不同,高速列车维修范围和等级也进行了相应划分。根据原中国铁路总公司(现中国国家铁路集团有限公司,简称"国铁集团")的检修级别定义,基于高速列车技术特点和维修需求,以现代维修理论为指导,按照计划预防修为主的原则,制定了高速列车一至五级修程,分别为一级检修、二级检修、三级检修[95-97]、四级检修和五级检修。

6.1.1 高速列车一级检修

一级检修为日常状态检修,主要在各铁路局集团公司的动车运用所完成,一般高速列车运营 1~2 天进行一次一级修。高速列车一级检修周期见表 6.1[98]。

表 6.1 高速列车一级检修周期

车型	CRH1 系列	CRH2 及 CRH380A 系列	CRH3 及 CRH380B 系列	CRH5 系列
检修周期	$4\,000_{0}^{+400}$ km 或运用 48 h	$5\,000_{0}^{+500}$ km 或运用 48 h	$5\,000_{0}^{+500}$ km 或运用 48 h	$5\,000_{0}^{+500}$ km 或运用 48 h

一级检修是对高速列车的车顶、车下、车体两侧、车内和司机室等部位实施快速例行检查、试验和故障处理的检修作业,须在动车所检查库内实施。高速列车一级检修可采用无电(可接外接电源)—有电或有电—无电—有电作业模式。高速列车一级检修时,短编(8 辆编组)原则上由 1 个作业小组实施,长编(16 辆编组)可由 2 个作业小组实施。动车段(所)应结合高速列车出入所时间节点、每班工作量等,合理确定作业小组数量。高速列车累计备

用（含热备）时间超过 48 h 上线运营前须进行一级检修。临修、二级检修及高级检修高速列车修竣后，上线运营前须进行一级检修。高速列车一级检修原则上应在本所进行，下列情况除外：高速列车图定入外所检修。一级检修后须按规定进行高速列车出所质量联合检查。

6.1.2 高速列车二级检修

二级修为日常状态检修，主要在各铁路局集团公司的动车运用所完成，一般高速列车运营 15 天左右进行一次二级修。二级检修是一个维修工作包的概念，其中包含许多维修工作项目，每个工作项目的检修周期、内容各不相同。高速列车二级检修周期见表 6.2。

表 6.2 高速列车二级检修周期

车型	CRH1 系列	CRH2 系列	CRH3 系列	CRH5 系列
检修周期	3.3 万～60 万 km 或 6～540 天	3 万～60 万 km 或 30～360 天	3 万 km 或 30 天	3 万 km 或 30 天

高速列车二级检修也为状态修，与一级修不同的是二级修主要为各系统、零部件实施的周期性维护保养、深度检查、功能检测和试验，重点是轮轴探伤、车轮镟修等，包含许多维修工作项目，每个工作项目的检修周期、内容各不相同。国铁集团制定轮轴探伤周期和标准、车轮运用状态技术标准和检测方法；铁路局集团公司可根据实际情况自主确定车轮镟修周期和其他二级修项目的检修周期、范围和标准，并持续优化完善。目前各铁路局集团公司正在积极推进二级检修项目的均衡修，动车段对"周期相同、部位接近、性质类似"的检修项目合理组合、科学安排检修计划、优化生产组织。

6.1.3 高速列车三级检修

高速列车三级修是对列车主要系统进行检查维护和维修保养，其中重点对转向架系统、牵引系统以及制动系统进行检修，主要作业内容有走行部维护保养、车体称重、静态调试、动态调试等。

三级修是高速列车高级修修程中最先开展的检修项目，与一、二级运用修最本质的区别是：三级修以分解修和状态修为主，且检修结束后需进行各项调试试验，以确保下次高级修之前的列车运行安全。

1. 车体三级检修

1）车体结构检修要求

车体存在破损、腐蚀和裂纹等缺陷时进行修复；车体外表面异物击打凹陷深度超过 4 mm时，须进行修复；车体外表面鼓包大于 4 mm 时调修；焊接螺丝座、螺栓（柱）等部件开裂、腐蚀或破损时修复；清洁注砂口活门及砂位显示窗内外表面。

2）车体侧门检修要求

（1）门板及门框各处密封胶无开裂、剥离、缺失或破损。门板周边的防尘、密封胶条无超限。润滑门板下导轨、隔离锁舌内表面、前门框上的楔形块无裂纹。头车车外隔离锁盖板状态良好，锁芯动作良好。中间车车外隔离锁堵头状态良好，无缺失。内、外敏感边胶条防挤压功能正常。开门按钮的压板无松动，按钮面板无破损。

（2）携门架上的橡胶缓冲块无破损、变形，橡胶缓冲头与车体接触良好。润滑滚珠轴承、驱动丝杠、上导轨的弯曲部分等接触和活动部位、坦克链完整、无断裂、脱扣。滚轮高度无凸出滑道或者与滑道内侧刮蹭。门控器、端子排及电机上各处连接线接插无松动，线束无破损。

（3）主锁、辅助锁调整尺寸正常。各处气路及接头无破损、松动、漏气；电磁阀动作正常、工作时无异常漏气声音。下摆臂滚轮动作良好、无卡滞，滚轮与下导轨运动间隙正常。

（4）检查内操作装置紧急按钮可碎玻璃无破损，钢丝绳夹头无松动。内外操作装置把手，机械解锁时动作正常。开、关门按钮面板无破损。

3）车窗检修要求

（1）玻璃中空层无水雾，车窗与车体间密封胶无破损或剥离。

（2）前窗玻璃无裂纹。前窗玻璃刮雨器运动范围内无玻璃伤痕。挡风玻璃外框油漆无脱落。防爆膜无起层、发白等现象。密封胶无破损或剥离。前窗玻璃的电加热系统功能正常。

4）车钩检修要求

（1）全自动车钩零部件无损伤和锈蚀。紧固件安装牢固、无缺失，防松标记清晰、无错位，气密性良好。机械车钩、钩舌、连挂杆、拉簧状态良好，无损坏，连挂组成转动灵活。拉簧配合良好。测量钩锁间隙磨损不超限。电动钩头凸出机械钩头平均距离不超限且电钩伸缩自由。各排水孔无堵塞，接地线无损坏及松动。缓冲器无漏油，轴向无转动。对中装置无损坏、变形和零件缺失，功能良好。机械指示开关和电气车钩位置指示开关功能正常。电气车钩接触体无损坏、变形、缺失，动触头回弹功能正常。压溃管触发指示钉状态正常，无脱落，压溃管无触发。

（2）半永久车钩缓冲器轴向无转动、无漏油。车钩、缓冲器、安装座和卡环各零部件无损坏和裂纹。连接螺栓和螺母防松标记清晰、无错位。上下卡环间充满润滑脂，下卡环排水孔畅通无堵塞。压溃管触发指示钉状态正常，压溃管无触发，接地线无破损，连接紧固。

（3）半永久车钩连接部位检修要求：更换车钩风管接头内的密封垫圈、卡环固定螺栓、螺母和垫片；车钩风管接头气密性良好。

2. 转向架三级检修

1）构架检修要求

（1）构架板厚允许缺陷深度不超限。构架主体及各安装座之间的焊缝裂纹长度不超限。各主要应力焊缝打磨并进行磁粉探伤。构架组成各部件安装螺栓的防松铁丝或止动垫片状态无异常。构架梯形槽划伤、磕碰等缺陷深度不超限。各减振器安装座划伤、磕碰、腐蚀、磨损等缺陷的检修限度不超限。

（2）轮对检修要求主要包括：轮对空心车轴和车轮进行超声波探伤检查，探伤后进行防锈处理；车轴外露金属表面进行磁粉探伤检查；车轮踏面须镟修，并满足相关表面要求。

（3）车轮检修要求主要包括：车轮出现轮径、轮辋宽度超限时须更换，车轮辐板、轮毂、轮辋等部位锈蚀、划伤等缺陷不超限。车轮轮毂内孔纵向划伤深度不超限。

（4）车轴检修要求：

①轴颈检修要求主要包括车轴轴颈中部和轴颈与卸荷槽过渡部位修复尺寸不超限。

②轴端螺纹用通止规检查符合要求。螺纹有损伤或滑扣时，累计不许超过2扣。螺纹完整且螺纹塞规检测合格的情况下，螺纹表面不允许存在鱼鳞状，表面毛刺须清除。

③防尘板座直径尺寸平均值须满足限度要求。防尘板座配合部位无横向划痕；纵向划痕深度不超限。轮座、制动盘座表面纵向缺陷不超限。轮座表面锈蚀、氧化、纵向划伤、拉伤缺陷深度不超限。车轴轮座表面局部磕碰伤深度不超限。

④轴身外露表面油漆状态良好。动车车轴的轮座和齿轮箱座之间的卸荷槽的磕碰、锈蚀、氧化缺陷深度不超限。

⑤轴装制动盘与车轴组装时，过盈量需满足在 0.207～0.282 mm 范围内。制动盘安装方向：制动盘螺母端在车轴外侧。制动盘安装采用冷压装。轴装制动盘组装完成后，在轴盘注油孔处加注气化防锈油。制动盘压装后相关尺寸需符合新造图纸要求。轴装制动盘静不平衡位置应与车轮静不平衡位置符合要求。

⑥检修车轮（旧轮）与车轴组装时，以毂孔3面9点的平均值和轮座的3面9点的平均值得出的过盈量值在限度范围内。车轮与车轴采用冷压装方式进行组装。车轮组装后向注油孔喷防锈剂并及时密闭处理。螺堵用铜垫片须更新。轮对检压测试技术结果符合要求。

⑦车轮内侧距、轮位差、轮辋宽度须符合限度表规定，轮对配组轮径差满足限度表要求。轮对须进行动平衡、电阻测试；轮对单侧及合成动不平衡量均≤45 g·m，轮对电阻测量值≤0.01 Ω。轮对直径、踏面及轮缘加工后表面粗糙度、车轮内侧面端面跳动、踏面径向跳动、轮缘厚度、同一轮对两车轮轮径差须符合限度表规定。

（5）轴箱轴承检修要求：退卸轴箱轴承，表面清洗后外观检查，轴承外圈外表面不得存在剥离、电蚀、裂纹等缺陷。轴承分解检修，挡油环、外圈、内圈组件、后挡圈各件清洗后进行外观检查，油封及防磨垫圈（中间密封圈）须更换；轴承外圈、内圈组件存在超限缺陷时，整套轴承报废。轴承压装前，车轴轴肩及与后挡圈配合处涂抹防锈剂，轴颈涂二硫化钼润滑剂；轴承压装过程压装力和止推力须满足要求。轴承组装完成后，须涂抹密封胶。轴承转动灵活，无卡阻等异常现象。

（6）轴箱装置检修要求：

①轴箱体表面无裂纹、电蚀等情况。内表面擦伤、划伤深度不超限。金属迷宫槽部位有锈蚀、尖角及毛刺时须磨除。更新轴箱O形密封圈、车轴防尘盖O形密封圈。分离上箱体、下箱体。轴箱体竖筋板与箱体及压盖座连接圆弧部位、轴箱体横筋板长圆孔部位的损伤不超限，渗透探伤无裂纹。

②轴箱前盖各配面无电蚀，表面伤痕深度≤5 mm时消除锐棱，超限时更换。

③测速齿轮表面状态良好。定位节点出现超限损伤时更换。

2）一系悬挂装置检修要求

（1）轴箱弹簧表面无氧化等缺陷，弹簧支承端圈逐渐减薄部分无锐棱。弹簧钢条直径磨耗、腐蚀减少量不超过5%。弹簧两端支承面自由放置在水平面上应平稳。内、外弹簧垂直度<2.5 mm。对轴箱弹簧组进行载荷试验时弹簧高度须满足要求。弹簧下夹板与弹簧接触面磨耗量不超限。轴箱弹簧检修后表面涂装油漆。绝缘罩表面清洗。防振橡胶要求进行性能试验。防振橡胶外观状态检查，橡胶与金属之间剥离（开裂）长度超过 20 mm 且深度超过 5 mm 时更新。

（2）一系垂向减振器分解检修，活塞杆杆身镀层无压痕、阶梯状磨耗、不均匀磨耗等情况。橡胶密封件、橡胶波纹管破损者更新。减振器两端橡胶节点无开裂老化、块状脱落等现象。对减振器活塞杆焊缝区域脱漆后渗透探伤检查无裂纹。油压减振器须进行性能试验，试验条件及性能参数需符合相关要求。

3）二系悬挂装置检修要求

（1）空气弹簧检修时不许接触酸、碱、油及其他有机溶剂。清除空气弹簧外部污垢，上下盖板表面锈蚀时须除锈。空气弹簧下盖板重新喷涂油漆。更新上下进气口处 O 形橡胶密封圈。胶囊检查需满足相关标准。空气弹簧其他零部件检查须符合相关标准。空气弹簧按不低于5%的比例分解检修，检查胶囊内表面、下底座，胶囊内表面无损伤。空气弹簧气密性试验符合要求。

（2）空气弹簧连接控制装置检修要求：

①差压阀分解检修。橡胶件须更新。各部件外观检查，划伤或磨损不超限。对阀体两端进行防护。组装差压阀各零部件，组装后对阀体两端喷涂油漆。对压差阀进行气密性试验、压力动作实验以及压差实验，保证其气密性和工作性能。

②高度调整阀重新组装时更换硅油。高度调整阀分解检修，清洗分解的零部件。水平阀锥簧自由高超限时更新，止回阀弹簧自由高超限时更新。橡胶件须更新。阀体内无损伤，单向阀在阀体孔内须灵活滑动。更换过滤器。进行气密性试验、不感应区试验、时间迟延试验和流量实验。高度调整阀附件：调整棒身弯曲变形或杆端轴承卡滞时更换。

③高度调整阀附件棒身无弯曲变形，杆端轴承无卡滞。高度阀接触面无锈蚀。内管螺纹无缺扣、乱丝及严重锈蚀。保温箱箱体焊缝无开裂。更换高度调整阀杠杆绝缘套。保温箱接地线安装状态良好，导通正常。

（3）横向减振器、二系垂向减振器、抗蛇行减振器、车端减振器分解检修。各减振器分解检修要求同一系垂向减振器。

（4）横向止挡无明显破损、龟裂、老化，橡胶表面开裂不超限。

（5）整体起吊吊耳磕碰伤及锐棱不超限。

（6）抗侧滚扭杆外观状态检查良好。连杆缓冲橡胶裂纹不超限。连杆组成无超限损伤。确认扭杆轴承内表面无损伤或异常磨耗，测量扭杆外径和轴承内径，其平均值之差不得超过 0.5 mm。

4）驱动装置检修要求

（1）分解齿轮箱上盖，检查齿轮啮合面无毛刺，检查大轴承与大齿轮之间的弛缓线无错位。箱体表面损伤深度不超限。大齿轮磁粉探伤检查不超限。按要求紧固各处螺栓的扭矩。

小齿轮侧零部件检修要求：拆卸小齿轮电机侧密封盖、防尘圈；清洗密封盖，清除表面污渍；更新防尘圈；挡油环与防尘圈摩擦处直径方向磨耗量不超限。

大齿轮侧零部件检修要求：拆卸大齿轮车轮侧盖及电机侧集电环箱；清洗侧盖、集电环箱，清除表面污渍；挡油环与防尘圈摩擦处直径方向磨耗不超限；集电环表面锈迹与炭刷摩擦处直径方向磨耗不超限。

齿轮箱附件检修要求：分解齿轮箱通气装置，更换垫片、浮标及填充物；检修清洗栓、注油栓（座）、排油栓（座）、磁栓（座）、油位计组成；更新各栓用垫片，磁栓拆卸后检查确认表面吸附物无异常。

齿轮箱吊杆组成检修要求：吊杆橡胶保护套无贯穿性裂纹或破损；齿轮箱吊杆螺栓颈部磁粉探伤检查合格；吊杆橡胶垫外观状态检查，无明显破损、老化现象。

（2）KWD 联轴节表面无渗油、损坏，沿轴向移动无卡滞。注油孔结合部位锈蚀深度不超限。重新组装联轴节时，须更新滑移衬套、用 O 形密封圈及连接用螺栓组。

对 ESCO 联轴节进行分解检查。端盖内表面与密封装置接触处的磨耗量不超限。止推环无变色。

5）牵引装置检修要求

牵引拉杆橡胶节点无明显破损、龟裂、老化。因异常情况退卸接头时，牵引拉杆体端头与橡胶节点的过盈量为 0.052～0.300 mm，内孔划伤深度≤0.3 mm。中心销划伤、磕碰、腐蚀、磨损等缺陷的检修限度按构架的标准执行。

6）基础制动装置检修要求

（1）盘毂与车轴之间无轴向位移，盘毂在制动盘座两端的突悬处无锈蚀。制动盘裂纹不超限。

（2）制动夹钳单元波纹管无破裂，波纹管保护阀无丢失；制动缸呼吸堵、排气塞无堵塞、损坏及丢失。检查闸片托弹性销，无裂纹、凸出、转动情况。制动夹钳单元销轴活动自如、无损坏，管路连接牢固。闸片托架连接件无松动、缺失。

（3）闸片厚度符合运用要求。闸片摩擦粒子、摩擦表面的摩擦材料损伤缺陷不超限。

（4）停放制动缓解装置各部件外观状态良好，紧固件无松动。缓解装置上锁紧螺母无松动。

7）安全及监测装置检修要求

各传感器的检测部位及连接插头必须安装正确、牢固；传感器线缆间无磨碰现象，绝缘试验结果无异常。

3. 制动系统三级检修

1）制动系统检修要求

各设备箱体密封条无贯穿性开裂或破损；各压缩空气接口的位置正确，连接紧固，防松标记清晰、无错位；各电气接口状态良好，位置正确，连接紧固，无过热变色，绝缘层无破损；电缆无老化、过热变色，固定牢固，电缆线号齐全清晰；接地标识无破损、丢失，接地线损坏时修复；锁紧装置状态良好，手柄无松动、缺失，标牌和标记清晰、无缺失。

2）风源装置检修要求

（1）主供风单元检修要求：

①压缩机供风单元外表无腐蚀、涂覆层剥落、起泡现象，无明显划伤、裂痕等结构缺陷或机械损坏；管路连接无松动；电连接器无松动；紧固件无松动。清洁空气滤清器内部，更换空气过滤器滤芯及安全滤芯。更换油气分离器、润滑油、油过滤器、加油堵所用的密封圈。清洁压缩机冷却器、散热筋板、导流罩内部。确认温度开关的关断温度范围。弹性支撑橡胶元件无龟裂或裂纹。

②空气处理单元双塔干燥器已干燥空气的相对湿度 RH≤35%。更换排气消音器。

（2）更换压缩机空气过滤器、塔式干燥器的干燥筒。压力表须按相关规定检定合格。进行风缸排水。辅助供风单元整体气密性试验合格。辅助空压机安全阀开启压力无异常。

3）制动控制装置检修要求

（1）电子制动控制单元各电气插头和接线插接牢固、无破损。各线号清晰，各紧固件状态良好、无松动。

（2）制动控制模块减压阀的出口压力合格。检测压力开关性能合格。塞门状态检查正常。压力传感器功能测试合格。更换紧急电磁阀。结合整车进行气密性和功能试验。

（3）供风及空簧控制模块压力传感器功能测试合格。塞门状态检查正常。溢流阀出口压力合格。减压阀出口压力合格。结合整车进行气密性和功能试验。

4）防滑排风阀检修要求

检查防滑阀外观状态良好，无异常磕损变形，安装牢固，外露紧固件无锈蚀，防松标记清晰。防滑排风阀紧固件无松动或缺失，管路连接部分无漏泄，橡胶防尘垫无破损；连接器无损伤、松动。滑行控制装置进行气密试验合格。结合整车进行防滑自检，防滑排风阀应动作正常。

5）BP 救援转换装置检修要求

气动模块及其阀类部件安装牢固、外观无损伤、无泄漏；损伤时更新，阀类更新时须更新接口处密封圈。清洁、检查电子控制单元，安装螺栓无松动，清洁污垢和灰尘，板卡安装螺钉无松动。紧急电磁阀状态良好，功能正常。压力开关功能测试满足规定要求。压力传感器功能测试合格。减压阀出口压力测试合格。

4. 牵引系统三级检修

1）高压电器检修要求

（1）受电弓检修要求：受电弓上所有紧固件安装状态良好、无松动，防松标记清晰、无错位。

其检修要求主要包括：检查弓头、上臂、下臂、上导杆、下导杆、底架等配件无变形、损坏或开裂。受电弓弓头支架装配、上臂框架左右纵支柱无电蚀。受电弓机械主体上无击穿性电蚀,弓角磨损不超限。弓头弹簧安装牢固。阻尼器防尘罩无破损,受电弓阻尼器无卡滞、漏油,轴承及升弓装置销轴保持润滑。气囊龟裂情况不超限。在降弓位置,两侧钢丝绳张紧程度一致。受电弓软连接安装牢固。风管无破损、漏气,固定良好,橡胶堆(止挡)安装水平,无老化、变形。

(2)当滑板出现超限损伤时须更换。阀板检修要求主要包括:阀板各部件安装牢固,气密性良好。清洁空气滤清器。受电弓试验检修各参数合格。

(3)真空主断路器各零部件无损伤、变形;金属件无锈蚀,外部紧固件和高压接线紧固件的紧固状况良好。接地触头及接地夹应接触可靠,部件无变形。连接器无松动,配线无损伤、老化。接地软连线接头无松动现象。真空断路器分、合闸动作试验正常。

(4)高压隔离开关螺栓连接状态良好、无松动。刀闸板及接触头无变形、电蚀等缺陷。连接器无松动,配线无损伤、老化。动作性能试验:高压隔离开关应动作正常,无不良现象。

(5)避雷器安装牢固无松动,避雷器连接软连线无断股。

(6)支撑绝缘子金属部件无锈蚀,绝缘子伞裙缺损须在限度内,超限时须更换。

2)牵引变压器检修要求

(1)牵引变压器可触及的表面须清洁,无浮尘、污物;外观检查主变压器表面油漆状态良好,无严重机械损伤。紧固部件无松动,防松标记清晰、无错位。可见部位电气接线连接牢固,电缆无老化、过热变色及机械损伤,带保护的电缆防护状态良好,固定牢固,电缆线号、设备标识齐全、清晰。接地线连接牢固。清洁并检查变压器牵引端子或插头外观,无裂纹、缺失。变压器及冷却系统安装状态良好,机械部件无严重机械损伤,紧固件无松动。油位刻度清晰可见,油位指示器无损坏,油位正常。脱水吸湿器无破损、裂纹。油循环泵外观无破损,电气连接良好。油循环泵运转无异音。表盘式温度计按规定计量。

(2)冷却单元表面须清洁,无浮尘、污物;外观检查冷却单元安装状态良好,表面油漆良好,机械部件无严重机械损伤,紧固部件无松动,防松标记清晰、无错位。可见部位电气接线连接牢固,各连接线缆无老化、过热变色及机械损伤,带保护的电缆防护状态良好,固定牢固,电缆线号、设备标识齐全清晰。清洁冷却器翅片、过滤器及防护网,无杂物,无机械损伤;清洁干燥后检查热交换器无泄漏。通风机组功能正常,无机械撞击及金属摩擦导致的异音。外观检查接头、蝶阀无漏油、破损,蝶阀锁定位置正确。

3)牵引/辅助变流器检修要求

外观检查表面油漆状态良好,无严重机械损伤,紧固部件无松动,防松标记清晰、无错位。箱体内、外可见部位电气接线连接牢固,电缆无老化、过热变色及机械损伤,带保护的电缆防护状态良好,固定牢固。电缆线号、设备标识齐全清晰。箱体密封性良好,胶条无贯穿性开裂或破损,箱门锁闭机构功能正常。冷却系统管路连接处密封良好,进、出水口密封良好,无泄漏。冷却液液位符合要求。清洁冷却器翅片、过滤器及防护网,无杂物,无机械损伤。检查接触器、断路器等触点无烧损。谐振电感器橡胶金属悬挂件无严重老化及破损。功率模块可视部位无烧损、紧固无松动,外观状态良好。支撑电容、谐振电容可视部位外观状态良好,无漏液,端子头无损伤、变色。电流电压传感器,安装状态良好,外观状态良好。

4）牵引电机检修要求

（1）清洁电机表面、各连接电缆、连接器；目视检查可视紧固件安装牢固，防松标记清晰、无错位，无严重机械变形及损伤。端盖外表面磕碰伤深度不超限。端盖轴承位须进行探伤检测，无裂纹等缺陷。各连接电缆、连接器状态良好，接线连接器插针无电蚀、缩针、烧损及变形。清洁传动端端盖、测速齿轮、传感器、轴承盖、外封环、接线盒等零部件。接线盒内的绝缘子无损伤，固定状态良好。轴承座无损伤，测量轴承位尺寸。测量外封环内径，轴承外封环（油封）更新。清洁并检查注油杯，安装紧固，功能正常；注油杯防尘帽无缺失。

（2）测量绕组冷态直流电阻、对地绝缘电阻；对电机进行转向检查、磨合试验、空载试验、堵转试验、振动试验、耐电压试验以及转轴对地绝缘检测，均要求合格。

5. 网络控制及信息系统三级检修

1）列车网络控制系统检修要求

中央控制单元、输入/输出模块、网关、交换机、中继器、人机接口显示屏等设备表面清洁，通电功能正常。可视部位电气元件、电气连接安装牢固，无烧灼、破损。电缆线号、设备标识齐全、清晰。带防护的电缆防护状态良好，固定牢固。各器件及接地线的安装螺栓防松标记无错位。

2）无线传输装置检修要求

主机零部件齐全，安装牢固。连接器及电缆连接牢固，无烧损、松动、线号清晰。各板卡齐全，安装位置正确。供电正常，指示灯显示状态正常。天线外壳无裂纹，安装牢固。无线传输装置功能正常。

3）烟火报警系统检修要求

火灾探测器清洗、标定。主机、液晶屏安装牢固，功能正常。配线和接线无烧灼、破损、松动，烟火报警系统功能正常。

4）旅客信息及娱乐系统检修要求

旅客信息系统各设备安装牢固，防松标记清晰、无错位。可视部位电线电缆无变色、破损、断线，线号清晰。连接器安装牢固，外壳无破损，功能正常。GPS 天线、FM 天线、3G/4G 天线安装牢固。车内信息显示器、车外信息显示器等显示屏幕无放射状裂纹，播放功能正常，机箱面板指示灯显示正常，扬声器音频输出正常。车载电话、乘客紧急报警器安装牢固，功能正常。

5）自动过分相装置检修要求

（1）信号处理器检修要求主要包括：指示灯及开关无损坏，连接器插头插针无折损、缩针、熔损；印刷线路清晰，无烧灼，金属箔完好、无脱起，各元器件无过热、变色，电容无鼓包，元件焊点牢固、光洁，无虚焊、开焊、短路；PLC 模块安装牢固，可编程控制器内部无灰尘；测试相关参数正常。

（2）感应接收器检修要求主要包括：连接器外观完好，连接线安装牢固，插针无折损、缩针、熔损；测量各感应接收器阻值、金属外壳绝缘电阻值合格。

6）受电弓、车厢视频监控系统检修要求

摄像机安装牢固，外壳无裂纹、锈蚀，玻璃表面清洁、无裂纹。监控服务器各电缆、连接器外观无破损，连接状态良好，标识齐全。受电弓视频监控装置功能正常，图像清晰。

7）轴温、失稳、平稳检测装置检修要求

主机表面清洁，零部件齐全，安装牢固。连接器及电缆连接牢固，无烧损、松动，线号清晰。各板卡齐全，安装位置正确。供电正常，功能正常，指示灯显示状态正常。轴温检测装置功能正常。

8）车载地震预警系统检修要求

主机表面清洁，零部件齐全，安装牢固。连接器及电缆连接牢固，无烧损、松动，线号清晰。各板卡齐全，安装位置正确。供电正常，指示灯显示状态正常。

9）电子标签检修要求

车下电子标签安装牢固，电缆、连接器外观无破损，连接状态良好。车载编程器安装牢固，电缆、连接器外观无破损，连接状态良好。电子标签设备功能正常。电务车载设备检修要求：ATP、CIR、DMS、EOAS 等车载行车安全设备安装牢固。

6.1.4 高速列车四级检修

高速列车四级检修包括车辆解编、架车、转向架分解检修、车辆设备（车顶、车下、车端、车内）分解与检修、车体清洁、车辆设备组装、落车、保压试验、油漆及标记、单元组编组及试验、整列编组、静调试验、动调试验、试运行等[99-100]。

四级修是在三级修的基础上更高一级的维修，与三级修相比，会对转向架上一些设备进行进一步的分解检修。前文已经详细介绍了高速列车三级修的基本内容，在此基础上，本节介绍四级修的一些主要区别。

1. 车体四级检修

1）安装前检查检修要求

车体设备安装位置的安装梁、安装座无弯曲、扭曲、变形现象，表面平整。

2）车下设备安装检修要求

滑槽吊装设备：设备安装时，将特殊螺栓从横梁切口插入，使螺栓中心与横梁中心线对齐并通过定位用垫板，用沉头螺钉固定。设备安装时先紧固凸螺母，再紧固凹螺母，紧固件应无倾斜，并按要求打扭矩。

普通吊挂方式设备：采用 C 形横梁吊挂设备的安装方式。

在用多颗螺栓来紧固机械部件时，按照对角位置顺序紧固，按要求涂锁固剂或润滑剂，安装完后紧固件涂防松标记。

3）设备安装检查要求

车下设备安装座与车体安装梁或安装座之间四边的间隙控制在 1 mm 以内。安装后紧固件最大旋转半径范围内，相连接各件需密贴不得有间隙，目视不得漏出螺栓、透光。设备和附近管线不能出现抗磨现象。

4）车端设备管线恢复安装要求

内风挡、外风挡及防雪风挡需紧固件打扭矩，涂防松标记等。车钩软管通过调整总风软管两侧的钢管角度和车钩大线吊链的长度、位置达到要求。当车钩位于中心位置时，调整车钩侧弯管和车体侧弯管的扭转方向，使得软管弯曲方向朝下方。软管安装完后，将大线调整到连挂状态，进行尺寸检查。

2. 转向架四级检修

相比于三级修，四级修对转向架齿轮型联轴节、高速列车用制动夹钳及增压缸等进行分解检修，具体内容如下：

1）齿轮型联轴节检修要求

（1）联轴节须分解检修，分解后将联轴节外筒、小齿轮、挡油环、中心板、特殊螺母、键各件进行清洗，去除各零部件表面的锈迹等杂物，其他各件更新。

（2）小齿轮齿面（含齿顶齿根部位）及外筒齿面（含齿顶齿根部位）应进行磁粉探伤检查，有裂纹时更换。磁粉探伤后剩磁量≤0.3 mT；探伤后清洗表面的磁悬液等附着物。小齿轮锥面局部的磕碰、划伤或黏着深度≤0.5 mm，对损伤部位打磨去除高点后，检查其与齿轮箱小轴或电机轴的接触率须>80%。

（3）小齿轮啮合部存在的飞边、毛刺、卷边等缺陷允许打磨消除，齿面无剥离；中心板局部弯曲变形调修平整后使用。

（4）半联轴节的外筒和小齿轮的编号须一致，联轴节各零部件检修合格后重新组装。

2）制动夹钳单元检修要求

（1）制动卡钳分解检修，更换拆解的紧固件、挡圈、密封圈、隔热板、波纹管。闸调器分解检查，球面轴承状态检查。

（2）对卡钳本体、支持架和外侧闸片托进行磁粉探伤检查。卡钳本体和支持架磁粉探伤检查时，裂纹深度≤2 mm时打磨消除；裂纹深度在2~5 mm，且面积≤4 cm^2时，焊补后磁粉探伤检查无裂纹。外侧闸片托有裂纹须更换。

（3）检测卡钳本体上油缸安装孔和衬套安装孔尺寸。

（4）内侧闸片托和固定销尺寸检查。

（5）检测与闸片接触的外侧闸片托处尺寸；检测与闸片配合处的闸片安装架尺寸；支持销内侧衬套内外径检测尺寸；防振橡胶金属骨架内径检测尺寸。

3）增压缸检修要求

增压缸分解、清洁，整体分解为PC1S压力控制阀、油压气缸体、空气缸体等零部件。油压气缸体和空气缸体分解检修。PC1S压力控制阀分解检修，每运行360万km检修时整体更换。增压缸组装完成后进行整体综合性能试验；检修合格后喷涂油漆，做好检修标识。

（1）油压气缸体、空气缸体、供给阀检修要求主要包括：清除增压缸制动油，确认滑动部位无异常磨损及缺损，更换消耗型配件，检查增压缸罩。

（2）PC1S 压力控制阀检修要求主要包括：PC1S 压力控制阀分解，更换消耗型必换部件，进行 PC1S 压力控制阀动作试验、滑行检测、泄漏试验、滑行检测作用试验、容量试验、绝缘耐压试验等试验。

（3）增压缸试验检修要求主要包括：增压缸组装完成后进行例行试验（包括泄漏试验、高压泄漏试验、增压试验、残压试验、PC1S 防滑阀动作试验）。

3. 制动系统四级检修

1）空气压缩机检修要求

（1）片阀、轴承、油封、活塞环、油环、主动齿轮、吸音材料、欧式联轴节、滤油网、活塞销、T 形螺栓、各密封垫及 O 形密封圈、旋风式滤尘器芯片、联轴节弹性体更换新品。

（2）干燥器、消音器组件、止回阀、滤尘器、旋塞、油水分离器等分解清洁。

2）制动控制装置检修要求

制动控制装置整体分解为 BCU 制动控制器、EPLA 电控变换阀、B11 压力调整阀、B10 压力调整阀、B10B 压力调整阀、VM14-2 H（VM32-2 H）电磁阀、气压开关及其安装台、中继阀、UMA 滤尘器、安全阀、单向阀等部件。除压力开关、VM14-2 H 电磁阀以外，各部件分解检修，检修后各部件进行性能试验。

3）空气管路及附件检修要求

分解零部件，清洁装置主体及各零部件；外箱无损伤，闭锁装置良好；各部件状态异常时更新；压接端子无松动，电线无断线，绝缘层无损伤；更新活塞皮碗；螺旋弹簧限度值超出限度时更新；空气管开闭器检修后所有外露部位应光滑、无毛刺并重新喷涂油漆；零件损伤及运动配合部位磨损超出限度值时更新。

4. 牵引系统四级检修

1）牵引变压器检修要求

电动送风机拆卸并检查进风罩，有裂痕或破损时更换。拆卸叶轮，并将叶轮清洗干净。重新校核叶轮动平衡，平衡精度等级不低于 G2.5 级。叶轮动平衡不满足要求时修复或更换叶轮；并进行风机出厂试验。

2）牵引变流器检修要求

（1）主风机需下车检修，辅助送风机不下车进行状态检查。

（2）进行牵引变流器试验，包括绝缘测试、空挡测试和车上测试。

6.1.5 高速列车五级检修

高速列车五级检修包括车辆解编、架车、转向架分解检修、车辆设备（车顶、车下、车端、车内）分解与检修、车体抛光、车辆设备组装、落车、保压试验、油漆及标记、单元组编组及试验、整列编组、静调试验、动调试验、试运行等[101-102]。

五级修是在四级修的基础上更高一级的维修，与四级修相比，需对转向架、车辆设备等进行进一步的分解检修。前文已经详细介绍了高速列车四级修的基本内容，在此基础上，本节介绍五级修的一些主要区别。

1. 车体五级检修

（1）客室侧门门板外表面重新喷漆，侧门机构分解检修。

（2）每运行 480 万 km 或 12 年时客室侧门门板前门框门碰胶垫组成、开门到位门碰胶垫更新，司机室服务门清除窗玻璃原密封胶，重新涂打。司机室门锁内部锁把手、锁芯更新，内部运动磨损件（非金属部件）更新。

（3）车窗密封胶破损或剥离时，补胶或重新涂打密封胶。每运行 480 万 km 或 12 年时将车外侧外露的车窗密封胶全部切除，重新涂打。

（4）每运行 480 万 km 或 12 年时内风挡胶囊更新，侧面平衡弹簧、防摇止橡胶块、防挤压胶囊、导向橡胶、拉簧座、渡板轴座更新。

（5）开闭机构重新喷漆并分解检查，安装开闭机构的螺栓、螺母、垫圈、垫片、垫板、衬套、销、DU 衬套、DU 垫圈、直线导轨保护罩更新，并对开闭机构进行漏气实验和功能性实验。

（6）前头排障装置排障板、缓冲板、缓冲板支撑、排障板盖板、排障橡胶盖板、排障橡胶密封盖板紧固件更新。

（7）车体设备吊装挂件分解检修，分解修的设备需通过测量、探伤等手段确认吊挂组件的状态，每运行 480 万 km 或 12 年时天线安装支架、换气装置逆变器安装支架、接地电阻器安装支架、电流传感器 CT3 安装支架母材及焊缝区域渗透探伤，无裂纹。

2. 转向架五级检修

相比于四级修，转向架垂向减振器、横向减振器托架、抗蛇行减振器、抗蛇行减振器托架、车端减振器、车端减振器座、中心销组成、调整棒托等部件需要分解检修，各管路及配线等部件不分解进行状态检修。相比于四级修，五级修会对一些部件进一步分解或更新，下面介绍一些五级修的主要区别。

1）轮对轴箱装置检修要求

（1）轮对组装后须进行空心车轴超声波探伤检查，裂纹超限时更换车轴。车轴探伤后向空心部位喷 5～10 mL 气化性防锈剂并及时密闭处理，轴端防尘堵螺纹有缺扣、乱丝时更新，O 形密封圈更新。车轮须按规定进行超声波探伤检查。

（2）轴箱定位节点需更新。

2）二系悬挂装置检修要求

（1）高度调整阀调整棒组成更新，高度阀保温箱中的电热器须更新。

（2）横向止挡进行刚度试验，每运行 480 万 km 或 12 年时更新。

3）驱动装置检修要求

（1）齿轮箱组成及联轴节均进行分解检修。

（2）齿轮箱吊杆橡胶垫、开口销需更新。

4）踏面清扫装置检修要求

踏面清扫装置分解检修，清洗分解的零部件，清除表面铁锈、灰尘、油污等污物。过滤器、密封件、紧固件、研磨子安装卡簧及橡胶波纹管等更新。对车轮踏面清扫装置本体、气压缸盖B、插销盖、螺堵、插销进行镀锌处理。

3. 制动系统五级检修

1）辅助空气压缩机检修要求

（1）辅助空气压缩机分解为箱体、电动空气压缩机、抑压阀（压力控制器）、止回阀、电磁阀、旋塞、滤尘器、油水分离器、膜式干燥器、风缸、压力调节器、安全阀、压力表、加热器、管路等。

（2）分解滤清器并清洁各零部件，毡环、O形密封圈、弹簧更新。每运行480万km或12年时滤芯更新；旋塞每运行480万km或12年时旋塞分解检修，O形圈、阀座更新；每运行480万km或12年时膜式干燥器更新。

2）制动转替装置检修要求

制动转替装置分解检修，清扫各部件，整体组装完成后进行综合性能试验；分解制动转替装置，取出印刷电路板组件，拆下并分解、清洁滤尘器等。环形密封垫更新；清扫母板组件、印刷电路板组合组件、压力传感器、噪声过滤器。电路板损伤、烧损、焊接不良时修复或更新；锈蚀紧固件更新；绝缘板浮起、电路板有损伤、烧损、焊接不良时修复或更新；航空插头插针无折损、折弯等缺陷；制动转替装置组装完成后进行绝缘电阻试验、绝缘耐压试验、初期设定确认、泄漏试验、电源电压特性试验、制动指令切换特性试验，试验结果符合规定要求。

4. 牵引系统五级检修

1）高压隔离开关检修要求

拆解并清洁高压隔离开关，簧片更新。闸刀重新镀银，变形严重时更换，闸刀附件更新。压力气缸解体，清洁并润滑，压力气缸表面无损伤、变形，气缸动作灵活，管螺栓、管接头无滑扣、裂纹。

2）接地电阻器检修要求

接地电阻器分解检修，分解为盖板、侧板、引出端子、电阻单元等；对分解后的各零件进行状态检查，机械变形时修复或更新，漆层脱落时补漆；对垫板重新申镀，电阻单元重新喷砂。每运行480万km或12年时对电阻带连接处的焊点进行补强处理；接地电阻器重新组装，云母管、绝缘垫及所有拆卸过的紧固件更新；每运行480万km或12年时引出板和其连接的电阻片更新。

3）牵引变压器检修要求

（1）牵引变压器须分解检修。一次线路侧套管进行局放试验和介质损耗角正切测量。

（2）每运行480万km或12年时一次线路侧套管更新；温度继电器每运行480万km或12年时温度继电器更新；油流继电器和压力释放阀每运行480万km或12年时油流继电器和压力释放阀更新；清洗油冷却器和整风格子，翅片有变形时须整形调整，并进行风阻测试，风阻<400 Pa。油冷却器进行渗漏试验，有渗漏时更新；整风格子外部橡胶条更新；对冷却器安装架、吊座进行无损探伤检测，变形、裂纹时修复；变压器整体装车后，检查油冷却器底板无下沉现象。每运行 480 万 km 或 12 年时油冷却器和整风格栅更新。

4）牵引变流器检修要求

牵引变流器装置整体分解检修后，需进行试验，包括绝缘测试、耐压测试、继电器接触器动作试验、测定电阻阻值、测量无触点控制装置的控制电压、光线衰减量测试、无接触点控制装置动作试验、保护动作试验、M 车断开试验、UVR 动作试验、门极脉冲波形确认试验和洒水试验。

5）牵引电机冷却试验检修要求

（1）牵引电机冷却风机为分解修，主电动机风道为状态修，软风道、伸缩管更新。

（2）分解电动机，将转子和定子分离，拔取轴承，检查各部件无异常、污损、裂缝、损坏现象；分解转子部：轴、叶片和轴承压件；轴端螺纹清洗，清洗后检查各部件无变形、裂痕、损坏；更新轴承及 V 形环；零部件生锈或变形时进行修复，损坏严重时更新；连接器表面无破损、裂纹等异常；连接插针无弯曲、变形、烧损等异常，异常时整套更新；每运行 480 万 km 或 12 年时连接器内部密封圈更新；每运行 480 万 km 或 12 年时电动机接线盒密封垫更新。

5. 辅助系统五级检修

1）辅助电源装置、辅助整流检修要求

① 辅助电源装置、辅助整流装置分解检修。

② 送风机拆解检查。清扫叶片、定子、轴承压件、锥度轴平衡块、轴端螺纹两端，变形、损伤时修复或更新。检查清扫末端支架、壳体、端子箱内部、预压弹簧、轴承孔，变形、损伤时修复或更新。

2）接触器箱检修要求

每运行 480 万 km 或 12 年时 ACK 接触器内的真空阀、辅助开关、电子回路单元更新，接触器重新组装后进行线圈电阻、动作电压和动作时间测定，接触器箱吊座探伤，探伤合格后重新涂装。每运行 600 万 km 或 15 年时 BKK 接触器更新；铜排与箱体之间，以及端子台和箱体间施加 50 Hz、AC 1 900 V、1 min 电压，无击穿、闪络；连接器插针与箱体间施加 50 Hz、AC 1 200 V、1 min 电压，无击穿、闪络。

3）车辆间连接器检修要求

车钩电气连接器每运行 480 万 km 或 12 年时车钩电气连接器分解检修，插针弹簧、插针齿套、胶套、滚轮、锁紧总成、座壳锁紧杆、导轨总成、钩座、导杆、夹卡、尾夹、插座摇杆块、锥套、封线体、界面密封圈及所有拆卸过的紧固件更新。重新组装后进行插针保持力试验。

4）隔离变压器整体检修要求

隔离变压器分解检修，清除外表面灰尘。隔离变压器箱体外观良好，无脱漆、锈蚀；箱体内配线无破损、老化。隔离变压器箱体安装吊座及吊座周围焊缝无损探伤检查，无裂纹。隔离变压器表面无积尘、变色，输入、输出端螺栓安装紧固良好。

6.2 地铁列车系统修维修策略

6.2.1 地铁列车系统修维修策略概述

1. 全服役期差异化维修的地铁列车维修策略

1)地铁列车系统修维修策略定义

以支撑地铁运营的装备群的列车为核心对象,在可靠性理论指导下,结合信息实时采集、安全传输、应用解析等新技术所监测、检测获得的列车状态群的评估、统计结果,构建列车全服役期阶段服役性能约束指标,优化、动态重组地铁列车维修手册、维修建议书方案(优化维修周期),充分利用运营窗口时间(维修时间的确定,尽量利用列车闲暇时间,让出运营时间),预防性地、科学地对地铁列车及构成地铁列车的各微单元(在线可更换单元)进行综合维护维修,保障列车服役性能约束指标实现。这种维修方式称为系统修,地铁列车各微单元(或称之在线可更换单元、终单元)维护维修规则、工艺等称为系统修维护维修规程,维护维修规程集构成地铁列车系统修维修策略[103-104]。

简言之,地铁列车系统修维修策略是覆盖全服役期的、结合实时状态的、动态划分周期的预防性维修策略。

2)地铁列车系统修维修策略维度解读

地铁列车系统修维修策略维度由以下 10 要素构成:

(1)维修对象:以地铁列车为核心对象,列车运行需耦合的轨道交通其他装备也在考虑范围内。

(2)维修深度:维修涉及地铁列车全系统各微单元(在线可更换单元)。面向维护维修地铁列车可分解成车型、车辆系统、系统部件、部件在线可更换单元等四级拓扑结构。若在线可更换单元,如电控板卡类,在车间进一步解剖维修,则列车拓扑结构为五级。维修覆盖各微单元。

(3)维修指导理论:可靠性理论,包括车辆维修手册、维修建议书等,车辆的许多在线可更换单元的故障分布规律、寿命特征交付用户前没有严谨、准确的描述,列车运行是可靠性识别实验的延展。在可靠性理论指导下统计识别车辆各级构成部件/单元的故障特征,支撑维修周期走向精准。

(4)维修技术:科学手段意味着系统修的维修方法、维修工具、维修工艺等维修技术随着涉及的工程技术的进步不断更新;还意味着对维修工装、维修环境等因素要求高的微单元的维修可以到线外实施。

(5)维修间隔期、维修包的动态划分:维修间隔期根据对列车群各级构成的寿命分布规律、检修、故障修等信息统计分析、优化形成,是动态的。维修间隔期相对稳定的微单元,并且每年的某个固定月份对其实施维修,被整合称为"固定包";维修间隔期未稳定者,被整合、离散成"可变包"。有些微单元的维修周期不是一年,则这一微单元的维修,今年在某组,明年会在另一组,或过几年才需维修一次,也被视为"可变包"。"可变包"与周期离散值相同或略小的"固定包"一起实施。"略小"指允许适度提前维修避免欠修,减少因维修不及时而出现的故障。无论微单元的故障特征怎样，都能得到及时维修。

（6）维修评价度量：维修评价通过车辆服役性能约束指标度量，该指标主要指维修后故障率、维修工时数等维修质量技术评估维度。车辆服役履历记录系统详细记录维修作业。维修后故障率如果明显偏离该件固有故障特性，则表明维修质量欠佳，维修工时数表征了维修总量，企业管理者结合系统修实施前的经验，根据能接受的运营故障综合成本（包括社会成本）定期调整下阶段允许的维修工时总数，促进维修水平的不断提升。

（7）维修作业触发：维修触发源自车辆状态检测、列车群系统状态评估结果及经验值。所进行的作业含预防性维护维修和故障修。车辆系统状态认知来自实时采集、安全传输、应用解析等新技术对车辆运行信息群的监测、检测、统计。系统修维修周期是变化的。车辆服役履历记录系统内置可靠性分析软件模块，自动分析评估列车微单元故障特征、寿命特征，自举维修间隔期，生成"可变包"或"固定包"，技术人员通过企业相应技术管理流程确认。系统修维修作业要求车辆维修管理者勤敏、密切关注列车实时状态。

（8）维修作业时长：维修充分利用窗口期。因列车数量、季节、社会活动等因素的影响，每天的运营窗口大小不一，维修作业依靠先进的调度技术支撑，若"可变包""固定包"作业累计时长超过当下窗口大小，由调度依据技术管理条例协调。

（9）维修作业地点：在列车运营窗口期车辆段作业，预示着原计划修修程中的架修、大修作业场所将与列车在运营窗口期车辆段统一使用。

（10）维修策略有效期：维修策略覆盖车辆全服役期。从车辆全服役期考虑地铁列车各微单元的维护维修。原架修、大修时的众作业对象不必再集中在一起形成架修、大修，被"可变包""固定包"分化。

系统修维修策略维度多达10阶，表明系统修维修策略内涵丰富。作为维修策略，系统修可覆盖各种类型车辆，借助信息采集、传输技术，可涉及地铁列车拓扑结构的各级。

2. 地铁列车系统修维修策略与既有维修策略的对比

1）系统修与均衡修维修策略对比

系统修与均衡修维修策略有不少相同处，如：用可靠性理论指导、充分利用运营窗口时段进行维修作业、保留巡检、取消定修修程、每月进行特定内容的检修等。

系统修与均衡修维修策略的不同主要有：系统修定义10维度，均衡修没有做出如此周全的定义；系统修将取消架修、大修，均衡修仍保留；系统修每年对应月的作业内容会调整，均衡修相对稳定；系统修覆盖全服役期，均衡修则覆盖一年。

2）系统修与全效修维修策略对比

系统修与全效修维修策略都有完整理论的指导，均充分利用窗口时间，且保留巡检，取消定修，但是，系统修指导理论集中在维修技术、技术经济性层面，全效修强调成本管理；系统修取消架修、大修，全效修仍保留；系统修每年对应月的作业内容会调整，对列车故障特性变化敏捷响应，全效修相对稳定；系统修覆盖全服役期，每年不同，全效修则覆盖一年，周而复始。

3）系统修与精益（维）修维修策略对比

精益修脱胎于均衡修、全效修，突出精细化管理、经营理念。系统修与精益修的异同点和系统修与均衡修的异同点相似，系统修相对精益修仅强调维修技术的经济性，缺乏全面经营理念的维度。

3. 地铁列车系统修维修策略核心理念

地铁列车系统修策略的制定应用了许多成熟理论，但也有独创理念，由此结成系统修维修策略理论体系，其核心体现在系统修维修策略制定技术路线中。

1）系统修维修策略根本特征

系统修维修策略与报道过的地铁列车各种维修策略相比，具有以下特点：

（1）技术起点高。系统修利用国家 863 等项目最新研究成果产业化后的先进手段嵌入智能化监测地铁列车状态信息，实时传输到分析中心，对列车状态把握实时、快捷。

（2）预防时刻准。系统修具有较完整的前瞻性的维修决策支撑软件平台，根据分析、优化结果动态组合修程的"可变包"。使维修工作在列车单元"需要"时进行，避免了定周期维修的周期"一刀切"带来的欠修、过修。列车状态的细微变化维修管理者能敏锐发觉并响应。

（3）维修概念纯。区别维修与性能升级，系统修分化架修、大修概念，避免列车较长时间的维护库停，可减少本线列车配车数，指导新线建设时降低一次性成本投入，性能升级通过专项修另行立项实施。

（4）维修对象深。"深"表现在两方面：时间和空间。系统修覆盖全服役期地策划微单元的维护维修，在线可更换单位不断精细化到最合理程度。

2）列车系统修检修间隔期修正触发统计模型

按线网综合统计某列车某分析对象某类型故障的平均故障间隔时间 MTBF* 观察值定义式为

$$\text{MTBF}^* = \frac{\sum_{i=1}^{L_n}\sum_{j=1}^{T_i}\sum_{m=1}^{D_j}(t_{ijm}-t_{ijm-1})}{\sum_{i=1}^{L_n}\sum_{j=1}^{T_i}\sum_{m=1}^{D_j}N_{ijm}} \tag{6.1}$$

式中，t_{ijm} 为某线某车某分析对象某类型故障的故障时刻，无故障时用观察期结束时刻代替；t_{ijm-1} 为某线某车该分析对象某类型故障上次故障时刻，初始值为观察期开始时刻；N_{ijm} 为观察期列车各该分析对象该类型故障的故障数；D_j 为列车该分析对象总件数；T_i 为某线列车总数；L_n 为线网线路数。

通过该公式能预计对象的故障发生时刻，根据技术或管理可接受的可靠度指标，决定何时维护该对象。

3）地铁列车系统修维修策略制定优化逻辑

地铁列车系统修策略的修程是动态变化的[105]。在厂家维修策略指导建议的基础上，结合维护级的列车拓扑结构划分、维修工时、运营窗口大小等，制定系统修修程初值。随着运营的持续，列车维修终极最小单元的生命特性展开，修程策略将实时优化、修正。

系统修维修策略系统地定义了维修策略的维修对象、维修深度、维修指导理论、维修技术、维修作业地点、维修策略有效期、维修间隔期、维修评价度量、维修作业触发、维修作业时长等维度内涵,这表明多维性的系统修维修策略有望对列车实施精准维修并使列车最大限度地处于健康状态,与地铁列车其他维修策略如均衡修、全效修、精益修等维修策略相比,系统修策略具有维修间隔期动态性、全服役期覆盖性的优点。

6.2.2 地铁列车拓扑结构

系统修策略的维修对象是地铁列车,不同类型地铁列车的结构不同,了解并掌握地铁列车结构特征是制定系统修维修策略的前提。

地铁列车结构采用拓扑技术描述。根结点、叶结点统称结点。构成地铁列车的系统、子系统、部件、零件都是结点。站在线网的高度看,每一种车型也可视为一个结点。拓扑结构示例如图 6.1 所示。

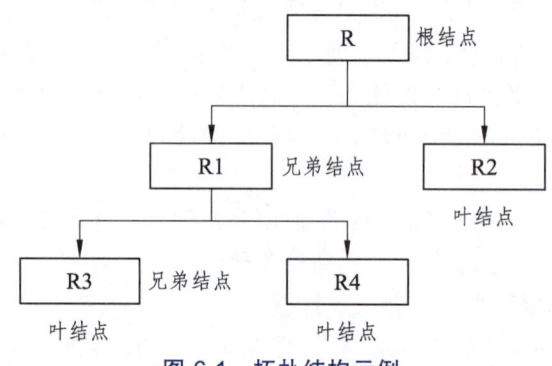

图 6.1　拓扑结构示例

从维修角度看,结点就是维修对象或称作业对象。立足于拓扑结构分析,则作业对象就是结点。结点和作业对象名称在本书中可以互用。

1. 地铁列车拓扑结构的建构

从全生命周期角度看,地铁列车拓扑结构有两种建构思路:一种是站在设计制造的角度建构;另一种是站在使用维护的角度建构。总体讲两种方式区别不大,但某些特定部件除外,如车体。车体设计制造时由多块型材加工、组合,使用时车体可视为一个部件,不予细分。而车载空调系统在地铁列车设计制造时一般外协采购,地铁运营企业使用时则需深入空调机组内部进行维护维修,空调系统的维护维修往往比厂家图纸的描述要复杂得多。

从使用维护看,地铁列车拓扑结构也有两种建构思路:一种是侧重功能型,根据列车各零部件功能建构;另一种是侧重空间位置型,根据空间方位可达性秩序建构。

地铁列车厂商的部件编码一般情况下用户不会全盘采用,同一部件的代码厂商和用户可能不一样,需要进行部件编码或代码转换。

2. 地铁列车拓扑结构的层次划分

地铁列车拓扑结构有多种:

二级层次:车型、部件,高度集成时地铁列车被这样制造,相当于把分散的部件组装起来，安装各部件的基座型车体、构架均可以外购。

三级层次：车型、系统、配件，用户一般这样建构地铁列车拓扑结构，配件可以是五级所指的部件，也可以是五级所指的零件。

四级层次：车型、系统、部件、零件。

五级层次：车型、系统、子系统、部件、零件，地铁列车的本来面貌。

系统修的地铁列车拓扑结构划分从三级入手，逐步细化成五级。

以某地铁公司某型号列车建立地铁列车的四级拓扑结构，该车型地铁列车的拓扑结构系统划分如图6.2所示。

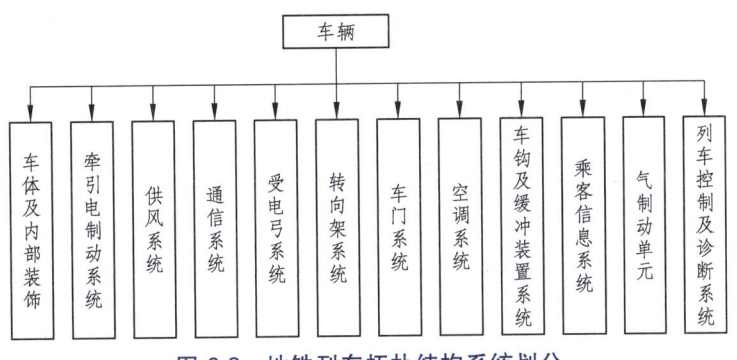

图6.2 地铁列车拓扑结构系统划分

由图6.2可知，地铁列车的拓扑结构系统主要分为车体及内部装饰、牵引电制动系统、供风系统、通信系统、受电弓系统、转向架系统、车门系统、空调系统、车钩及缓冲装置系统、乘客信息系统、气制动单元、列车控制及诊断系统。下面主要对牵引系统、受电弓系统、转向架及其辅助系统、乘客信息系统的拓扑结构进行说明，各系统的拓扑结构如图6.3~图6.6所示。

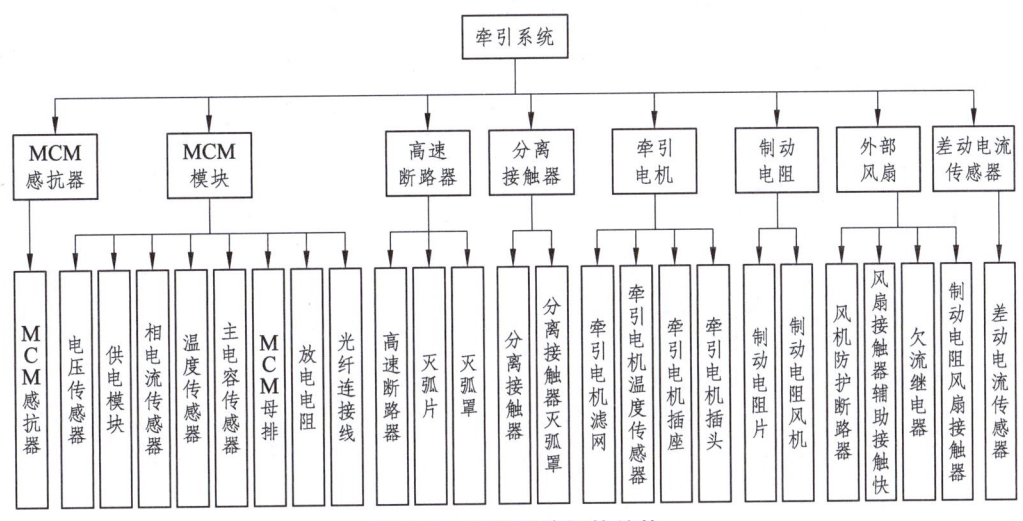

图6.3 牵引系统拓扑结构

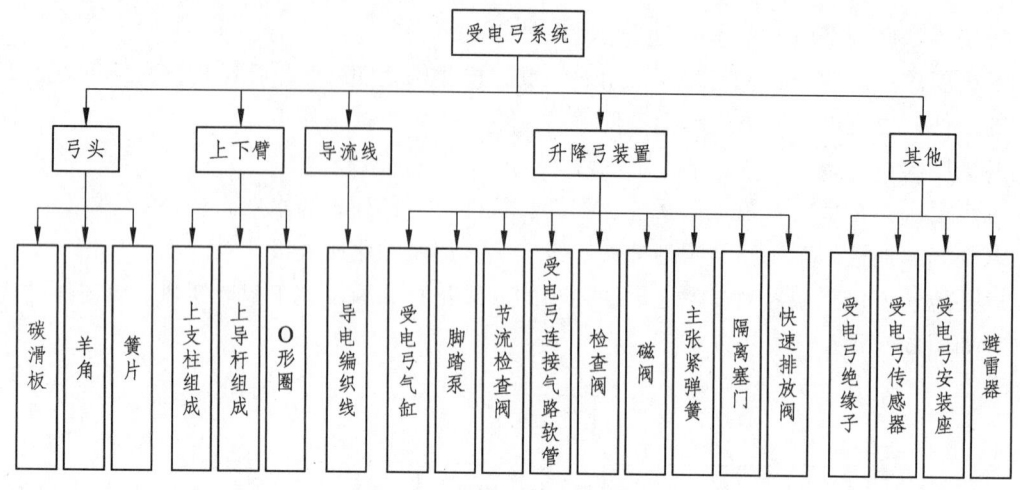

图6.4 主供电系统拓扑结构

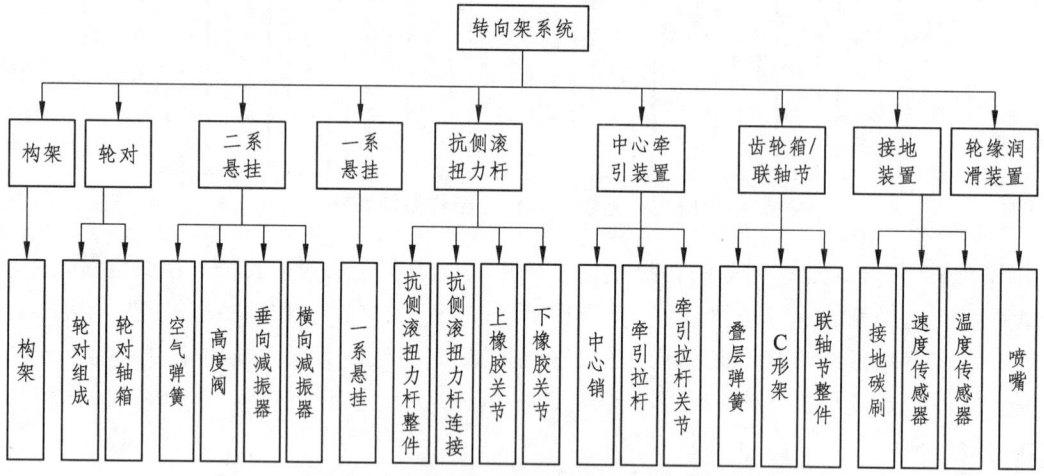

图6.5 转向架及辅助系统拓扑结构

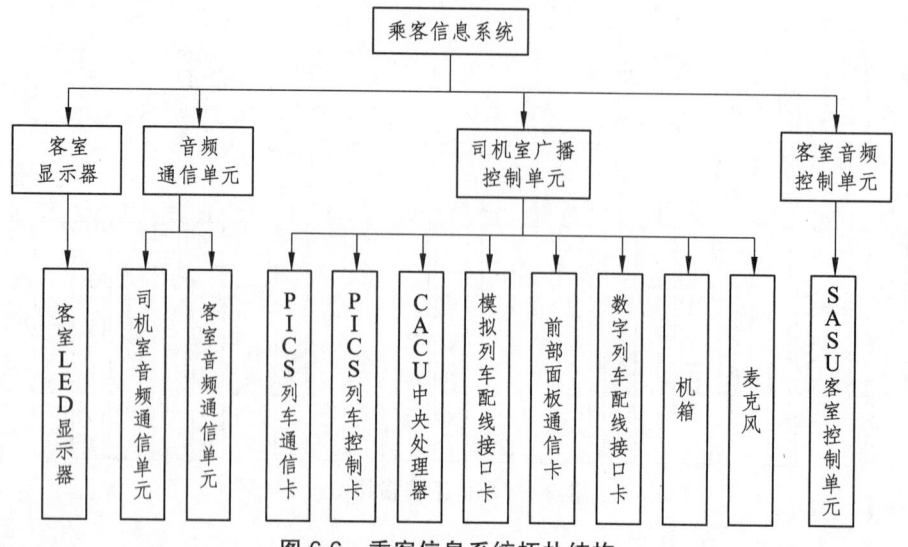

图6.6 乘客信息系统拓扑结构

3. 地铁列车拓扑结构与系统修作业包

1）地铁列车拓扑结构与可靠度统计对象的确立

系统修初级阶段是由运营管理导向逐步过渡到技术管理导向。运营管理导向阶段，可靠度统计是次要的，故障次数、故障延误时间、故障后果是重要考核指标。技术导向阶段则以可靠度拟合为主，能较准确地知道地铁列车终单元及各级中间部件的使用可靠性能，对部件、终单元的使用服役性能作出准确预计，从而使列车运营服务性能卓越。

地铁列车拓扑结构中的每一结点（车辆、中间部件、终单元）都能进行专指性的可靠度统计，可靠度统计可以针对地铁列车拓扑结构中的任意结点。地铁列车拓扑结构高层级的建构使对列车使用性能的掌握精细化，对影响可靠度的重要因素的把握更准确。

2）地铁列车系统修作业包

维修是为了及时清除可能导致地铁列车故障的隐患。海因里希安全法则提示人们，消除 300 处隐患，将可能避免 29 人受轻伤，避免 1 人重伤或死亡。列车 FMECA 分析指出了地铁列车的故障模式，分析了故障机理，这些故障机理所揭示的正是安全隐患所在。

系统修作业包紧扣地铁列车拓扑结构编排，地铁列车拓扑结构是系统修作业包制定的导向标。一个作业包中可能包含地铁列车拓扑结构的多个结点，当地铁列车拓扑结构层级少时，一般一个作业包中包含多个结点。

由此可知，为使作业包与地铁列车拓扑结构尽可能地对应，地铁列车拓扑结构的建构至关重要。

6.2.3 系统修步序包与作业包优化方法

1. 步序包与作业包的概念

FMECA 分析表明，地铁列车拓扑结构中间结点或终单元（简称作业对象）具有多种故障模式，每一故障模式的规律各不相同，可能在不同服役期后出现。预防作业对象的某一故障模式的作业称为步序，作业对象的所有故障模式的步序构成基础步序包。作业对象维修时参照指向特定故障模式的维修工艺规则，可能需要多道工序，工序不同则所需时间也不同。每一道步序需要走不同的维修作业时长，将同一时间间隔实施的步序结合在一起，则称为步序包，而同一作业对象也可能出现在不同的步序包中。以主空压机的步序为例来对步序包概念进行分析如下：

（1）作业对象：主空压机过滤器、主空压机管道、润滑油。

（2）步序：主空压机旋风式过滤器滤芯清洁、主空压机检查、润滑油取样、主空压机旋风式过滤器滤芯更换、主空压机润滑油和油过滤器更换、主空压机管道过滤器检修、主空压机管道节流喷嘴检修、主空压机管道排水孔滤网检修。

（3）基础步序包：共两组，第一组为主空压机旋风式过滤器滤芯清洁、主空压机检查、润滑油取样、主空压机润滑油和油过滤器更换，第二组为主空压机管道过滤器检修、主空压机旋风式过滤器滤芯更换、主空压机旋风式过滤器滤芯更换、主空压机管道节流喷嘴检修、主空压机管道排水孔滤网检修。

（4）步序包：共两组，主空压机每月组和主空压机每年组。其中每年组由 5 道步序组成：主空压机旋风式过滤器滤芯清洁、主空压机旋风式过滤器滤芯更换、主空压机润滑油和油过滤器更换、主空压机管道过滤器检修、主空压机管道节流喷嘴检修、主空压机管道排水孔滤网检修。

（5）结点：结点就是作业对象，即主空压机过滤器、主空压机管道、润滑油。因拓扑结构分解的层级性不一致，故维修作业包分析时不再强调结点的概念。

如果以某型地铁列车为作业对象，则其步序包可能非常大，为了表述方便，可以将其分为诸如 1 月主空压机步序包、1 年主空压机步序包等予以细分。部分主空压机作业对象的步序解读表见表 6.3。

表 6.3 步序解读

作业对象	维护任务名称	每月	每年
主空压机过滤器	主空压机旋风式过滤器滤芯清洁（过滤器更换周期为 1 年）	√	√
	主空压机检查，润滑油取样	√	
	主空压机润滑油和油过滤器更换		√
主空压机管道	主空压机管道过滤器检修		√
	主空压机管道节流喷嘴检修		√
	主空压机管道排水孔滤网检修		√

系统修策略由一系列不同时刻实施的固定作业包、可变作业包构成。每一作业包含多种作业对象。由此可见，作业包包含一道或多道步序，可能源自不同的步序包。检修间隔周期不同的步序包大小不一，一个步序包可能被分散到多个作业包中。系统修规程需结合运营窗口的大小确定。一般每份规程的作业包数量不超过 5 个（可根据步序包确定作业对象的组合确定作业包，也可根据每种对象的作业时长确定作业包）。

作业包是系统修的形式内容，步序包是系统修的根本。故障修出现、修程修执行，实质上反映了地铁列车拓扑结构结点的检修间隔周期对检修需求的触发，步序出现的时刻（故障间隔周期）发生了变化，通过决策系统的决策改变作业包。

（1）"车体与车底架"作业包包含转向架作业对象，可能还存在其他作业对象。

（2）转向架基础步序包至少包含 6 道步序：牵引电机轴承加油，更换齿轮箱润滑油，更换联轴节润滑油，检查接地装置及其电缆连接是否完好、各螺栓螺母无松动，检查炭刷磨耗高度、查看磨损标记是否清晰可见，检查接触盘磨损是否严重。

（3）转向架至少有两种步序包：双月步序包和每年步序包。

2. 步序包整合及优化方法

步序包是作业包建立的基础，根据运营窗口的大小重组步序包生成作业包，怎样组合步序，适应运营窗口的大小形成步序包，需要借助优化方法。

1）最优化方法

最优化方法有多种：无约束条件和有约束条件、确定性的和随机的、线性优化和非线性优化、静态的和动态的。

最优化问题的一般形式为

$$\min f(x) \\ \text{s.t.} \begin{cases} x \in \Omega \\ h_j(x) = 0, j = 1, 2, \cdots, L \\ s_i(x) \geq 0, i = 1, 2, \cdots, m \end{cases} \quad (6.2)$$

式中，$f(x)$ 为目标函数（或求它的极小，或求它的极大）；$s_i(x)$ 为不等式约束；$h_j(x)$ 为等式约束，优化过程就是优选 x，使目标函数达到最优值。

最优化问题求解方法很多，评价函数法是求解多目标优化问题中的一种主要方法。在许多实际问题中，衡量一个方案的好坏其标准往往不止一个，多目标最优化的数学表达式为

$$\min(f_1(x), f_2(x), \cdots, f_k(x)) \\ \text{s.t.} \quad g(x) \leq 0 \quad (6.3)$$

对 p 个目标按其重要程度给以适当的权系数 $\omega_i \geq 0$，$i=1,2,\cdots,p$，且 $\sum_{i=1}^{p} \omega_i = 1$，然后用 $h(x) = \sum_{i=1}^{p} \omega_i f_i(x)$ 作为新的目标函数，成为评价（目标）函数，再求解问题，其数学表达式为

$$\min h(x) = \sum_{i=1}^{p} \omega_i f_i(x) \\ \text{s.t.} \quad g(x) \leq 0, i=1,2,\cdots,m \quad (6.4)$$

若获得的最优解为 $x^{(0)}$，则取 $x^* = x^{(0)}$ 作为多目标规划的解。分解步序包结成作业包需要通过专业优化软件系统实现。

2）步序整合

地铁列车拓扑结构中不同结点的故障密度函数不同，寿命特征不同，到达指定可靠度的时间不同。

检修间隔周期根据可靠度确定，不同结点的检修间隔周期各不相同。按检修间隔周期对其实施检修，既不过修又不欠修，最为经济。但实施检修作业时需要辅助时间，每一站点准时检修，需要大量时间，需要足够量的备用列车替代检修时的"缺勤"，失去了经济性，没有了实用性，所以检修间隔周期需要整合，可将到达指定可靠度的时间相近者整合在一起，检修作业时，同一辅助时间多结点合用，列车使用效率得到提升。

到达指定可靠度的时间相近者整合时需遵循一定原则，即允许存在少量地过修，在到达指定可靠度的时间来临前实施检修。整合后的时间命名为"检修间隔周期"，被整合过的结点命名为"步序"，具有相同检修间隔周期的步序结成"步序包"。

3）故障微无时的检修间隔周期设定

故障微无时可靠度近似等于"1",到达指定可靠度的时间无限长,检修间隔周期同样无限长。从设计要求上看,列车车体、构架应具有这种特征。FMECA 指出,车体、构架的某些故障模式危害度很大,所以还是需要在有限的时刻对其进行检修维护。

对这类结点根据厂家维修指定意见设定初值,修程维修时,如果没有发现问题,也没有故障修,则检修间隔周期适当延长。对于延长期限,各家运营企业的风险承受度不一,算法不一。

4）故障间隔周期的准实时调整

拓扑结构中的结点的可靠度特征是通过样本统计得知的,样本足够大时可靠度才能接近真值。所以随着列车使用的延续,可靠度的统计值会发生变化,指定可靠度下的到达时间也会变,结点的故障间隔周期跟着变。因此,故障间隔周期需要进行调整,一般定期进行,如每三个月一次或每半年一次。可靠度统计可每天进行,但其故障间隔周期则不然,所以说故障间隔周期是准实时调整。故障间隔周期的调整依靠后台软件自动执行。

5）检修间隔周期统计特征

拓扑结构中各结点的检修间隔周期需要根据大量数据进行统计才能准确识别。一种 A 型车的检修间隔周期被整合为 1 周组、1 月组、3 月组、6 月组、12 月组、24 月组、30 月组、36 月组、60 月组、120 月组等。这种分组是暂态的,会不断调整直至准确反映各结点的使用寿命特征,形成真实的地铁列车系统修步序包。

6.2.4 系统修作业管理

地铁列车系统修策略覆盖地铁列车全服役期。由步序包可知,拓扑结构中不同结点的检修间隔周期不同,短则数日,长则数年。系统修作业管理不是周而复始,而是一年不同于一年,直到全服役期结束。系统修作业立论于地铁列车全服役期,通过先进的维保管理系统软件支撑管理。

1. 系统修维修工艺

作业包每一步序的维修作业由一系列工艺构成。对应拓扑结构结点对象故障模式不同,相应的维保工艺也不同。系统修作业管理首先要形成工艺序列、工艺集,并对检修工艺加以管理。

对故障间隔周期为一年的故障预防,面向转向架的一年期步序包某地铁至少准备了以下作业工艺文件集:

(1) JX00 转向架检修工艺集。

(2) JX00 转向架试验检修工艺集。

(3) JX00 轮对拆装检修工艺集。

(4) JX00 轴箱分解、检修、组装检修工艺集。

（5）JX00BCU 阀类检修工艺集。
（6）JX00 空气控制屏阀检修工艺集。
（7）JX00 制动单元检修工艺集。
（8）JX00 高度阀检修工艺集。
（9）JX00 电机检修工艺集。
（10）JX00 轴端速度传感器拆装检修工艺集。
（11）JX00 动调检修工艺集。

2. 系统修作业班组设置

作业班组设置受制于运营窗口大小和检修工作量，需要储备人才者例外。班组规模决定了人力成本的大小，全年度内班组工作量均衡，既能完成列车检修作业，又没有明显的空闲，这样的班组设置最佳。

运营窗口大小对具体城市的轨道交通运营服务体系而言相对固定。检修工作量与列车数、列车性能稳定度（可靠度）、维修策略等因素有关。根据轨道交通国家设计规范，列车数基本确定，维修策略既定后，检修工作量主要决定于列车性能稳定度。地铁列车性能稳定被掌握后，系统修作业班组确定后基本不需要调整。

3. 维修质量管理

从维修理论分析可知，列车每维修一次整体性能劣化一次。列车总体质量的可靠度指标只能随时间逐步下降，除非对列车综合性能整体升级，维护维修最多只能是维持可靠度既有水平。

维修质量应加强控制与管理，使系统修效益充分发挥。应详细记录维修过程，包括维修时刻、维修对象、故障现象、维修原因、维修者等，使维修作业具有可追溯性，在统计分析故障分布特征等 RAMS 研究时能够溯源。维保中每个作业包中每个步序的每道工序中各工艺流程都应有记录，都有核实检查、验证痕迹。

6.3 城际动车组关键系统运行特点分析

城际动车组是为满足我国区域经济快速发展和城市群崛起对城际轨道交通的需求而研制的一种新型运输工具。作为高速铁路和城市轨道交通的纽带，具有运能大、起停速度快、乘降方便快速、疏通迅捷有效、乘坐舒适、安全可靠、节能环保的特点。城际铁路的推广普及对形成我国轨道交通层次架构，改变国人出行方式，提高旅客周转效率，具有重大意义[106]。

6.3.1 城际动车组关键系统设计特点

作为仅服务于少数特定城市之间的中短途客运列车，城际动车组主要用于加强附近城市间的联络，方便周边地区之间的跨市出行和人文交流。

1. 城际动车组运营特点

一般情况下城际动车组的单趟运行里程较短，基本不超过 200 km；行程耗时不多，通常在 2 h 以内；经过城市很少，大多只穿梭于两三座地级市之间。城际动车组的发车密度、班次总量、停站数目、动车组编组和行车速度均要视车站总数、客流需求、出行目的以及铁路运能等一系列实际情况而定。因此，城际动车组班次不一定呈现公交化，在站点停靠上也有分站站停动车组和大站停快车。不过因运行时间短暂，城际动车组几乎不配备卧铺车厢。城际动车组既可以在干线铁路上运行，也可以在支线铁路上运行；可以在新建城际专线上运行，也能在既有线路上运行，如厦深铁路线上的深汕捷运城际动车组。

我国目前建设使用的轨道交通系统，具有客流量大、出行距离短、对出行便捷性要求高、客流具有明显的潮汐现象等特点。因此，要求城际动车组具有大载客量、快启快停、快速乘降等特点。和谐号 CRH6 型城际动车组就是为了满足城际轨道交通的运营需求，根据其运营特点针对性开发的系列动车组，主要包括 200 km/h、160 km/h 和 140 km/h 三个速度等级。

2. 总体主要技术参数

和谐号 CRH6 型城际动车组主要为 4 动 4 拖分散型交流传动电动车组，是以 CRH2 型和谐号动车组技术平台为基础，保持"先进、成熟、经济、适用、可靠"技术特点，为满足城际运营要求，具有载客量大、快速乘降能力强、快起快停等特点；采用轻量化车体、大轴重转向架、VVVF 牵引控制、电空复合制动、安全冗余网络控制技术，能够适应站站停以及大站停不同形式的运营模式[107]。该动车组可与干线铁路互联互通，既能在城际线路上运营，又能在相似条件的客运专线上运营。城际动车组主要技术参数见表 1.1。

3. 主要系统简介

下面以时速 200 km 的 CRH6 型城际动车组为例对各系统进行简要介绍。

1) 平面布置

为满足大载客量的运营需求，客室中部采用 2+2 横向座椅布置形式，客室中部设茶桌，车端设可翻转座椅，在门区设立杆和横杆，以便站立乘客抓扶。在单号车设简易卫生间（5 号车满足残疾人使用要求）；在门区设置大件行李区，满足大件行李的存放需求。

2) 车 体

采用轻量化气密性宽车体、薄壁筒形整体承载结构。不仅充分利用铝合金材料挤压性好、比强度大、比刚度高的优势，降低车体重量并保证车体刚度；车体采用鼓形断面、流线型设计，提高空气动力学性能，降低列车运行时空气阻力、交汇压力波、气动噪声和侧滚力矩，保证了车辆运行安全性和舒适性的要求。

3) 转向架

转向架具有可靠性及安全性高、动力学性能优良、结构简单、紧凑、曲线通过能力强、耐腐蚀性强等特点。采用大轴重轻量化设计，轴重 170 kN，动车转向架质量约为 7.84 t，拖车转向架质量约为 6.7 t。这样既能满足最高运行速度持续运行的要求，又能满足大载重、快启快停的要求。

4）牵引系统

采用动力分散的交流传动系统，主要由受电弓（包括高压设备）、牵引变压器、牵引变流器、牵引电机、齿轮传动系统等组成。

其中牵引电机为鼠笼式异步感应电机，一级传动，具有转速高、扭矩大、功率大、轻量化的特点，可同时满足城轨交通快速启动和高速持续运转的不同需求。并且牵引变流器采用大功率 IGBT 变流元件实现交-直-交牵引系统，三电平拓扑结构，可对电压进行精密控制；核心变流部件模块化、标准化、系列化、技术成熟可靠。牵引变压器采用壳式结构，具有重量轻、功率大、绝缘等级高的特点，采用特制低损硅钢片降低铁损，实现电压变换，满足牵引供电需求。

5）制动系统

采用微机控制的直通式电气制动系统，即再生制动并用电气指令式空气制动。制动管理按优先使用电制动，不足时补空气制动的原则进行。制动系统采用速度-黏着控制模式，具有空重车调整功能；制动减速度高，制动距离短，能满足快速停车、载荷变化的城际运营特点。

6）车门系统

为满足城际轨道交通快速乘降的运营要求，和谐号 CRH6 型城际动车组根据不同运营模式、不同速度等级的车辆规划了不同型式车门。200 km/h 城际动车组主要用于大站停或一站式运营模式，其站停时间相对较长。为此每车设置了两对宽为 1 100 mm 的塞拉门供乘客乘降。并且根据计算得出满足超员情况下一半乘客的乘降，所需要的时间为 42 s，小于基本站停时间 60 s 的运营要求。

4. 主要技术特点

城际动车组交通介于干线网与城市轨道交通网之间，主要承担区域内城际间或大城市周边城际间的中短途客流运输，并为干线铁路中长途客流起到集散作用；需要与干线、城市轨道以及其他交通良好衔接，方便换乘。作为城际轨道交通的移动装备，和谐号 CRH6 型城际动车组作为我国未来城际轨道交通的主型产品，主要技术特点有：

（1）安全可靠。动力学性能裕量充足，关键承载部件结构可靠，基础制动热容量大，防火设计覆盖国家标准，故障导向安全设计。

（2）适应性强。满足与干线铁路互联互通，具有持续和短时工作制的特点，适应城际点对点长距离、越站停和站站停不同运营模式，满足高速持续运转和频繁启停的不同运营特点。

（3）编组灵活。采用模块化设计，编组形式 4 动 4 拖、2 动 2 拖均可；必要时可重联运行，编组可达 16 辆。

（4）运能强大。宽车体设计，载客量大，最小追踪间隔为 3 min，8 编组小时运送能力可达 3 万人。

（5）性能优越。加速能力强，制动距离短；侧门开度大，走廊通道宽，乘降速度快，疏散能力强。

（6）舒适度高。运行平稳，性能指标优良；乘坐环境宽敞明亮、通透时尚、视野开阔；服务功能完善；新风量充足；噪声小，车内环境安静；气密性设计，设计压力保护装置，避免隧道运行时乘客耳鸣。

（7）节能环保。轻量化设计，牵引能耗低，轮轨冲击及磨耗小，噪声小；再生制动能量100%回馈电网；采用真空集便系统，废水污物集中收集，实现零排放。

6.3.2 城际动车组运营特点分析

城际铁路作为连接相邻城市或城市群的客运专线铁路，其线路长度一般在 50～200 km。在此距离范围以外的铁路，短距离的一般属于市域或市郊铁路，长距离的则一般属于干线铁路。城际铁路作为城市综合交通运输系统的重要组成部分，主要承担区域内相邻城市间或城市群内的通勤客流，车站间距一般为 5～20 km。服务对象以中短途旅客为主，且单程时间通常较短，特别强调旅客出行的快速和便捷。与高速列车相比，站间距离明显较短，但与地铁列车相比，站间距离明显要大得多。

与干线高速列车相比，城际线路站间距离较近，车辆频繁启停，城际动车组制动系统的闸片等消耗部件的磨耗率要明显快于高速列车。与地铁列车相比，城际线路小半径线路较少，车轮磨耗率要好于地铁列车。

城际动车组一般每节车厢设有 2～3 对车门，车门开关与站台门联动。与高速列车和地铁列车相比，城际动车组每节车厢的车门对数、单位里程内车门的开关次数均处于两者之间，因而车门故障也少于地铁列车、多于高速列车。

为了适应较高的运行速度，城际动车组走行部设计更接近于高速列车，接触网设计也采用高速铁路的柔性接触网技术。与地铁线路采用的刚性接触网相比，城际动车组碳滑板的磨耗率更小。

城际动车组制动系统的设计更接近高速列车，两者均采用微机控制的直通式电气制动系统，制动管理均按优先使用电制动，不足时补空气制动的原则进行。由于站间距离较短，城际动车组制动系统的动作次数要多于高速列车，因此，制动系统故障情况也要多于高速列车。与站间距离更近的地铁列车相比，故障情况则较少。

由上述几个典型系统的对比情况不难发现，城际动车组的运营特点，决定了列车各系统的故障特征，也将进一步决定各系统的维修方式。

6.4 城际动车组与高速列车、地铁列车维修策略的对比分析

1. 从列车各个系统上来比较

城际动车组在某些方面和地铁列车有相同或相似的地方，在另外一些系统方面又和高速列车有相同或相似的地方。在供电制式方面，城际动车组和高速列车都采用高压交流供电

（AC 25 kV，50 Hz），这决定了城际动车组受电弓和高速列车受电弓具有类似的形式，同时，两种系统的碳滑板的磨耗规律也有相似之处。因而，城际动车组受电弓的维修更类似于高速列车。

在车门系统方面，城际动车组有 2~3 对门，地铁车辆有 4~5 对门，高速列车一般只有 1 对门。由于城际铁路站间距在 5~20 km，远比高速列车车门开启频繁，但较地铁列车车门，同样的里程数，车门开启次数明显减少。城际铁路车站一般都设有站台门，与地铁车站相似。这样的特点决定了城际动车组车门更像地铁列车车门系统，但故障率随里程的变化和高速列车有明显的不同，维修周期也会有明显差别，因此采用类似高速列车的维修策略，就会存在"欠修"的问题。

城际动车组轴重约为 170 kN，接近地铁列车 A 型车轴重，起动加速度（各为 0.63 m/s^2 和 0.65 m/s^2）与制动减速度也较为接近，因而，城际动车组转向架的维修更应该类似于地铁列车转向架的维修，牵引系统也类似。但由于城际铁路站台间隔较远，制动远没有地铁列车频繁，因而，城际动车组的制动相应的维修系数应介于高速列车和地铁列车制动系统之间，采用高速列车维修周期，就有"欠修"的可能，采用地铁列车的维修周期，就存在"过修"的问题。必须根据城际动车组的运营数据，制订合理的维修计划。

2. 从维修模式策略上来比较

地铁列车维修策略从最早的以运营为主导的维修策略，也就是定期预防维修为主的策略，逐渐过渡到以技术为主导的维修策略，各个地铁公司先后提出了均衡修、全效修、精益修以及某地铁公司提出的系统修维修策略，不断优化维修策略，取得了很好的成效，在提升服役能力水平、节省维修成本和缩短维修时间等方面取得了长足的进步。

同时，各个地铁公司在地铁车辆状态监测、在线检测以及维修技术提升等方面，都做了各种各样的探索和实践。在列车受电弓检测方面，已经有成熟的受电弓磨耗检测、病害在线监测系统应用。在转向架轴箱轴承、电机轴承以及齿轮箱在线故障诊断也有多家地铁公司做了探索，包括地面红外温度监测系统、车载转向架状态监测系统等。制动系统闸瓦厚度在线检测系统、车底病害扫描监视系统、车体 360 度无死角监测系统等都有研究和应用。相关的系统与地铁列车监控和维修平台对接，增加了地铁车辆状态修的比例。地铁列车正在从预防为主向状态修与预防修并重的维修模式过渡。

相较于地铁列车来讲，高速列车维修仍以五级维修模式为主。在维修策略上变化较小。在线监测方面，有在线的弓网监测系统，监测弓网拉弧和拉出值等关键运行指标。一些重点线路布设有轴箱测温、轴箱轴承声学诊断系统、车底检查扫描系统、制动闸瓦检测系统等，为高速列车进行状态修提供依据。

城际铁路近几年才开始建设，处于发展的初期，维修模式仍然沿用高速列车的五级维修模式，在线监测系统的建设还没有广泛的采用，维修模式相对"固化"，维修策略有较大的优化和提升空间。

3. 从运行模式和运营要求上来比较

地铁列车运营存在明显的早高峰和晚高峰，高峰期间，需要投入较多的车辆，因而，在早高峰和晚高峰之间有一个时间天窗，可以利用其进行列车维修。周末的早高峰和晚高峰就不是很明显，有更多的车辆可以用于周末维修。

高速列车的客流量则和季节有关，节假日往往客流增大，需要加开开行对数。高速列车单趟运营里程远远长于地铁列车，对列车的可靠性要求更高。

城际动车组的客流特点也存在早高峰和晚高峰，但目前运营仍以固定的发车间隔，工作日开行列车对数没有高峰期。地铁列车的维修可以利用在工作日的时间天窗进行维修。

6.5 城际动车组系统修可行性

6.5.1 地铁列车系统修应用效果

通过充分研究并优化现有的检修工艺和检修规程，尽可能地缩短车辆库停扣修时间，有效提高车辆周转率，实现减少车辆配属数量及检修设施规模、降低运维成本的目标。通过某地铁公司的某条线路分部技术人员及检修人员的广泛交流及论证，对原有的车辆系统修进一步优化，依据车辆各系统历史故障数据的分析研究，将原有 12 个系统修的 12 份可变包优化整合为双月系统修及差异化维修组合，并对系统修固定包作业流程及检修设备自主研发换型等进行优化，实现了提高列车可用率、提升列车检修效率、提高列车检修质量及降低人力成本的目标。

1. 流程优化效果

（1）通过对检修频次高、时间长的低故障危害度部件（空调、辅助系统）实施差异化维修，避免了过度维修的情况，同时每个系统修时间平均减少 15 min。

（2）通过车辆检修任务分类组合，减少停挂拆送，优化检修流程、均衡检修作业量，将可变包实施双月系统修，重组后扣车量由原 32 列/月减少至 16 列/月；每列车系统修全年所需人次由优化前的 192 人次/列减少至优化后的 168 人次/列，优化人次降低了 12.5%，详细的改善对比如图 6.7 所示。

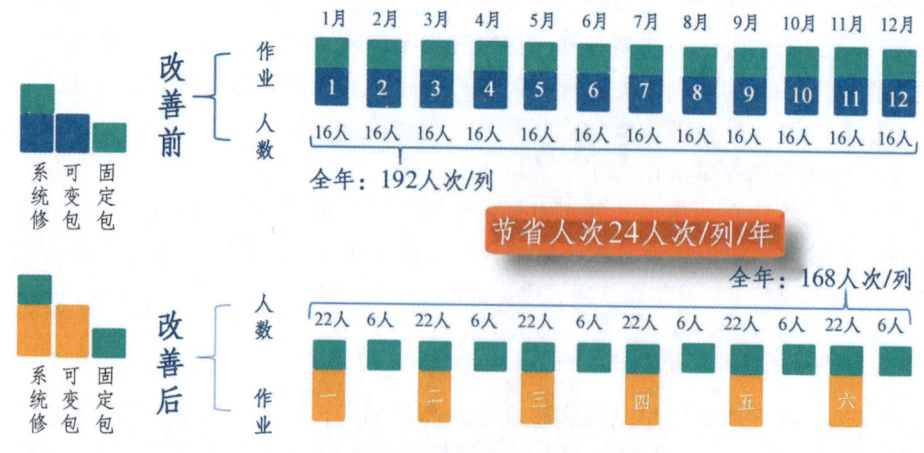

图 6.7 系统修优化检修人次改进效果

2. 科技提速优化效果

(1) 将故障率高造成故障处理时间长的车门电磁铁换型、高度阀加装隔力块，消除缺陷及返工浪费，实现换型后 0 故障，减少系统修时长 1.4 min。

(2) 自主研发自动开关门触发系统（见图 6.8），消除重复性作业存在的动作浪费，实现减少系统修时长 2 min 的效果。

(3) 针对作业时间长的加砂任务，自主研发加砂作业自动化，设备如图 6.9 所示，消除了作业浪费，实现了减少系统修时长 2 min。

(4) 自主研发加油小车（见图 6.10）结合换油周期延长，消除过度作业，实现减少系统修时长 2.6 min，同时每年节省约 72.4 万元的费用支出。

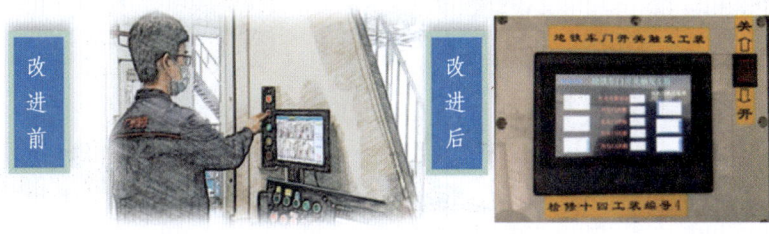

图 6.8 自动开关门触发系统

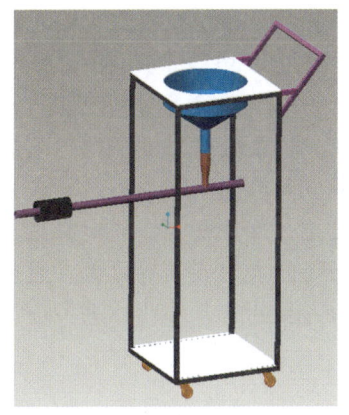 

图 6.9 自动加砂设备

 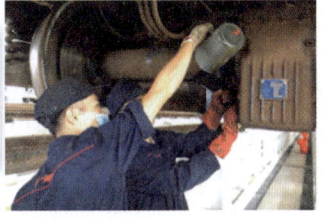  

图 6.10 加油小车

3. 精细化管理优化效果

（1）采用 SMED 快速换模看板管理解决工器具借还、物料准备及运输耗时长的问题，实现了节约系统修时长 18 min 的效果；

（2）自助式工器具、钥匙借用和归还系统（见图 6.11）应用，消除了等待、动作的浪费，达到了借还钥匙、牌时间由 14 min 缩短至 5 min 的目标。

（3）通过编制故障汇编教材、编制检修工百项技能清单、制定质量提升方案（技术员包干班组、视频抽查、定期考试）措施的实施，一定程度上改善了技能差异造成故障处理时间长的问题，实现了未来长期的改善效果。

图 6.11　自助式工器具、钥匙借用和归还系统

4. 系统修优化的效益总结

经过实施优化的系统修策略以后，列车平均扣修时间由 365 min 压缩至 255 min，效率提升 30%；物料准备、运输等环节在前一天交车后进行，完全消除了对系统修时间的影响；不需要扣车维修，系统修作业可在早晚高峰天窗时间内完成，系统修月度平均扣车量下降 100%，提高了高峰期车辆可上线率，缩短列车行车间隔，减少高峰期乘客在车站等候时间，节约了乘客出行时间的隐形效益，为公司带来良好的社会效益；每月所有车辆检修只需 448 人次，相对于优化前的 512 人次，降低 12.5%，实现了公司降低人力成本的目标。通过作业流程的优化与整合，有效提升了检修效率与检修质量；检修人员的组合作业，进一步促进了车辆检修中心员工的技能提升，提高了检修现场管理水平。

6.5.2　城际动车组系统修可行性分析

城际动车组有其自身的运营特点，在某些方面和地铁列车有相同或相似的地方，在另外一些系统方面又和高速列车有相同或相似的地方，这就决定了城际动车组维修模式具有其独特的地方，不能简单采用高速列车的五级维修模式，也不能简单照搬地铁的系统修模式。要根据自身的特点，制定相应的维修模式和维修策略。通过上一节的分析看出，经过优化后的系统修维修模式在地铁列车维修应用中节省了维修时间，提升了维修效率，验证了系统修的优越性。城际动车组与地铁列车的牵引系统、制动系统、车门系统、空调系统等非常相似，在运行特点上也与地铁列车很接近，根据抽屉原理，可以相信系统修在城际动车组中应用过程中也可以达到相同的效果，对城际动车组全面开展系统修是完全可行的。

城际动车组要依据已有的运营维修检测大数据，建立各个系统的 RAMS 模型，依据这些模型和统计结果，制定合理的预防性维修周期。同时，依据各个系统和对象的维修步序，生成合理的维修步序包。根据城际动车组维修天窗、维修基地以及维修队伍的实际情况，优化维修费用，动态生成维修作业包，逐渐建立起一套适应于城际动车组的系统修维修策略。

在进行城际动车组系统修的同时，不断提升列车在线的各种检测和监测水平，增设相关的系统和设备，提升城际动车组状态修的比例，实现城际动车组运维信息化、自动化和智能化。

7 城际动车组系统修

城际铁路在我国的发展已经初具规模，在未来十年将有一个大规模的发展。随着城际铁路的高速发展，城际动车组的维修也受到越来越多的关注。由于城际动车组的具体特点，简单套用高速列车的五级检修模式和维修策略，或者照搬地铁车辆的维修模式，都存在着较大的问题。因而，非常有必要研究和设计一套适合于城际动车组维修的模式和策略，为城际铁路的安全和高效运营提供及时、可靠和经济的维修服务。本章探讨针对城际动车组的系统修维修模式。

7.1 城际动车组系统修概述

1. 系统修的基本思想

以支撑城际轨道交通运营的城际动车组为维修对象，在系统的安全性、可靠性、可用性理论和维修优化策略指导下，基于故障模式影响与危害性分析和历史列车状态群维修大数据的评估、统计和可靠性分析结果，遵循高速列车五级修维修规程中各项基本要求，在保证维修质量的前提下，充分利用各种信息化、自动化和智能化的列车状态获取手段，构建城际动车组全服役期阶段服役性能和维修优化指标，最大化利用运营窗口科学地动态地划分维修作业包，制定城际动车组维修手册、维修建议书方案，预防性和科学性地对车辆及构成车辆的各个微单元（在线可更换单元）进行综合的维护维修，保障列车服役性能约束指标的实现。这种城际动车组维修方式称之为城际动车组系统修，城际动车组各微单元（在线可更换单元、终单元）维护维修规则、工艺等称为系统修维护维修规程[108]，维护维修规程集构成城际动车组系统修维修策略。

城际动车组系统修是覆盖全服役期的、结合实时状态的、动态划分周期的、预防性的，覆盖了动车组从一、二级检修到三、四、五级修（高级修）的整个维修规程。

2. 系统修维修优化维度

系统修主要从维修作业包、维修时机、维修管理、维修技术、维修工具、维修效果以及维修成本等多个维度考虑维修计划的规划、设计、制订及具体的实施。下面将分别加以说明和解释。

1）维修作业包

系统修以构成车辆的各个关键子系统的组成部件为基础，对最小维修微单元（在线可更换单元）的实际维修内容、微单元之间的关联关系及其各自故障类型进行综合分析，构建最小维修单元的维修步序包。它以维修时间、成本、效率等作为评价指标，统筹兼顾各微单元劣化发展趋势，最终整合优化成包含固定包与可变包在内的系统修维修作业包，进一步优化了维修作业的可操作性与合理性。

2）维修时机

系统修打破了传统的以定期维修为主的单一维修策略，在根据列车微单元的历史故障数据可靠性理论分析的基础上，有针对性地对不同微单元部件的差异性进行分析，建立了定期维修、状态修以及故障修的组合维修策略。综合考虑动车组运营时间表与维修作业包的匹配性，充分利用各种时间窗口，尽可能减少扣车时间，以期望达到最高的上线率和动车组可用性。

3）维修管理

系统修突破了以往分系统分专业的维修作业模式，改变了各专业作业的独立性，通过结合综合维修作业包的优化结果，引入信息化、自动化和智能化手段，将各专业维修人员重新组合，使在同一空间内的多专业维修任务在保证安全的前提下实现同时进行，达到人员综合技能提升、维修管理更灵活的效果。

4）维修效果

系统修对于动车组维修作业规范的编制并非固定不变，根据动车组运行过程及维修过程中实时故障数据的积累，采用时间或运行公里尺度，对维修数据进行"滚动"的 RAMS 分析，结合分析结果，根据动车组各个系统的实时表现，以全生命周期服役能力提升和维修成本最低为基本目标，对薄弱环节重点维修，有效降低故障率，实现动车组最大利用率，有效节省人力的目标。

5）维修技术

系统修注重引入最先进的各种在线监测设备、获知系统的状态，从而可以对系统进行状态修作业；通过引入智能化维修平台，对动车组的历史大数据进行 RAMS 分析和状态评价，优化维修周期；通过引入数字孪生技术、PHM、剩余寿命预测技术来对系统进行预测维修，提升维修的精准性。

6）维修工具

系统修注重维修作业工具的改进，对于传统的众多需要人工处理的重复性且技术含量较低的维修活动，综合分析其活动实施的逻辑性及操作性，鼓励维修人员个人创新探寻的精神，积极改进现行的维修工具，从检修工具到作业工具，进行不断优化和改进，以期达到最高的维修效率。通过引入便携式检修工具、远程辅助支持设备、AR 眼镜等，提升检修和维修作业的效率。

7）维修成本

系统修在整个维修过程中，始终以动车组全生命周期服役能力提升和全生命周期费用成本最低为目标，通过各种技术手段提升动车组的服役能力，通过优化维修管理、维修周期、维修作业包，采用先进的维修技术和改进维修工具的使用降低成本，通过维修效果的评估，减少维修时间的不必要支出，进一步减少维修时间。

3. 系统修的主要技术特征

1）以 RAMS 理论为基本依据，设置维修时间间隔

系统修充分利用各种信息化、自动化和智能化的列车状态获取手段，最大限度地利用车辆历史故障数据，通过 RAMS 理论分析，识别车辆不同在线可更换单元的故障特征，确定其可靠性分布规律，根据可靠性随时间的变化情况，设立在线可更换单元在理论支撑下的维修时间间隔。因此，系统修维修间隔是有严格的科学理论和数据支撑的。

2）充分利用运营窗口时间，提升列车可用率

系统修在综合分析最小维修微单元作业步序及其所需检修时长的基础上，统筹兼顾车辆运营窗口，将各微单元维修作业任务整合优化为与运用窗口相匹配的作业包，最终实现零扣车的理想目标，最大限度地利用运营窗口时间，提升列车可用率。

3）依据系统优化思想，优化维修任务的各个技术环节

系统修在综合分析列车各系统间相关性的基础上，将列车各专业的维修任务按照系统化思想，以同一作业空间或同一作业条件下的不同专业的维修活动为前提，优化各专业维修活动间的相互协作，实现多专业人员同时作业；对车辆检修任务分类组合，减少停挂拆送，优化检修流程、均衡维修作业量，实现维修效率的提升。

4）考虑维修的维度全面，维修策略优化内涵丰富

系统修考虑了维修作业包、维修时机、维修管理、维修技术、维修工具、维修效果及维修成本等多个维度。作为一种维修策略，实现车辆全服役周期内多维度的维修，可覆盖多种类型的车辆，表明其维修策略优化内涵丰富。

5）维修作业采用固定包与可变包相结合的方式，适应性强

由于动车组维修作业窗口及维修人员的固定性，系统修以车辆最小维修单元的维修作业活动为基础，统筹考虑作业窗口及维修活动周期，实现采用固定包与可变包相结合的方式，综合考虑重要部件及普适部件的重要度差异性，不断滚动优化维修周期，使维修作业组合更具有灵活性。

6）融合自动化和智能化的车辆状态获取技术，实现定期修、状态修与故障修有机结合

系统修的自动化及智能化主要体现在：通过计算机实现车辆维修作业的管理，完成业务环节的无纸化横向沟通；打通车辆维修业务链与底层设备的互联互通，实现作业过程的自动化执行与管控；融合人工智能技术，实现车辆维修业务链的安全、主动导向，实时获取车辆

状态数据，实现定期修、状态修与故障修的有机融合。

7）全生命周期的成本优化

系统修通过包含维修作业包的整合优化、维修作业流程的调整及检修设备的自主研发换型等在内的各种改进措施，提高了车辆全服役周期内列车的可用率，实现了提升列车检修效率、提高列车检修质量及降低人力成本的目标，究其根本，使得全生命周期内的成本得到了优化。

8）维修成本低，维修效率高

系统修在对车辆历史故障数据可靠性分析的基础上，使得车辆的维修策略更具合理化，维修活动的进行更贴切车辆设备的实际劣化趋势，使得部件的利用度最大化，避免了不必要的部件更换；基于 RAMS 理论支持的维修活动，使得车辆运行的可靠度得到了提升，降低了故障维修的频率；维修可变包的设定，使各专业人员组合，进一步提高了维修效率。

4. 系统修与高速列车五级修的关系

国铁集团依据检修级别定义，基于高速列车技术特点和维修需求，以现代维修理论为指导，按照计划预防修为主的原则，制定了高速列车一至五级修程，分别为一级检修、二级检修、三级检修、四级检修和五级检修。这是城际动车组维修的指导性纲领文件。

虽然五级修定义了主要部件的维修内容和要求，对维修的时间间隔或者里程间隔做了具体的要求，但是并没有对具体的维修单元的大小、每个维修作业包的内容、维修时机、维修管理、各级维修开展先后次序等做具体的规定，因而，具体应用五级修时可以根据实际情况，结合具体运营情况、管理模式、维修装备、维修队伍、维修工具等，对各个可调整的维度进行系统的优化，制定出最优的五级修维修策略。城际动车组系统修维修策略就是五级修具体应用的方案。

城际动车组五级修仍然遵循高速列车五级修维修规程中各项维修内容的具体要求，以 RAMS 理论和维修优化策略为依据，制定最优的维修周期；充分利用运营窗口等时间优化作业时间，以期望达到最高的列车可用性；以定期修为主，充分利用自动化和智能化的列车状态获取手段，开展状态修，做到预防修、故障修和状态修的有机结合；科学地动态地划分维修作业包，采用固定包与可变包相结合的模式，适应维修量作业的动态变化；优化作业管理，采用先进的维修技术和维修工具，达到维修时间最短、成本最低、效率最高的目标。

5. 系统修优化方案的设置原则

综合我国各大城市的维修经验，结合某城际铁路运营有限公司自身的实际运行情况，在保证质量安全以及车辆各专业关键系统、关键设备检修内容不变的前提下，按照以下几点原则提出了"系统修"的优化方案[109]：

（1）根据运营维修检测大数据，建立各个系统的 RAMS 模型，依据这些模型和统计结果，优化制定合理的预防性维修周期；

（2）将二级修中的 30 天包、60 天包、90 天包的检修工作量分别平均到每个月中与四日检进行合并，利用窗口期（天窗期）进行维修作业；

（3）将二级修中的90天包、180天包与年检的工作量平均分配到每个月中并进行合并，利用窗口期（天窗期）进行维修作业；

（4）保留高级修，消除连续扣车对供车的影响，融节假日普查于"系统修"中，减少额外工作量；

（5）对每年对应月的作业内容进行优化调整，使检修覆盖全服役周期[110]；

（6）根据列车各个系统在不同时间段内的表现，重点维修，有效减少故障率，实现列车最大利用率，有效节约人力成本。

6. 系统修的内容

系统修维修方案的优化是针对不同层级检修内容的完善，主要涉及以下几个层面：首先，对于系统修维修的优化是根据可靠度理论及可靠性分析、使用寿命预测等方法的统计分析来为城际动车组主要部件的维修周期优化提供理论依据（这部分主要针对三级修以下检修内容和检修周期的优化，是比较重要的层面）；其次，根据城际铁路不同线路的运行工况、日均走行公里数等重要特征，结合上一层面完成的可靠性及使用寿命预测分析结果，针对整车三级修及以上修程的运行年限和走行公里数进行更新与优化（这部分主要由主机厂牵头研究，是属于高级修程的优化）；最后，根据动车组运行天窗期，把30、60、90天等的维修内容合理分配到日检里（这是生产组织方面，或叫维修内容的物理切割）。本节主要对系统修生产组织这一层面的优化来进行举例分析，第一层面的优化可以按照同样的思路进行分析，第二层面在7.5节进行介绍。

现有阶段的一级检修、二级检修统一优化合并后，按照列车的系统分为12个子系统修，每月完成一个子系统修。每个子系统修由固定包与可变包组成。系统修分包如图7.1所示。

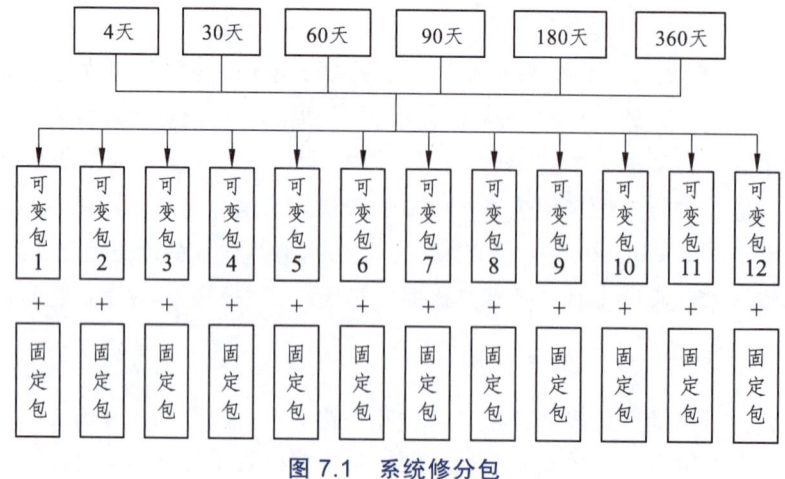

图 7.1 系统修分包

固定包：维修间隔期相对稳定的部件，并且每年的某个固定月份对其实施维修，被整合为"固定包"。

可变包：当微单元的维修间隔不稳定时，即微单元的维修，今年在某组，明年会在另一组，或者过几年才可能会维修一次，这种微单元的维修被整合为"可变包"。

7. 系统修的车辆拓扑结构

系统修维修策略的维修对象是列车，不同类型列车的结构不同，了解并掌握车辆的结构特征是制定系统修维修策略的前提。

列车结构采用 6.2.2 节中的图 6.1 进行拓扑技术描述。根结点、叶结点统称为结点。构成列车的系统、子系统、部件、零件都是结点。以叶结点作为维修的基本单元，建立车辆的拓扑结构进行维修策略的制定。

1）动车组拓扑结构的层次划分

五级层次：车型、系统、子系统、部件、零件。列车的本来面貌。

二级层次：车型、部件。高度集成时列车是被这样制造的，相当于把分散的部件组装起来。

三级层次：车型、系统、配件。用户一般这样构建车辆拓扑结构。配件可以是五级所指的部件，也可以是五级所指的零件。

系统修的列车拓扑结构划分从三级入手，逐步细化成五级。

2）列车多层级拓扑结构示例

现有的城际列车有许多类型，以某城际动车组为主建立车辆的四级拓扑结构。该车型动车组的拓扑结构系统划分如图 7.2 所示。

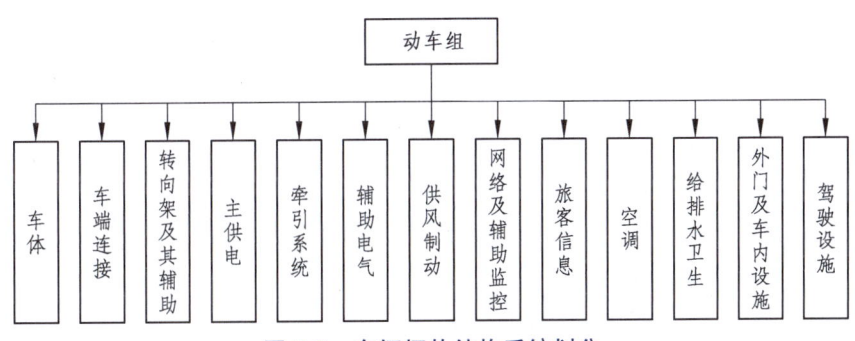

图 7.2 车辆拓扑结构系统划分

由图 7.2 可知，动车组的拓扑结构系统主要分为车体、车端连接、转向架及其辅助、主供电、牵引系统、辅助电气系统、供风制动系统、网络及辅助监控系统、旅客信息系统、空调系统、给排水卫生系统、车门及车内设施、驾驶设施。下面主要对牵引系统、主供电系统、转向架及其辅助系统、旅客信息系统的拓扑结构进行说明，各系统的拓扑结构如图 7.3~图 7.6 所示。

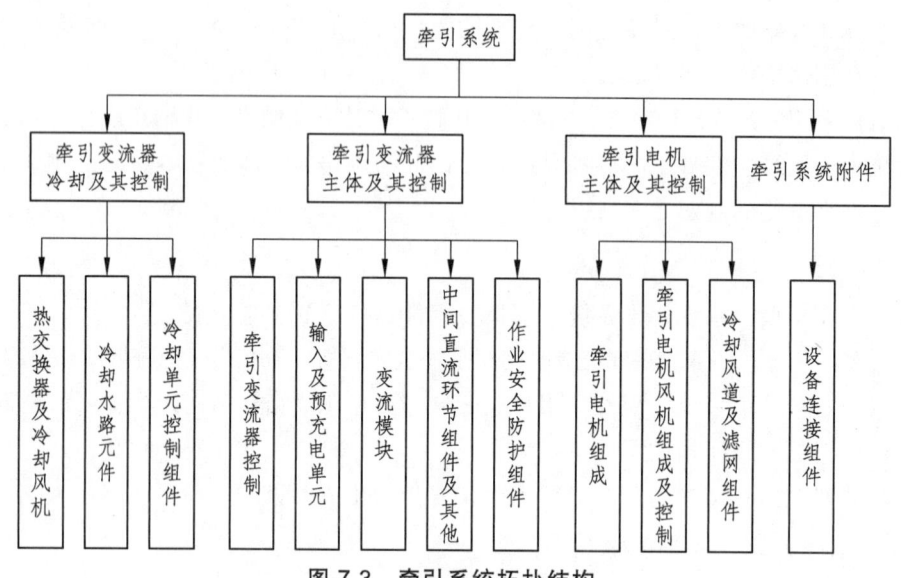

图 7.3 牵引系统拓扑结构

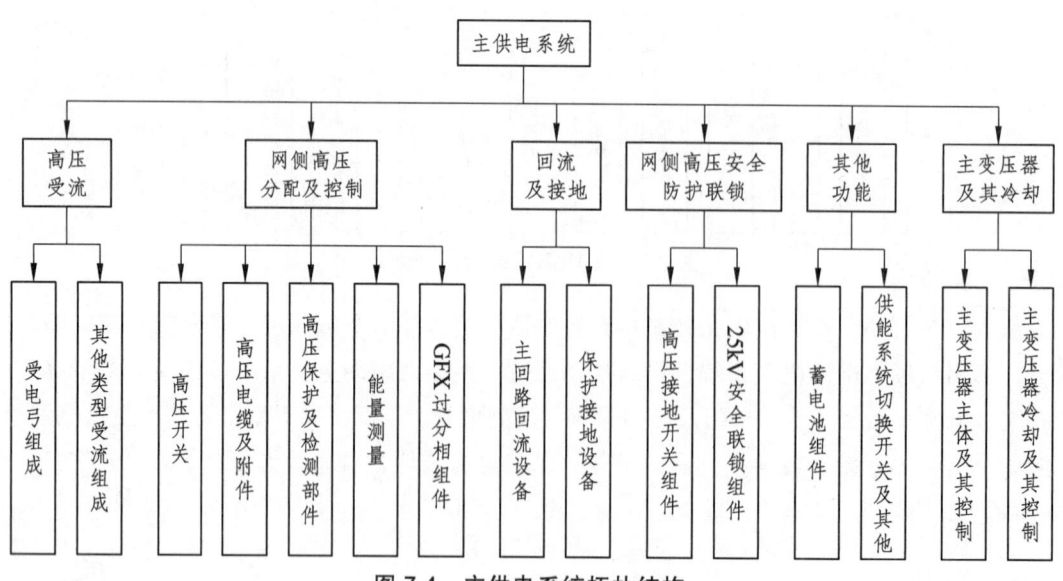

图 7.4 主供电系统拓扑结构

7 城际动车组系统修

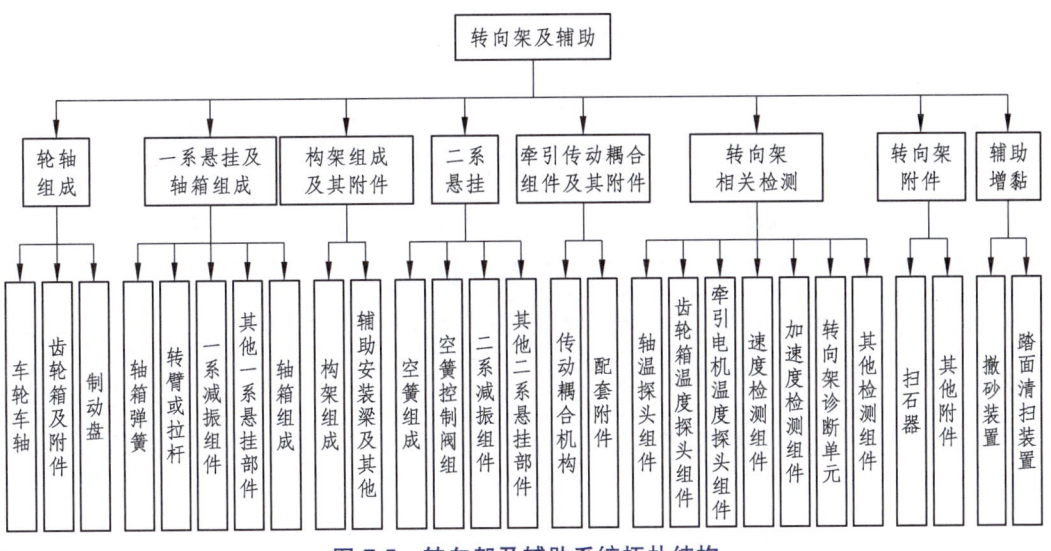

图 7.5 转向架及辅助系统拓扑结构

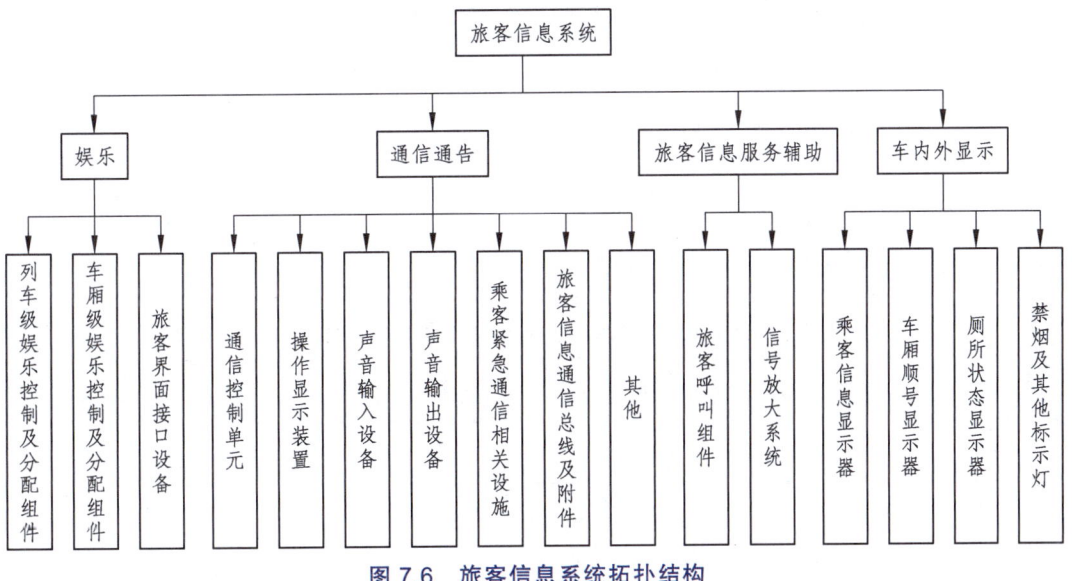

图 7.6 旅客信息系统拓扑结构

7.2 动车组典型子系统系统修检修周期预计

识别列车部件的故障分布特征是选择维护时机的基础，掌握了部件故障分布特征即可预测其寿命，按照可靠度要求，就能确定维护周期[111-113]。现在以广东某条城际线路提供的 2018 年 1 月 1 日至 2020 年 12 月 31 日 CRH6A 型动车组的故障数据作为原始数据，来统计列车各个子系统的故障数以及对其系统各个故障部件进行寿命预测。

- 179 -

7.2.1 动车组典型子系统主要部件使用寿命预测

1. 列车各部件的平均故障密度

根据平均故障密度的统计定义为:工作到某时刻尚未出现故障的统计分析对象,在该时刻后单位时间内发生故障的概率。平均故障密度统计公式为

$$\lambda(t) = \frac{n_f(t+\Delta t) - n_f(t)}{n_s(t) \cdot \Delta t} = \frac{\Delta n_f(t)}{n_s(t)\Delta t} \tag{7.1}$$

式中,$\Delta n_f(t)$ 为失效的产品数;$n_s(t)$ 为完好的产品数;Δt 为时间间隔。

2. 列车各部件不同可靠度下的寿命预测

可靠寿命 t 是指给定可靠度 R 时对应的寿命,根据可靠度与失效率的关系可以按照式(7.2)计算。

$$R = e^{-\int_0^t \lambda dt} \tag{7.2}$$

式中,R 为可靠度;λ 为失效率;t 为可靠寿命。

通过将式(7.2)变形可得到不同可靠度下的各部件的寿命:

$$t = \frac{-\ln R}{\lambda} \tag{7.3}$$

3. 列车部分系统主要部件使用寿命预测

1)空调系统主要部件使用寿命预测

列车空调系统主要部件年度故障数据见表 7.1。

表 7.1 空调系统主要部件年度故障数据

部件名称	2018年	2019年	2020年	合计	7列车部件总数	备注(零件个数)
蒸发器	6	9	9	24	252	(4×8+2×2)×30
通风机	0	0	2	2	252	(4×8+2×2)×30
电磁阀	1	7	1	9	252	(4×8+1×2)×30
压缩机	4	1	3	8	252	(4×8+1×2)×30
冷凝器	2	7	4	13	252	(4×8+1×2)×30
过滤器	2	0	0	2	252	(4×8+1×2)×30

根据表 7.1 计算出空调系统的部件可靠度与使用年限,见表 7.2。

表 7.2 空调系统主要部件寿命预测

部件	失效率	可靠度									
		0.95	0.9	0.85	0.8	0.75	0.7	0.65	0.6	0.55	0.5
蒸发器	0.031 7	1.62	3.32	5.13	7.04	9.08	11.25	13.59	16.11	18.86	21.87
通风机	0.002 6	19.73	40.52	62.51	85.82	110.65	137.18	165.69	196.47	229.94	266.60
电磁阀	0.011 9	4.31	8.85	13.66	18.75	24.17	29.97	36.20	42.93	50.24	58.25
压缩机	0.010 6	4.84	9.94	15.33	21.05	27.14	33.65	40.64	48.19	56.40	65.39
冷凝器	0.017 2	2.98	6.13	9.45	12.97	16.73	20.74	25.05	29.70	34.76	40.30
过滤器	0.002 6	19.73	40.52	62.51	85.82	110.65	137.18	165.69	196.47	229.94	266.60

注：表中部件寿命单位均为年。

2）车门系统主要部件使用寿命预测

列车车门系统主要部件年度故障件数见表 7.3。

表 7.3 车门系统主要部件年度故障件数

部件名称	2018 年	2019 年	2020 年	合计	7 列车部件总数	备注
指示灯	3	15	3	21	224	1（零件个数）×32（车门数）×7（车数）
上导轨	4	1	6	11	224	1（零件个数）×32（车门数）×7（车数）
下摆臂	14	10	7	31	224	1（零件个数）×32（车门数）×7（车数）
隔离锁	5	2	2	9	224	1（零件个数）×32（车门数）×7（车数）
紧急解锁装置	15	4	6	25	224	1（零件个数）×32（车门数）×7（车数）
辅助锁	20	29	8	57	448	2（零件个数）×32（车门数）×7（车数）
门控器	7	3	3	13	224	1（零件个数）×32（车门数）×7（车数）
主锁	40	17	15	72	224	1（零件个数）×32（车门数）×7（车数）

根据表 7.3 计算出车门系统的部件可靠度与使用年限，见表 7.4。

表 7.4 车门系统主要部件寿命预测

部件	失效率	可靠度									
		0.95	0.9	0.85	0.8	0.75	0.7	0.65	0.6	0.55	0.5
指示灯	0.031 3	1.64	3.37	5.19	7.13	9.19	11.40	13.76	13.76	19.10	22.15
上导轨	0.016 4	3.13	6.42	9.91	13.61	17.54	21.75	26.27	31.15	36.45	42.27
下摆臂	0.046 1	1.11	2.29	3.53	4.84	6.24	7.74	9.34	11.08	12.97	15.04
隔离锁	0.004 5	11.40	23.41	36.12	49.59	63.93	79.26	95.73	113.52	132.85	154.03
紧急解锁装置	0.037 2	1.38	2.83	4.37	6.00	7.73	9.59	11.58	13.73	16.07	18.63
辅助锁	0.042 4	1.21	2.48	3.83	5.26	6.78	8.41	10.16	12.05	14.10	16.35
门控器	0.019 3	2.66	5.46	8.42	11.56	14.91	18.48	22.32	26.47	30.98	35.91
主锁	0.107 1	0.93	0.98	1.52	2.08	2.69	3.33	4.02	4.77	5.58	6.47

注：表中部件寿命单位均为年。

3）制动系统主要部件使用寿命预测

列车制动系统主要部件年度故障数据见表7.5。

表7.5 制动系统主要部件年度故障数据

部件名称	2018年	2019年	2020年	合计	7列车部件总数	备注
制动盘	1	4	19	24	560	64（轮盘个数）×7+16（轴盘个数）×7
制动夹钳	0	9	5	14	560	[4×8（动车架）+6×8（拖车架）]×7
主空气压缩机	3	4	11	18	14	2（主空气压缩机个数）×7（车数）
辅助空气压缩机	1	11	9	21	14	2（辅助空气压缩机个数）×7（车数）
制动缸	0	1	0	1	560	[4×8（动车架）+6×8（拖车架）]×7

根据表7.5计算出制动系统的部件可靠度与使用年限，见表7.6。

表7.6 制动系统主要部件寿命预测

部件	失效率	可靠度									
		0.95	0.9	0.85	0.8	0.75	0.7	0.65	0.6	0.55	0.5
制动盘	0.014 3	3.59	7.37	11.36	15.60	20.12	24.94	30.12	35.72	41.81	48.47
制动夹钳	0.008 3	6.18	12.69	19.58	26.88	34.66	42.97	51.90	61.55	72.03	83.51
主空气压缩机	0.428 6	0.12	0.25	0.38	0.52	0.67	0.83	1.01	1.19	1.39	1.62
辅助空气压缩机	0.5	0.10	0.21	0.33	0.45	0.58	0.71	0.86	1.02	1.20	1.39
制动缸	0.001 3	39.46	81.05	125.01	171.65	221.29	274.37	331.37	392.94	459.87	533.19

注：表中部件寿命单位均为年。

4）牵引系统主要部件使用寿命预测

列车牵引系统主要部件年度故障数据见表7.7。

表7.7 牵引系统主要部件年度故障数据

部件名称	2018年	2019年	2020年	合计	7列车部件总数	备注
速度传感器	2	6	3	11	112	8（传感器）×2（动力单元）×7（车数）
冷却风机	2	1	2	5	98	14（1列车冷却风机个数）×7（车数）
牵引电机	7	10	16	33	112	8（牵引电机）×2（动力单元）×7（车数）
牵引变压器	1	4	6	11	14	1（变压器）×2（动力单元）×7（车数）

根据表7.7计算出牵引系统的部件可靠度与使用年限，见表7.8。

表 7.8 牵引系统主要部件寿命预测

部件	失效率	可靠度								
		0.95	0.9	0.85	0.8	0.75	0.7	0.65	0.6	0.55	0.5
速度传感器	0.032 7	1.57	3.22	4.97	4.97	8.80	10.91	13.17	15.62	18.28	21.20
冷却风机	0.017 0	3.02	6.20	9.56	13.13	16.92	20.98	25.34	30.05	35.17	40.77
牵引电机	0.098 2	0.52	1.07	1.65	2.27	2.93	3.63	4.39	5.20	6.09	7.06
牵引变压器	0.261 9	0.20	0.40	0.62	0.85	1.10	1.36	1.64	1.95	2.28	2.65

注：表中部件寿命单位均为年。

7.2.2 基于使用寿命预测的部件检修周期分析

部件故障分布规律识别后可预计不同可靠度下的寿命，在此寿命到来之前进行维护维修，则其可靠度能得到保证，若不予及时维修维护，则该部件的可靠度不能得到保证。

部件检修周期依据预测寿命确定，但不等同于预测的寿命值。

1. 空调系统主要部件检修周期分析

1）部件故障分析

（1）通风机：空调通风机发生故障的主要原因可能是电机的过热保护，由于电机的负荷太大而导致风机在运转时发生异响，严重者甚至会停止工作。

（2）电磁阀：引起电磁阀故障的主要原因有两个。一是使用过程中橡胶件老化开裂，导致连接插头松动；二是电磁阀连接器进水，导致电磁阀工作异常。

（3）压缩机：压缩机的主要故障表现为断路器异常、压缩机过载等，主要原因是散热不良、管路系统堵塞。

（4）冷凝器：冷凝器的主要故障表现是冷凝器的翅片发生了变形，造成这种现象的原因可能是在使用过程中导致了翅片的变形，也有可能实在安装过程中导致了翅片的变形。

（5）冷凝风机：冷凝风机的故障率比较低，比较稳定，发生故障的主要原因是冷凝风机的高负荷运转而导致的空调的冷凝风机过载。

2）检修周期初值建议

（1）蒸发器：相对于空调系统的其他部件，蒸发器的故障率较高，主要的故障表现形式为有异物或翅片变形，建议可靠度定在 0.9~0.85，检修周期为 9 万 km/90 天。

（2）冷凝器：由于冷凝器的故障率并不高，且主要的故障表现形式是有杂物或翅片变形。建议可靠度定在 0.9~0.85，检修周期为 9 万 km/90 天。

（3）压缩机：压缩机的可靠度建议定在 0.95~0.9，压缩机内部的磨损情况未知，建议在 6.5~13.5 年时检测维修或者更换，检修周期为 9 万 km/90 天。

（4）电磁阀：电磁阀的可靠度建议定在 0.9~0.85，检修周期为 9 万 km/90 天。

（5）过滤器：其预测寿命很长，对于此类故障只需定期检查，发生损坏时进行更换即可。

2. 车门系统主要部件检修周期分析

1) 部件故障分析

（1）指示灯：车门指示灯故障主要表现为灯不亮，造成此种现象的原因可能是灯管内部零件老化，或者内部线路接触不良。当灯不亮是因为零件老化时可以直接更换灯管，当是后者原因时可以检查线路来进行维修。

（2）上导轨：车门的上导轨与上滑道发生的故障原因类似，是因为车门的经常性开关从而导致上导轨的滚轮发生了变形，从而导致滚轮的抗磨比较严重，以及上导轨滚轮的固定螺栓发生松脱。对于此类故障，可以预计滚轮的损坏周期，从而做到有规律地进行检查维护。

（3）下摆臂：车门下摆臂的故障表现在与门框抗磨，滚轮卡滞，下摆臂高于下导轨的限定距离导致下摆臂与下导轨抗磨，下摆臂与下滑道下沿距离过小导致下摆臂与下滑道抗磨。此类故障可以通过定期检查维护来避免。

（4）隔离锁：车门隔离锁的故障主要表现在隔离锁开关失效或者其限位开关未能有效触发。造成这种现象的主要原因是开关的动作不良或者开关的摆臂断裂。

（5）紧急解锁装置：紧急解锁装置的故障一般也分为两类。第一类与自身的使用功能无关，主要表现在解锁装置破封、盖板丢失、防护盖破损等，此类故障可以通过定期维护检修来解决。第二类是紧急解锁装置失效，造成此类故障的原因可能是螺栓松动、钢丝绳位置不正确等。

（6）辅助锁：辅助锁的主要故障表现在辅助锁锁扣与锁体之间的间隙过小导致关门后辅助锁无法压紧，无法触发 S8 限位开关。还有一部分故障属辅助锁螺栓松动。此类故障可以通过定期维护检查来解决。

（7）门控器：门控器故障属于电气故障，主要包括硬件故障、软件故障、突然死机等几种原因。门控器故障的直接表现为车门无法开关。

（8）主锁：主锁的主要故障表现在主锁的倒转量不足或过大，主锁锁钩与门扇滚轮销抗磨。主锁倒转量不足或过大的问题可以通过调整主锁位置来解决，主锁锁钩与门扇滚轮销抗磨可以通过调整锁钩位置来解决。

2) 检修周期初值建议

（1）上导轨：按照 95% 的可靠性来看，上滑道与上导轨的寿命大概为 3 年，此部件为使用率特别高的部件，所以应该采用较高的可靠度水平。

（2）下摆臂：下摆臂由于在车门开闭时需要承受车门的重量，其发生故障的概率较上滑道等要高，而且其使用率也比较高，所以也需要采用较高的可靠度水平。可靠度可定义在 $0.95 \sim 0.9$，$1 \sim 3$ 年进行更换。

（3）门控器：门控器是车门中一个十分重要的部件，其使用率比较高，建议其可靠度定在 $0.95 \sim 0.9$，$3 \sim 6$ 年进行更换维修。

（4）紧急解锁装置：紧急解锁装置作为在突发情况下启用的装置，其预测的寿命较其他部件较低，但由于其故障在突发情况下会造成人员伤亡等重大影响，因此应加强维护与检修，检修周期为 6 万 km/60 天。

（5）主锁：该锁的故障率比较高，而且每次车门关门都会用到该开关，所以需要采用较高的可靠度水平。建议其可靠度可定在 $0.95 \sim 0.9$，检修周期为 6 万 km/60 天。

3. 制动系统主要部件检修周期分析

1）部件故障分析

（1）制动盘：制动盘的主要故障表现为制动盘擦伤，需满足限度要求。

（2）主空气压缩机：主空气压缩机的主要作用是为空气制动系统供风，同时也为气动辅助设备供风。故障比较多，其主要的故障表现为漏油、渗油、漏风以及主空压机源头质量问题等。

（3）辅助空气压缩机：辅助空压机主要为受电弓、真空断路器提供风源。其主要故障为箱体内部锈蚀、压力调节器故障、风压表过期等不会影响空气压缩机使用寿命的故障。

（4）制动缸：制动缸的故障率非常低，总体上来说只有存在异物这一影响较小的故障。

2）检修周期初值建议

（1）主空气压缩机的故障比较多，即使在 0.8 的可靠度寿命下依旧只有 0.52 年，远低于预期的使用寿命。所以应该每隔几个月对其进行定期检查，并且在高级修时建议对空气压缩机进行检测维修，更换内部的密封件，检查空压机的各个零件。

（2）对于其他的部件，辅助空气压缩机一般是因螺栓未拧紧压力调节器故障、风压表过期等，对此只需要进行定期的检查与维修，检修周期为 3 万 km/30 天。制动缸、制动盘与制动夹钳等多数故障为不影响其可靠度的故障，所以其寿命的预测都比较久，平时加强检测即可。

4. 牵引系统主要部件检修周期分析

1）部件故障分析

（1）速度传感器：速度传感器的故障主要可以分为两部分。一部分可能是因为在列车长时间的运行过程中，由于受到外界干扰而导致的速度传感器的黑胶脱落、橡胶密封圈损坏等。还有一部分的原因可能是速度传感器内部电路或零件的损坏从而导致的传感器故障。第一部分可以采用定周期检查来避免此故障的发生。

（2）冷却风机：冷却风机的主要故障表现在列车在运行过程中由于振动、外力的作用，从而出现风机名牌脱落、冷却风机线缆保护套开裂等故障。

（3）牵引电机：牵引电机的主要故障是因为列车的工作环境不良或者在维修时由于疏忽导致的牵引电机的温度贴片卷边、油堵防尘帽丢失、注油嘴漏油、牵引电机电缆扎带老化断裂、牵引电机电缆外皮老化破裂等故障。此类故障可以通过在日常进行定期的维修来解决。

（4）牵引变压器：牵引变压器的一部分故障主要是因为牵引变压器裙板四角锁或活页裙板锁受到空气、水等元素的腐蚀进而导致的锁卡滞或者作用不良，另外一部分故障是因为维修过程中的拆装作业引起牵引变压器送风机外罩卡扣销轴变形、牵引变压器送风机滤网外圈变形等故障。此类故障可以通过在日常进行定期的维修来解决。

2）检修周期初值建议

在牵引系统中牵引变压器的故障比较多，根据可靠度 95% 计算变流器的寿命只有 0.2 年，远远未达到其设计使用寿命，严重影响了其可靠度。对此可以检查变压器损坏的具体零件的信息来确定变流器故障的根本原因之后，再给出相应的建议寿命。

（1）速度传感器、牵引电机等故障大部分是因为连接器阻值异常、密封不好等故障。对此可以定期检查维护来减少此类故障的发生。

（2）统计误差：在进行故障统计时牵引系统很多故障的报单仅有故障描述，故障是如何处理的只有简单的更换、紧固等描述，所以造成了部分组件故障的计算值比实际值要高。因此，在选择使用寿命年限时需要考虑统计误差，再寻找使用寿命与检修周期的结合点。

7.3 车辆典型子系统 FMECA 及可靠性分析

7.3.1 城际动车组的 FMECA

车辆服役寿命特征参数分析统计是系统修周期初值设置的基础，是车辆终单元检修间隔期优化分析的重要环节。某城际铁路运营有限公司通过故障模式、影响及危害分析，找出薄弱环节，持续完善、优化各专业系统修维修模式，不断提升设备运行质量，分析、稳定合理的可靠度量值，覆盖全服役周期把握线网车辆的设备运行可靠度变化特征。

1. FMECA 方法概述

故障模式、影响及危害性分析（FMECA）是针对产品或系统所有可能的故障，根据对故障模式的分析，确定每种故障模式对系统产生的后果，并按故障模式的严重程度及其发生概率确定其危害性的一种归纳分析方法[114-116]。该方法主要包括以下几个步骤：

1）故障等级的确定

根据设备故障数据，将设备各故障模式造成的影响按严酷度划分，即故障等级按表 7.9 划分。

表 7.9 故障等级划分

故障等级	故障模式影响
Ⅰ	影响列车运营安全
Ⅱ	导致列车晚点、清客
Ⅲ	导致列车退出运营
Ⅳ	影响列车服务质量
Ⅴ	对列车运营无影响

2）危害度计算

在特定的严酷度等级下，部件故障模式中的某一故障模式具有的危害度为 C_{ij}。对给定的严酷度等级和任务阶段而言，部件 i 的第 j 个故障模式的危害度 C_{ij} 为

$$C_{ij} = \alpha_{ij} \beta_{ij} \lambda_i t \tag{7.4}$$

式中，α_{ij} 为故障模式频数比，即部件 i 故障模式 j 出现的次数和部件 i 出现的全部故障次数之比；β_{ij} 为故障影响概率，表示部件 i 在第 j 种故障模式发生的条件下，故障影响将造成的致命度等级及部件故障对系统影响级别的概率；λ_i 为产品的故障率，$\lambda_i = N/\sum t$，N 为某一部件在规定时间内的故障总次数，$\sum t$ 为某一部件在规定时间内的累积工作时间；t 为产品的工作时间，一般以工作小时或工作次数表示。

故障影响概率一般由分析人员根据经验按照表 7.10 判断得到。

表 7.10 故障影响概率

故障影响	故障影响概率 β
部件肯定发生损伤，丧失功能	1.0
部件可能发生损伤，丧失功能	0.5
部件很少发生损伤，丧失功能	0.1
对部件无影响	0

3）危害度矩阵输出

完成对故障模式危害度计算后，再应用危害度矩阵对每一种故障模式进行危害性分析，进而为确定维护措施的先后顺序提供依据。危害度矩阵就是横坐标为故障等级，纵坐标为产品危害度或模式危害度（定量分析时）的矩阵图。在应用危害性矩阵时一般采用如下方法：从图中所标记的故障模式分布点向对角线做垂线，以该垂线与对角线的交点到坐标原点的距离作为度量故障模式危害性的依据。该距离越长，表示其危害性越大，越需要尽快采取维护措施，以消除产品潜在的危害性大的故障。某产品危害度矩阵图如图 7.7 所示。

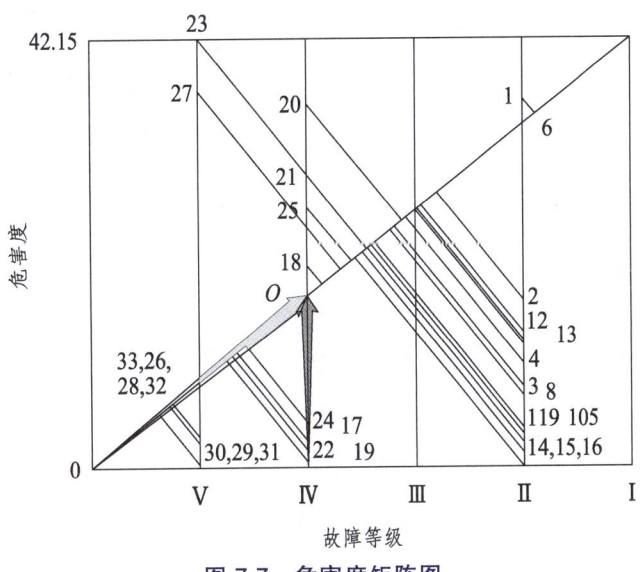

图 7.7 危害度矩阵图

2. 车辆典型子系统的 FMECA

1) 空调系统的 FMECA

空调系统的 FMECA 见表 7.11。

表 7.11 空调系统的 FMECA

组件	编号	故障模式	故障总次数	故障模式频数比 α	故障影响概率 β	工作时间 $T/$万 h	故障率 λ	危害度 C	严酷度
蒸发器	11	盖板损坏	24	0.04	1	1.971（2018—2020年，每天按运营 18 h 计算）	0.51	0.04	IV
蒸发器	12	有异物	24	0.38	0.5		4.57	1.71	IV
蒸发器	13	翅片变形	24	0.58	0.5		7.10	4.06	III
电磁阀	14	漏风	9	1	0.5		4.57	4.50	IV
压缩机	15	过载	8	0.5	1		2.03	2.00	IV
压缩机	16	工作故障	8	0.5	1		2.03	2.00	IV
冷凝器	17	翅片变形	13	0.61	0.5		4.06	2.44	III
冷凝器	18	有异物	13	0.31	0.5		2.03	0.62	IV
冷凝器	19	滤网盖板损坏	13	0.08	1		0.51	0.08	IV
通风机	110	异响	2	0.5	0.5		0.51	0.25	IV
通风机	111	工作故障	2	0.5	1		0.51	0.50	III
过滤器	112	接头漏风	2	1	1		1.01	1.99	IV

从表 7.11 可以得出，空调系统的第Ⅲ类故障等级下所有故障模式的故障危害度之和为 7.00（本节中不同故障等级的故障危害度均是指该故障等级下所有故障模式的故障危害度之和），第Ⅳ类故障等级的故障危害度为 13.19。进一步根据 FMECA 表中的故障等级和故障模式危害度对空调各故障模式进行危害性矩阵分析，空调系统危害度矩阵图如图 7.8 所示。

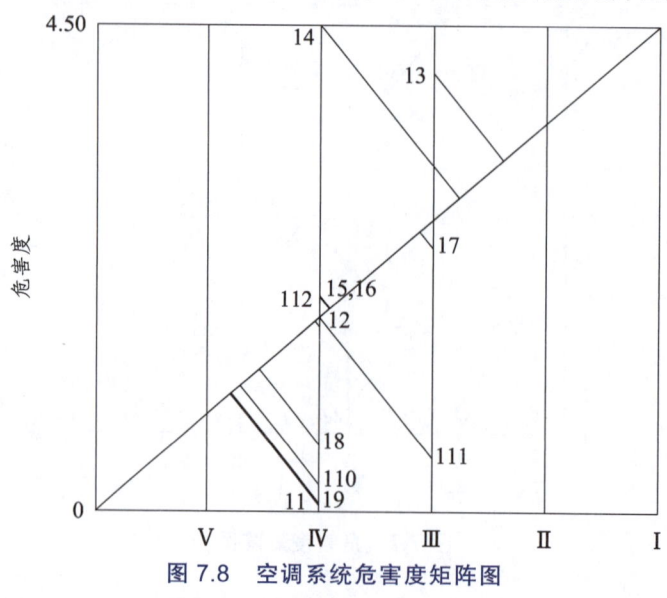

图 7.8 空调系统危害度矩阵图

从图 7.8 可以看出，空调故障模式的危害度从高到低依次为：13（蒸发器翅片变形）、14（电磁阀漏风）、17（冷凝器翅片变形）、15（压缩机过载）、16（压缩机故障）、112（过滤器接头漏风）、111（通风机故障）、12（蒸发器有异物）、18（冷凝器有异物）、110（通风机异响）、19（冷凝器滤网盖板损坏）、11（蒸发器盖板损坏）。

2）车门系统的 FMECA

车门系统的 FMECA 见表 7.12。

表 7.12 车门系统的 FMECA

组件	编号	故障模式	故障总次数	故障模式频数比 α	故障影响概率 β	工作时间 T/万 h	故障率 λ	危害度 C	严酷度
指示灯	21	不亮	21	0.38	1		4.06	3.04	IV
	22	门关闭亮红灯		0.1	1		1.01	0.20	IV
	23	防护盖丢失		0.52	1		5.58	5.72	IV
上导轨	24	关门抗磨	11	0.46	0.5		2.54	1.15	III
	25	滚轮破损卡滞		0.27	0.1		1.52	0.08	II
	26	防松标记错位		0.27	0.1		1.52	0.08	IV
下摆臂	27	下摆臂与导轨距离超限抗磨	31	0.78	0.1		12.18	1.87	III
	28	下摆臂卡滞		0.19	0.5		3.04	0.57	III
	29	滚轮异响		0.03	0.1		0.51	0.00	III
隔离锁	210	隔离锁开关失效	9	0.67	1	1.971（2018—2020年，每天按运营 18 h 计算）	3.04	4.01	II
	211	隔离锁卡滞		0.22	0.5		1.01	0.22	III
	212	螺栓防松标错位		0.11	0.1		0.51	0.01	IV
紧急解锁装置	213	紧急解锁盖板破损	25	0.68	0.5		8.63	5.78	V
	214	钢丝绳过松		0.12	0.5		1.52	0.18	IV
	215	紧急解锁功能故障		0.2	1		2.54	1.00	II
辅助锁	216	锁扣与锁体位置不合抗磨	57	0.77	0.5		23.32	17.70	III
	217	螺栓防松标错位		0.05	0.1		1.52	0.01	IV
	218	门故障		0.05	1		1.52	0.15	III
	219	上下辅助锁动作不一致		0.13	1		3.55	0.91	III
主锁	220	距离不合抗磨	72	0.82	0.5		29.93	24.19	IV
	221	螺栓防松标错位		0.07	0.1		2.54	0.04	IV
	222	开关门故障		0.04	1		1.52	0.12	II
	223	滚柱卡滞		0.07	0.5		2.54	0.18	III
门控器	224	开关门故障	13	1.00	1		6.60	13.01	II

从表 7.12 可以得出，车门系统的第 Ⅱ 类故障等级下所有故障模式的故障危害度为 18.22，第 Ⅲ 类故障等级的故障危害度为 22.75，第 Ⅳ 类故障等级的故障危害度为 33.47。进一步根据 FMECA 表中的故障等级和故障模式危害度对车门各故障模式进行危害性矩阵分析，车门系统危害度矩阵图如图 7.9 所示。

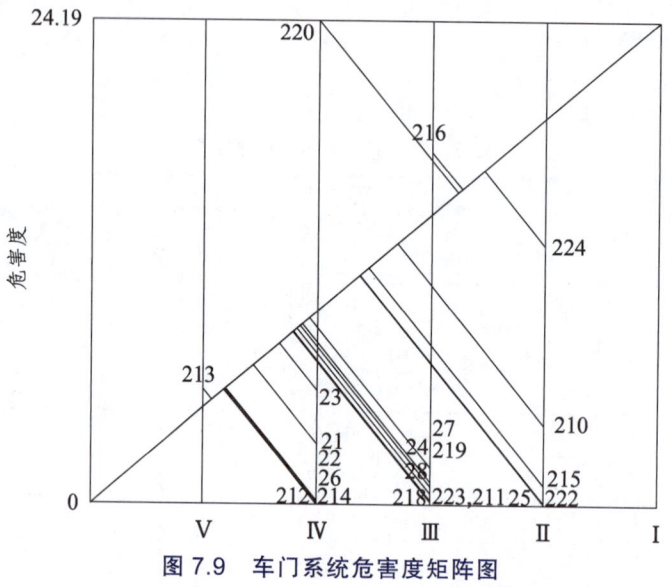

图 7.9　车门系统危害度矩阵图

从图 7.9 可以看出，车门故障模式的危害度从高到低依次为：224（门控器故障）、216（锁扣与锁体位置不合抗磨）、220（主锁距离不合抗磨）、210（隔离锁开关失效）、215（紧急解锁功能故障）、222（主锁导致开关门故障）、25（上导轨滚轮破损卡滞）、27（下摆臂与导轨距离超限抗磨）、24（上导轨导致关门抗磨）、219（上下辅助锁动作不一致）、28（下摆臂卡滞）、223（主锁滚柱卡滞）、211（隔离锁卡滞）、218（辅助锁导致门故障）、23（指示灯防护盖丢失）、21（指示灯不亮）、22（指示灯门关闭亮红灯）、26（上导轨防松标记错位）、214（钢丝绳过松）、212（隔离锁螺栓防松标错位）、213（紧急解锁盖板破损）。

3）制动系统的 FMECA

制动系统的 FMECA 见表 7.13。

表 7.13　制动系统的 FMECA

组件	编号	故障模式	故障总次数	故障模式频数比 α	故障影响概率 β	工作时间 t/万 h	平均故障率 λ	危害度 C	严酷度
制动盘	31	存有异物	24	1	0.5	1.971（2018—2020 年，每天按运营 18 h 计算）	12.18	12.00	Ⅲ
制动夹钳	32	平衡滑块超限	14	0.79	1		5.58	8.69	Ⅲ
	33	风管脱胶		0.07	0.5		0.51	0.04	Ⅲ
	34	有异物		0.14	0.1		1.01	0.03	Ⅲ
主空压机	35	漏油/渗油	18	0.27	1		2.54	1.35	Ⅱ
	36	异常排风		0.17	1		1.52	0.51	Ⅲ
	37	差压阀动作		0.06	0.5		0.51	0.03	Ⅲ

续表

组件	编号	故障模式	故障总次数	故障模式频数比 α	故障影响概率 β	工作时间 t/万 h	平均故障率 λ	危害度 C	严酷度
主空压机	38	安装螺母故障	18	0.11	0.5	1.971（2018—2020 年，每天按运营18 h 计算）	1.01	0.11	Ⅳ
	39	安装梁裂纹		0.06	1		0.51	0.06	Ⅱ
	310	源头质量问题		0.22	0.5		2.03	0.44	Ⅲ
	311	温度贴片丢失		0.11	0.5		1.01	0.11	Ⅳ
辅助空压机	312	盖板螺栓松动	21	0.05	0.5		0.52	0.03	Ⅳ
	313	压力调节器故障		0.33	1		3.55	2.31	Ⅲ
	314	风压表过期		0.57	0.5		6.09	3.42	Ⅳ
	315	侧风管漏风		0.05	1		0.51	0.05	Ⅲ
制动缸	316	有异物	1	1	0.5		0.51	0.50	Ⅲ

从表 7.13 可以得出，制动系统的第Ⅱ类故障等级下所有故障模式的故障危害度为 1.41，第Ⅲ类故障等级的故障危害度为 24.6，第Ⅳ类故障等级的故障危害度为 3.67。进一步根据 FMECA 表中的故障等级和故障模式危害度对制动系统各故障模式进行危害性矩阵分析，如图 7.10 所示。

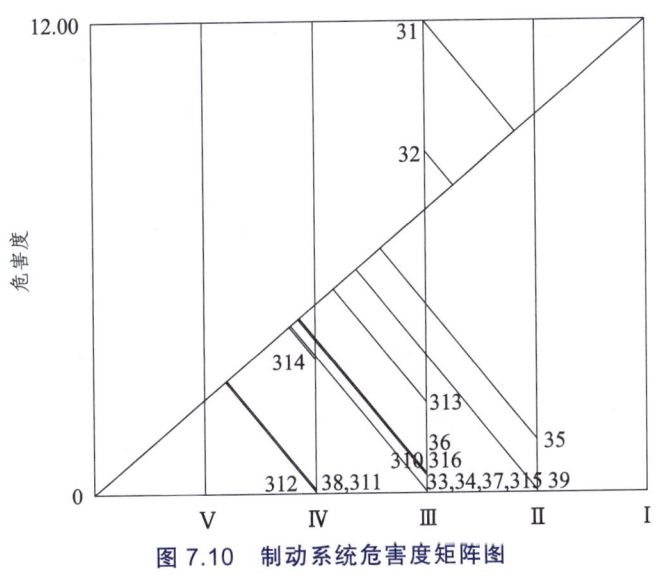

图 7.10 制动系统危害度矩阵图

从图 7.10 可以看出，制动系统故障模式的危害度从高到低依次为：31（制动盘有异物）、32（制动夹钳平衡块超限）、35（主空压机漏油、渗油）、39（主空压机安装梁裂纹）、313（辅助空压机压力调节器故障）、36（主空压机异常排风）、316（制动缸有异物）、310（主空压机源头质量问题）、37（主空压机差压阀动作）、34（制动夹钳有异物）、315（辅助空压机侧风管漏风）、33（制动夹钳风管脱胶）、314（辅助空压机风压表过期）、38（主空压机安装螺母故障）、311（主空压机温度贴片丢失）、312（辅助空压机盖板螺栓松动）。

4）牵引系统的 FMECA

牵引系统的 FMECA 见表 7.14。

表 7.14 牵引系统的 FMECA

组件	编号	故障模式	故障总次数	故障模式频数比 α	故障影响概率 β	工作时间 t/万 h	平均故障率 λ	危害度 C	严酷度
速度传感器	41	工作故障	11	0.09	1	1.971（2018—2020年，每天按运营 18 h 计算）	0.51	0.09	Ⅱ
	42	紧固螺栓松动		0.18	1		1.01	0.36	Ⅲ
	43	腻子松脱		0.64	0.5		3.55	2.24	Ⅳ
	44	传感器线抗磨		0.09	0.1		0.51	0.01	Ⅲ
冷却风机	45	裙板锁失效	5	0.4	1		1.01	0.80	Ⅳ
	46	有异物		0.2	0.5		0.51	0.10	Ⅳ
	47	安装螺栓松动		0.4	0.1		1.01	0.08	Ⅴ
牵引电机	48	温度贴片损坏	31	0.29	0.1		4.57	0.26	Ⅴ
	49	注油嘴防尘嘴防尘堵丢失		0.19	0.1		3.04	0.11	Ⅳ
	410	风道破损		0.35	1		5.58	3.85	Ⅳ
	411	滤网有异物		0.07	0.1		1.01	0.01	Ⅳ
	412	熔断线破损		0.10	1		1.52	0.30	Ⅲ
牵引变压器	413	有异物	11	0.64	0.1		3.55	0.45	Ⅲ
	414	固定螺栓松动		0.36	0.1		2.03	0.14	Ⅲ

从表 7.14 可以得出，牵引系统的第Ⅱ类故障等级下所有故障模式的故障危害度之和为 0.09，第Ⅲ类故障等级的故障危害度为 1.26，第Ⅳ类故障等级的故障危害度为 7.11，第Ⅴ类故障等级的故障危害度为 0.34。进一步根据 FMECA 表中的故障等级和故障模式危害度对牵引系统各故障模式进行危害性矩阵分析，如图 7.11 所示。

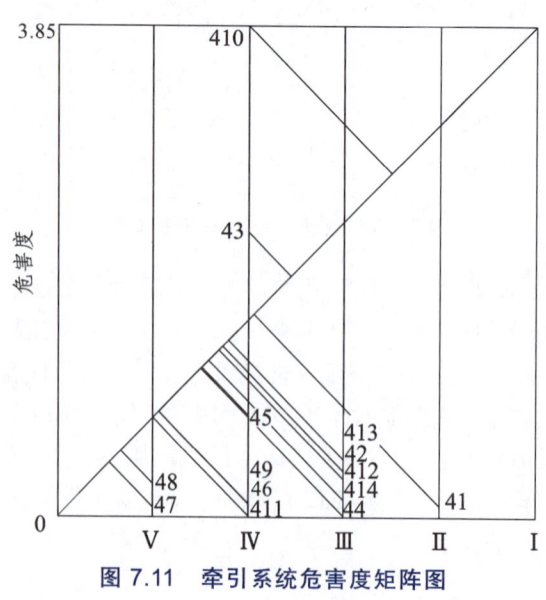

图 7.11 牵引系统危害度矩阵图

从图 7.11 可以看出，牵引系统故障模式的危害度从高到低依次为：410（牵引电机风道破损）、43（速度传感器腻子松脱）、41（速度传感器故障）、413（牵引变压器有异物）、42（速度传感器紧固螺栓松动）、412（牵引电机熔断线破损）、414（牵引变压器固定螺栓松动）、45（冷却风机裙板锁失效）、44（速度传感器传感线抗磨）、49（牵引电机注油嘴防尘嘴防尘堵丢失）、46（冷却风机有异物）、411（牵引电机滤网有异物）、48（牵引电机温度贴片损坏）、47（冷却风机安装螺栓松动）。

7.3.2 车辆典型系统的 FMECA 小结

1）各类故障的危害度

对车辆的空调、车门、制动、牵引系统的故障危害性进行统计，见表 7.15。

表 7.15 车辆部分系统故障危害性统计

系统	Ⅱ	Ⅲ	Ⅳ	Ⅴ
空调	—	7	13.19	—
车门	18.22	22.75	33.47	—
制动	1.41	24.6	3.67	—
牵引	0.09	1.26	7.11	0.34

由表 7.15 可知，空调系统发生故障的危害性等级大部分集中在第Ⅲ类和第Ⅳ类故障，这跟空调系统的功能有关，因为大部分空调系统的故障并不会对列车运行产生很大的影响。车门系统的故障在第Ⅱ类、第Ⅲ类、第Ⅳ类故障当中均存在，且故障的危害度较其他系统都大得多。造成这种现象的原因：一是城际动车组由 8 节车厢编组而成，车门多，车门系统故障率比较高；二是城际动车组相较于高速列车来说停车距离短，车门开关频繁，从而导致车门故障频发。制动系统的主要故障为第Ⅲ类故障。总体来说，牵引系统故障发生的频率不高，故障模式相对较少，但各个类型的故障均存在。在维修策略的实施过程中应该重点关注第Ⅱ类故障，尤其是危害度较大的系统，在必要时要进行专项的普查、改造等。

2）列车故障中第Ⅱ类故障

对列车的第Ⅱ类故障进行统计（见表 7.16），通过对第Ⅱ类故障中危害度进行排序，找到其中最薄弱的环节，在维保策略中需要重点关注。

表 7.16 列车第Ⅱ类故障

编号	故障模式	危害度	所属系统
223	门控器导致开关门故障	13.01	车门系统
210	隔离锁开关失效	4.01	车门系统
35	主空压机漏油/渗油	1.35	制动系统
215	紧急解锁功能故障	1	车门系统
222	主锁导致开关门故障	0.12	车门系统

续表

编号	故障模式	危害度	所属系统
41	速度传感器故障	0.09	牵引系统
25	滚轮破损卡滞	0.08	车门系统
39	主空压机安装梁有裂纹	0.06	制动系统

由表7.16可知，在第Ⅱ类故障中危害度较大的是门控器故障、隔离锁开关失效、主空压机漏油/渗油和紧急解锁功能故障等。在维修策略实施中要做到此类故障的重点关注、着重检查，并采取措施。

3）列车故障中第Ⅲ类故障

对列车的第Ⅲ类故障进行统计（见表7.17），通过对第Ⅲ类故障中危害度进行排序，找到其中最薄弱的环节，在考虑维修修程的情况下对维修的内容进行修改。

表7.17 列车第Ⅲ类故障

编号	故障模式	危害度	所属系统
216	锁扣与锁体位置不合抗磨	17.7	车门系统
31	制动盘	12	制动系统
32	制动夹钳	8.69	制动系统
13	蒸发器翅片变形	4.06	空调系统
17	冷凝器翅片变形	2.44	空调系统
313	主空压机压力调节器故障	2.31	制动系统
27	下摆臂与导轨距离超限抗磨	1.87	车门系统
24	关门抗磨	1.15	车门系统
219	上下辅助锁动作不一致	0.91	车门系统
28	下摆臂卡滞	0.57	车门系统
36	主空压机异常排风	0.51	制动系统
111	通风机工作故障	0.5	空调系统
316	制动缸有异物	0.5	制动系统
413	牵引变压器有异物	0.45	牵引系统
310	主空压机源头质量问题	0.44	制动系统
42	速度传感器紧固螺栓松动	0.36	牵引系统
412	牵引电机熔断线破损	0.3	牵引系统
211	隔离锁卡滞	0.22	车门系统
223	主锁滚柱卡滞	0.18	车门系统
218	辅助锁故障	0.15	车门系统
414	牵引变压器固定螺栓松动	0.14	牵引系统

续表

编号	故障模式	危害度	所属系统
315	辅助空压机侧风管漏风	0.05	制动系统
33	风管脱胶	0.04	制动系统
34	有异物	0.03	制动系统
37	主空压机差压阀动作	0.03	制动系统
44	传感器线抗磨	0.01	牵引系统

由表 7.17 可知，在列车部件的故障当中，第Ⅲ类故障虽然没有第Ⅱ类故障导致的后果严重，但此类故障确是列车故障当中最频发的故障，在列车的故障当中占据了很大的比例，甚至还存在个别部件的危害度大于第Ⅱ类故障。所以，此类故障的维修策略在实施过程中需要实时关注，以便在维修周期不合适时及时调整。

7.4 城际动车组系统修维修策略优化

车辆系统修维修策略优化在不降低列车检修强度、不违背车辆维修手册和降低检修作业质量的前提下，通过规程调整、工艺和作业流程优化，提高检修质量及风险控制，达到保质保量提高供车效率的目的。现行的系统修是多级检修与专项修相结合的，需要扣车的检修模式，在一定程度上大大降低了列车的上线率，因此对于系统修的内容需要进行优化来提高列车的上线率。

此外，根据系统修的设置原则可知，系统修维修方案的优化是针对不同层级检修内容的完善。在向系统修切换的过程中，遵循着在保证质量安全以及车辆各专业关键系统、关键设备检修内容不变的前提下，根据运营维修检测大数据，依据各个系统的 RAMS 模型和统计结果，优化制定合理的预防性维修周期；进一步将二级修中的 30 天包、60 天包、90 天包的检修工作量分配到每个月中与四日检合并，利用窗口期（天窗期）进行维修作业；将二级修中的 90 天包、180 天包与年检的工作量分配到每个月中并进行合并，利用窗口期（天窗期）进行维修作业任务的优化与整合。本节将以几个具有代表性的城际动车组步序包与作业优化进行示例分析。

7.4.1 城际动车组系统修作业包现状概述

1. 城际动车组系统修流程

城际动车组系统修主要是依据列车天窗期来进行维修维护作业的。系统修流程图如图 7.12 所示。

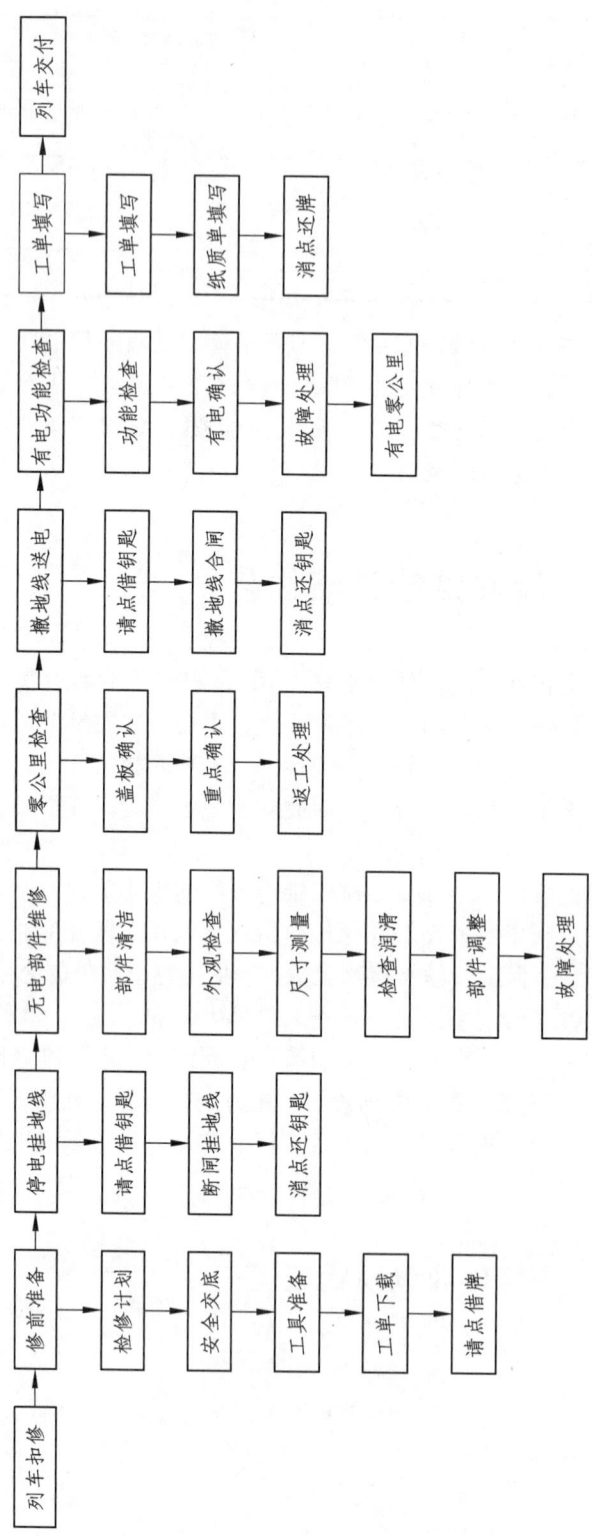

图 7.12 城际动车组系统修流程图

2. 不同间隔周期步序包示例

城际动车组系统修规程的初值设置来源于车辆制造厂商提供的部件维修卡片。动车组制造厂商主要从各系统、部件具体维修项目的周期、所需条件及工装器具方面编制维修卡片，对各检查维修项目的工序、时长匹配、人员安排等方面并未考虑。

（1）以供风及制动系统为例，维修卡片见表 7.18。

表 7.18 城际动车组维修卡片（供风及制动系统）

序号	项目名称	系统	检查周期	检修方式	维修卡编号	检修辆序	人员
1	主空压机旋风式过滤器滤芯清洁	供风制动	30 天/3 万 km	清洁	CRH6-I2-7113-01A	03，07	2
2	辅助空气压缩机检测	供风制动	30 天/3 万 km	检测	CRH6-I2-7160-01	04，06	2
3	主空压机检查、润滑油取样	供风制动	30 天/3 万 km	取样	CRH6-I2-7110-01A	03，07	2
4	紧急制动功能检查	供风制动	60 天/6 万 km	检查，功能测试	CRH6-I2-7000-02A	01，00	1
5	制动控制装置检查	供风制动	60 天/6 万 km	检查	CRH6-I2-7200-01	01，02，03，04，05，06，07，00	2
6	常用、快速制动缓解功能检查	供风制动	60 天/6 万 km	检查	CRH6-I2-7000-01A	01，02，03，04，05，06，07，00	2
7	制动管路状态及空气软管外观检查	供风制动	60 天/6 万 km	检查	CRH6-I2-7280-01	01，02，03，04，05，06，07，00	2
8	调压器（CMGV）、排水阀检测	供风制动	90 天/9 万 km	检测	CRH6-I2-7150-01A	03，07	2
9	总风缸安全阀动作值测试	供风制动	180 天/18 万 km	检测	CRH6-S-7121-02A	03，07	2
10	主空压机旋风式过滤器滤芯更换	供风制动	360 天/36 万 km	更换	CRH6-S-7110-01A	03，07	2
11	主空压机润滑油和油过滤器更换	供风制动	360 天/36 万 km	更换	CRH6-S-7110-02A	03，07	2
12	主空压机管道过滤器检修	供风制动	360 天/36 万 km	维修	CRH6-S-7110-03A	03，07	2
13	主空压机管道节流喷嘴检修	供风制动	360 天/36 万 km	维修	CRH6-S-7110-04A	03，07	2
14	主空压机管道排水孔滤网检修	供风制动	360 天/36 万 km	维修	CRH6-S-7110-05A	03，07	2

参照 7.3 节的分析方法，对各车辆各系统进行检修周期的分析，整合成具有相同或相近时长的步序包。

（2）检修间隔周期短于一年的步序包见表7.19~表7.22。

表7.19 系统修修程步序包建议方案（30天组）

序号	项目名称	系统	检修方式	维修卡编号	检修辆序	人员
A	操纵台设备检查	车体	检查	CRH6-I2-D150-01A	01，00	1
A	YH400电连接器检查	车端连接	检查	CRH6-I2-2200-01	01，02，03，04，05，06，07，00	2
A	轴温实时监测系统检测	转向架及其辅助	检测	CRH6-I2-3610-01	01，02，03，04，05，06，07，00	2
A	司机室功能检查	驾驶设施	检查	CRH6-I2-D000-01A	01，00	1
A	前窗加热器检查	驾驶设施	检查	CRH6-I2-1414-01	01，00	1
B	牵引变压器检查及清洁	主供电	检查，清洁	CRH6-I2-4500-01	02，06	2
B	牵引变流器检查及清洁	牵引	检查，清洁	CRH6-I2-5100-01A	02，03，06，07	2
C	主空压机旋风式过滤器滤芯清洁	供风制动	清洁	CRH6-I2-7113-01A	03，07	2
C	辅助空气压缩机检测	供风制动	检测	CRH6-I2-7160-01	04，06	2
C	主空压机检查、润滑油取样	供风制动	取样	CRH6-I2-7110-01A	03，07	2
D	空调新风过滤网清洁	空调	清洁	CRH6-I2-A000-02A	01，02，03，04，05，06，07，00	2
D	空调混合风过滤网清洁	空调	清洁	CRH6-I2-A000-03A	01，02，03，04，05，06，07，00	3

表7.20 系统修修程步序包建议方案（60天组）

序号	项目名称	系统	检修方式	维修卡编号	检修辆序	人员
A	外绝缘高压电缆组件检查及清洁	主供电	检查，清洁	CRH6-I2-4221-01	01，02，03，04，05，06，07，00	2
A	特高压电缆普利卡管检查	主供电	检查	CRH6-I2-4221-02	02，06	1
A	受电弓检测及清洁	主供电	检测，清洁	CRH6-I2-4110-01	04，06	2
A	高压隔离开关检查及清洁	主供电	检查，清洁	CRH6-M1-4212-01	04，06	2
A	车顶外皮清洗	车体	清洁	CRH6-I2-1120-01	01，02，03，04，05，06，07，00	3
B	辅助整流器检查及清洁	辅助电气	检查，清洁	CRH6-I2-6100-02	01，00	3
B	接地继电器检查及清洁	辅助电气	检查，清洁	CRH6-I2-6520-03	02，06	2

续表

		60天/6万km（全年）				
序号	项目名称	系统	检修方式	维修卡编号	检修辆序	人员
B	辅助电源装置滤网清洁	辅助电气	检查，清洁	CRH6-I2-6120-01	01, 00, 05, 04	2
	自动过分相检测	主供电	检测	CRH6-I2-4250-01	04, 06	2
	油冷却器金属过滤器网清洁	主供电	清洁	CRH6-I2-452A-01	02, 06	2
	牵引电机冷却风机滤网清洁	牵引	清洁	CRH6-I2-5330-03	02, 03, 06, 07	3
	牵引变流器裙板滤网清洁	牵引	清洁	CRH6-I2-5212-01	02, 03, 06, 07	3
	牵引电机检查及清洁	牵引	检查，清洁	CRH6-I2-5310-01	02, 03, 06, 07	3
	牵引电机进风口滤网清洁	牵引	清洁	CRH6-I2-5330-02	02, 03, 06, 07	3
C	紧急制动功能检查	供风制动	检查，功能测试	CRH6-I2-7000-02A	01, 00	1
	空调控制盘检查及清洁	空调	检查，清洁	CRH6-I2-A510-05A	01, 02, 03, 04, 05, 06, 07, 00	1
	司机室空调机组检查及清洁	空调	检查，清洁	CRH6-I2-A200-01A	01, 00	2
	制动控制装置检查	供风制动	检查	CRH6-I2-7200-01	01, 02, 03, 04, 05, 06, 07, 00	2
	常用、快速制动缓解功能检查	供风制动	检查	CRH6-I2-7000-01A	01, 02, 03, 04, 05, 06, 07, 00	2
	风口检查与清洁	空调	检测，清洁	CRH6-I2-A320-04A	01, 02, 03, 04, 05, 06, 07, 00	2
	制动管路状态及空气软管外观检查	供风制动	检查	CRH6-I2-7280-01	01, 02, 03, 04, 05, 06, 07, 00	2
D	客室侧门（塞拉门）检测及清洁	外门及车内设施	检查	CRH6-I2-C100-01A	01, 02, 03, 04, 05, 06, 07, 00	2
	司机室侧门检查	外门及车内设施	检查	CRH6-I2-C100-02	01, 00	1
	火灾、紧急蜂鸣器功能检查	网络及辅助监控	功能测试	CRH6-I2-8400-02	01, 02, 03, 04, 05, 06, 07, 00	2
	司机室前舱设备检查	驾驶设施	检查	CRH6-I2-D000-02A	01, 00	1

表7.21 系统修修程步序包建议方案（90天组）

序号	项目名称	系统	检修方式	维修卡编号	检修辆序	人员
A	空调机组检查及清洁	空调	检查，检测	CRH6-M2-A000-02A	01，02，03，04，05，06，07，00	2
	空调机组内部检查及清洁	空调	检查，清洁	CRH6-M2-A000-01A	01，02，03，04，05，06，07，00	4
	视频监控系统检查	网络及辅助监控	检查	CRH6-M2-8530-01A	01，02，03，04，05，06，07，00	1
	折棚风挡检查及清洁	车端连接	检查，清洁	CRH6-M2-2620-01	01，02，03，04，05，06，07，00	2
	空调导流罩检查	车体	检查	CRH6-M2-1330-02	01，02，03，04，05，06，07，00	1
	受电弓关节轴承润滑	主供电	润滑	CRH6-M2-4114-01	04，06	2
	组合配电柜检查及清洁	辅助电气	检查，清洁	CRH6-I2-6520-01	01，02，03，04，05，06，07，00	1
	司机室配电柜检查及清洁	辅助电气	检查，清洁	CRH6-I2-6520-05	01，00	1
	接触器盘检查及清洁	辅助电气	检查，清洁	CRH6-I2-6520-02	02，06	1
	刮雨器安装螺栓检查	辅助电气	检查，检测	CRH6-M2-D220-01B	01，00	2
	污物配电盘检查及清洁	辅助电气	检查，清洁	CRH6-I2-6520-04	01，02，03，04，05，06，07，00	1
	侧门排水槽清洁	外门及车内设施	清洁	CRH6-M2-C100-01	01，00	1
	客室侧门（塞拉门）润滑	外门及车内设施	润滑	CRH6-M2-C100-01A	01，02，03，04，05，06，07，00	2
B	液位显示器检查	给排水卫生	检查	CRH6-M1-B112-02A	01，03，05，07	1
	调压器（CMGV）、排水阀检测	供风制动	检测	CRH6-I2-7150-01A	03，07	2
	供排水装置检查及清洁	给排水卫生	检查，清洁	CRH6-M2-B122-01A	01，03，05，07	2
	污物箱清洁	给排水卫生	清洁	CRH6-M2-B132-01A	01，03，05，07	2
	真空污物装置检查	给排水卫生	检查	CRH6-M2-B130-01A	01，03，05，07	2
	轮对尺寸人工测量	转向架及其辅助	测量	CRH6-M2-3110-01	01，00	2
	空气弹簧高度测量	转向架及其辅助	测量	CRH6-M2-3410-01A	01，02，03，04，05，06，07，00	2
	转向架撒砂装置状态检查	转向架及其辅助	检查	CRH6-M2-3810-01	01，02，07，00	2
	联轴节检查	转向架及其辅助	检查	CRH6-M2-3510-01	02，03，06，07	2

7 城际动车组系统修

续表

序号	项目名称	系统	检修方式	维修卡编号	检修辆序	人员
	\multicolumn{6}{c}{90天/9万km（全年）}					

序号	项目名称	系统	检修方式	维修卡编号	检修辆序	人员
B	接地装置（AB-414E）检查	转向架及其辅助	检查	CRH6-M2-3720-01A	01，00	2
	头罩开闭机构检查及润滑	车端连接	检查，润滑	CRH6-M2-2100-01	01，00	2
	自动车钩缓冲装置检查及润滑	车端连接	检查，润滑	CRH6-M2-2200-01A	01，00	2
	蓄电池装置检查及清洁	辅助电气	检查，清洁	CRH6-M2-6210-01A	01，04，05，00	4
	辅助电源装置检查及清洁	辅助电气	检查，清洁	CRH6-M2-6100-01	01，04，05，00	3

表7.22 系统修修程步序包建议方案（180天组）

序号	项目名称	系统	检修方式	维修卡编号	检修辆序	人员
	\multicolumn{6}{c}{180天/18万km（全年）}					

序号	项目名称	系统	检修方式	维修卡编号	检修辆序	人员
A	盥洗设备检测及清洁	给排水卫生	检测，清洁	CRH6-I2-B540-01A	01，03，05，07	2
	烟火报警系统检查及卫生间过滤棉更换	网络及辅助监控	更换	CRH6-M3-8400-01	01，02，03，04，05，06，07，00	2
	高压设备箱检查及清洁	主供电	检查，清洁	CRH6-M3-423A-01A	02，06	2
	残疾人卫生间门检测	外门及车内设施	检查，检测	CRH6-M3-C460-01	05	1
	包间拉门检查	外门及车内设施	检查	CRH6-I2-C330-01	04	1
	干线绝缘测量	辅助电气	测量	CRH6-M3-6520-07A	01，02，03，04，05，06，07，00	3
	绝缘测量	辅助电气	测量	CRH6-M3-6520-06A	01，02，03，04，05，06，07，00	3
	视频装置检查	旅客信息	检查	CRH6-M3-9300-01A	01，02，03，04，05，06，07，00	1
	刮雨器水箱检查及清洁	驾驶设施	检查	CRH6-M3-D220-01	01，00	1
B	婴儿护理台检查	给排水卫生	检查	CRH6-I2-B572-01	05	1
	接地电阻检查及清洁	主供电	检查，清洁	CRH6-M2-4412-01A	01，02，03，04，05，06，07，00	2
	过渡车钩检查及润滑	车端连接	检查，润滑	CRH6-M3-2300-01A	01，00	2
	空调冷凝器、蒸发器清洁	空调	清洁	CRH6-M3-A000-01A	01，02，03，04，05，06，07，00	2
	座椅检查	外门及车内设施	检查	CRH6-M3-C610-01	01，02，03，04，05，06，07，00	2
	翻转座椅检查	外门及车内设施	检查	CRH6-M3-C615-02	01，02，03，04，05，06，07，00	1
	牵引电机冷却风机驱动电机排水	牵引	排水	CRH6-I2-5330-04	02，03，06，07	2

续表

序号	项目名称	系统	检修方式	维修卡编号	检修辆序	人员
	180 天/18 万 km（全年）					
B	接触器箱检查及清洁	辅助电气	检查，清洁	CRH6-M2-6500-01	02,03,04,06,07	2
B	废排装置检查及清洁	空调	检查，清洁	CRH6-M2-A320-01A	01,02,03,04,05,06,07,00	2
B	空调压力保护装置检查	空调	检查	CRH6-M2-A530-01A	01,02,03,04,05,06,07,00	4
C	撒砂装置功能试验	转向架及其辅助	功能测试	CRH6-S-3810-03	01,02,07,00	2
C	总风缸安全阀动作值测试	供风制动	测试	CRH6-S-7121-02A	03,07	2

（3）检修间隔周期近似一年的步序包见表 7.23。

表 7.23 系统修修程步序包建议方案（360 天组）

序号	项目名称	系统	检修方式	维修卡编号	检修辆序	人员
	360 天/36 万 km（全年）					
A	烟火报警系统客室及包间过滤棉更换	网络及辅助监控	检查，检测	CRH6-S-8400-01	01,02,03,04,05,06,07,00	2
B	主空压机旋风式过滤器滤芯更换	供风及制动系统	更换	CRH6-S-7110-01A	03,07	2
B	主空压机润滑油和油过滤器更换	供风及制动系统	更换	CRH6-S-7110-02A	03,07	2
B	主空压机管道过滤器检修	供风及制动系统	维修	CRH6-S-7110-03A	03,07	2
B	主空压机管道节流喷嘴检修	供风及制动系统	维修	CRH6-S-7110-04A	03,07	2
B	主空压机管道排水孔滤网检修	供风及制动系统	维修	CRH6-S-7110-05A	03,07	2

7.4.2 城际动车组系统修作业包优化

1. 系统修部分作业包初值设定原则

某城际运营公司的线路某型车辆仍以预防性维修为主，以每列车为单位，维修周期天数分别为 4 天、30 天、60 天、90 天、180 天、360 天等，维修周期天数为 4 天的除外均需要扣车完成，各级修程的维修停时及人员需求见表 7.24 所示。

表 7.24 某城际铁路不同维修等级检修概况

维修等级	维修周期	作业时间	作业人员
一级修	≤6 600 km 或 96 h	160 min/列	机械师 4 名
二级修	30 天 3 万 km/全年 30 天 3 万 km/11 月—次年 3 月	480 min/列	机械师 8 名
	60 天 6 万 km/全年	960 min/列	机械师 12 名
	90 天 9 万 km/全年	960 min/列	机械师 12 名
	180 天 18 万 km/全年 180 天/全年 180 天 30 万 km/全年	1 440 min/列	机械师 12 名
	360 天 36 万 km/全年 360 天 60 万 km/全年	480 min/列	机械师 6 名
	25 万 km/全年	1 440 min/列（镟修）	机械师 2 名
		960 min/列（探伤）	机械师 4 名
	30 万 km/全年	180 min/列	机械师 2 名

因原修程中检修内容繁多，只能采取扣修方式开展，为改变此局面，必须将原修程重新拆分组合，将原有的以每列车为单位的定期维修切换为以车辆零部件为最小检修单元的维修模式，将原来需要扣车修的多级修程合并后再优化拆分成符合当前线路的不同的（月度）修程，每个月所有车辆都执行同一份修程。

城际动车组的运营时间较城市轨道交通不同，后者的运营时间为每天的 5:00—24:00，而城际动车组由于其线路时刻表是综合考虑国铁网大系统运行的时刻表而设定，其运行时刻固定，不存在地铁列车运行的平峰与高峰等时段特点。但由于周一至周五运力较低，存在不需要该线路所有列车上线的情况，可知运行列车数在工作日与周末各有不同。而一般列车不上线运营时间被称为列车运行天窗，显然每周工作日会有部分城际动车组列车存在天窗期。如果利用运行天窗期对列车进行维护、检修，则可以大大降低检修对运营的影响。

此外，城际动车组系统零部件较多，有些零部件故障间隔时间较短，每个修程都需要进行检修，有些零部件的可靠性时间比较长，只需在某几个修程进行检修即可。因此，通过对零部件的可靠性进行分析，得到其最佳检修周期，结合现行检修制度零部件预定的间隔期，将零部件维修周期 4 天、30 天、60 天、90 天、180 天、360 天的检修内容分配到不同的修程。

本书提出基于系统修的检修制度，是将某城际动车组 CRH6A 车型现行的维修周期 4 天、30 天、60 天、90 天、180 天和 360 天等检修内容均匀地分配至 12 个修程，实现动车组检修周期的初始值设定，达到真正不停库检修，充分利用"天窗期"时间进行检修，提高车辆投运率，降低车辆运营和维修成本的理论方法。

以某城际动车组 CRH6A 车型现行的需要扣车修的维修模式优化为例，详述系统修策略部分作业包初值设定原则。

首先对于某城际运营公司动车组现行的运营时长以及线路配车，暂定其每个可利用的天窗时间为 300 min，由于其 4 天检为最基础的必检项目，占用的天窗时间个数固定不变，以每月 30 天为例，至少需要占用 7 个天窗期，每个 4 天检的检修时长为 160 min，需要检查的项目也固定不变，可理解为固定包，在此基础上对维修周期 4 天、30 天、60 天、90 天、180 天、360 天的检修项目时长进行优化分配，组合成适应每个天窗时间的可变组合。

根据表 7.25，维修周期 30 天检的耗时为 480 min；60 天检耗时 960 min；90 天检耗时为 960 min；180 天检耗时为 1 440 min；360 天检耗时为 480 min。对于不同维修周期的检修时长，可以对其包含的不同检修项目依据所耗时间进行均衡分配，优化重组。由于本节仅讨论系统修作业包初值设定原则，具体检修项目依据时间优化不再赘述。具体每月所需维修时间见表 7.25。

表 7.25 不同检修周期平均每月维修时间

维修周期/天	总耗时/min	平均每月耗时/min
30	480	480
60	960	480
90	960	320
180	1 440	240
360	480	40

车辆系统修的最终目标是只利用天窗期完成所需检修项目而不用扣车，可根据如下方案进行分配：维修周期 4 天检的每月需 7 个天窗期，总维修时间为 2 100 min，故可将维修周期 4 天、30 天以及每个月需要执行的 60 天检的检修部分合并在 7 个天窗期完成。维修周期 90 天、18 天与 360 天的每个月共需维修时间 600 min，可分配到两个天窗期完成。综上，每列车每个月需 9 个天窗期完成上述检修项目。

根据上面的方案，每个月每列车所占用的天窗期时间仍比较多，因此还有较大优化空间。

2．系统修作业包与步序包优化作业管理

1）切换原则

从原多级检修的模式切换到系统修的过程中，将面临部分系统存在欠修、过度修以及切换期过长的情况，为解决这些问题，在改革实施之前首先明确了切换原则[117]，即：

（1）切换周期控制在 6 个月内。

（2）针对切换过程中可能存在欠修的系统加强检查，确保设备运行状态稳定、可靠。

2）维修模式切换方式

结合上述切换原则，同时尽量避免切换过程中设备检修周期延长带来的安全风险及隐患，假设某条线路维修模式改革的实施从 2018 年 7 月 1 日开始逐步切换为系统修，在 2018 年 1 月 1 日—6 月 30 日期间完成一次 360 天包或 720 天包的列车统一在 7 月 1 日切换成系统修，未在上半年完成 360 天包或 720 天包的列车需要完成一次年检或两年检后再开始切换到系统修模式。

例如 7 月份符合切换条件的为 1 月至 6 月完成年检及以上修程，以此类推，至次年 1 月全部列车可完成切换。

同时为保证切换期列车维修质量，成立由检修专家和专业技术人员组成的质检团队全程跟进系统修现场作业，每月进行工作小结，对维修质量进行评估，针对发现的问题充分讨论并改进。

3）切换期存在困难与对策

（1）规程设置：原规程中个别作业程序复杂、耗时较长，例如执行车钩周期性维护作业需要乘务司机配合解钩连挂，如安排在一个月的系统修中完成难度较大，且很难利用短暂的天窗期完成，为此在系统修规程设置时进行了优化，将车钩周期性维护作业分散在12个月，每个月完成3~4列车。通过规程的调整确保了每个月系统修规程内容及作业量的均衡。

（2）作业流程：在对牵引系统和辅助系统进行周期性维修时需要对箱体进行吹尘，因灰尘弥漫扩散而影响同区域其他检修作业的开展，为此特别设立了吹尘作业专项小组。小组成员利用集体午休时间开展吹尘作业，作业完毕后补休，这样既可保证作业进度及质量，又避免了交叉作业带来的影响。

3. 城际动车组系统修优化

车辆系统修是一个覆盖全服役期的、结合实时状态的、动态划分周期的预防性维修策略。在不降低列车检修强度、不违背车辆维修手册和降低检修作业质量的前提下，通过规程调整、工艺和作业流程优化，提高检修质量，达到保质保量提高供车效率的目的。

1）工艺和作业流程优化

随着客流量的增长所催生的供车需求，导致列车维修所需要的时间远远大于天窗期所拥有的时间，所以如何减少列车维修所需时间、减少列车扣车率、增加列车的上线率，成为目前系统修优化的重要方向之一。

系统修是一个动态的不断优化的维修方式，在实施系统修维修过程中可以结合历史故障记录，通过利用 FTA、FMECA、精益六西格玛工具进行筛选，找到在系统修维修过程中存在的影响系统修效率的主要原因，并根据所发现的问题有针对性、动态地调整系统修的作业包，来提高系统修的维修效率。以某城际某线为例，该线路列车的费时因素以及改进措施见表7.26。

表7.26 列车费时因素改进措施

分类	序号	影响因素	改进措施
无电及有电功能检查	1	故障危害度低的部件检修频次高、时间长	优化个别部件的检修频次及内容；双月系统修
	2	检修规程、流程不合理	优化检修流程：重新编排作业流程
	3	故障处理时间长	对惯性故障彻底整改；加强员工技能培训，提高技能水平
	4	个别作业时间长需要优化	利用机器代替人工，优化检修周期
	5	车门防夹等重复性作业存在动作浪费	采购工器具；自主开发、制作工器具
	6	不同系统修之间作业量不均衡	优化检修内容：重新编排作业内容

续表

分类	序号	影响因素	改进措施
停、送电、修前准备及清场	7	工器具准备、运输位移浪费	工器具现场放置；工器具提前准备
	8	工器具、钥匙借用、归还问题	系统修请销点单据填写优化；使用请销点自助登记系统

通过对系统修不断进行深入分析与研究，未来可将传统的城际动车组系统修转换为差异化维修与双月系统修结合的方式。双月系统修流程优化思路及框架如图 7.13 所示。

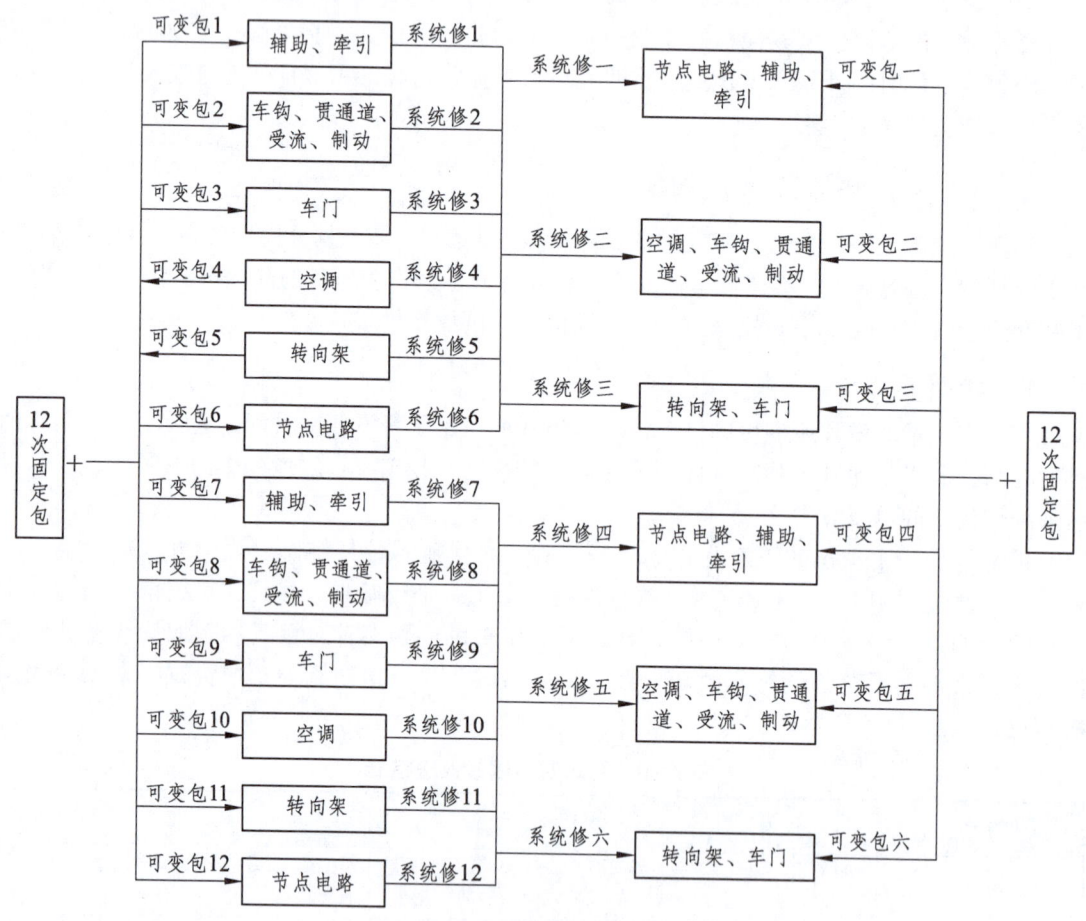

图 7.13 双月系统修流程优化

通过差异化维修与双月系统修的结合，以期望有效避免故障危害度低的部件检修频次高、时间长，检修规程不合理，不同系统修作业量不均衡等问题。

2）规程调整（检修周期）优化

以目前某城际运营公司某线路运营使用的 CRH6A 型动车组为例，其共有二级修项目 94 项，通过对历史故障数据筛选分析评价后可以从以下 6 个方面进行优化。

（1）合并一、二级修重复检查项目。

根据动车组检修运营实际，每列动车组二级修完成后上线前均会进行一级修作业，一、二级修重复的以检查为检修方式的项目，可从二级修项目中取消，由一级修完成，无新增安全风险。调整项目见表7.27。

表7.27 一、二级修项目调整

序号	项目名称	检修辆序	原检修周期	调整措施
1	操纵台设备检查	01，00	30天/3万km（全年）	与一级修合并
2	轴温实时监测系统检测	01，02，03，04，05，06，07，00	30天/3万km（全年）	与一级修合并
3	司机室功能检查	01，00	30天/3万km（全年）	与一级修合并
4	外绝缘高压电缆组件检查及清洁	02，03，04，05，06	30天/3万km（全年）	与一级修合并
5	特高压电缆普利卡管检查	02，06	30天/3万km（全年）	与一级修合并
6	YH400电连接器检查	01，02，03，04，05，06，07，00	30天/3万km（全年）	与一级修合并
7	前窗加热器检查	01，00	30天/3万km（全年）	与一级修合并
8	紧急制动功能检查	01，00	60天6万km（全年）	与一级修合并
9	常用、快速制动缓解功能检查	01，02，03，04，05，06，07，00	60天6万km（全年）	与一级修合并
10	风口检查与清洁	01，02，03，04，05，06，07，00	60天6万km（全年）	与一级修合并
11	制动管路状态及空气软管外观检查	01，02，03，04，05，06，07，00	60天6万km（全年）	与一级修合并
12	司机室侧门检查	01，00	60天6万km（全年）	与一级修合并
13	火灾、紧急蜂鸣器功能检查	01，02，03，04，05，06，07，00	60天6万km（全年）	与一级修合并
14	空调导流罩检查	01，02，03，04，05，06，07，00	90天9万km（全年）	与一级修合并
15	组合配电柜检查及清洁	01，02，03，04，05，06，07，00	90天9万km（全年）	与一级修合并
16	司机室前舱设备检查	01，00	90天9万km（全年）	与一级修合并
17	空调控制盘检查及清洁	01，02，03，04，05，06，07，00	90天9万km（全年）	与一级修合并
18	司机室配电柜检查及清洁	01，00	90天9万km（全年）	与一级修合并
19	刮雨器安装螺栓检查	01，00	90天9万km（全年）	与一级修合并
20	污物配电盘检查及清洁	01，02，03，04，05，06，07，00	90天9万km（全年）	与一级修合并
21	液位显示器检查	01，03，05，07	90天9万km（全年）	与一级修合并
22	视频监控系统检查	01，02，03，04，05，06，07，00	90天9万km（全年）	与一级修合并
23	转向架撒砂装置状态检查	01，02，07，00	90天9万km（全年）	与一级修合并

续表

序号	项目名称	检修辆序	原检修周期	调整措施
24	盥洗设备检测及清洁	01, 03, 05, 07	180天18万km（全年）	与一级修合并
25	残疾人卫生间门检测	05	180天18万km（全年）	与一级修合并
26	包间拉门检查	04	180天18万km（全年）	与一级修合并
27	视频装置检查	01, 02, 03, 04, 05, 06, 07, 00	180天18万km（全年）	与一级修合并
28	婴儿护理台检查	05	180天	与一级修合并
29	座椅检查	01, 02, 03, 04, 05, 06, 07, 00	180天	与一级修合并
30	轮对轴箱组成、轴箱定位装置检查	01, 02, 03, 04, 05, 06, 07, 00	720天60万km	与一级修合并
31	抗侧滚扭杆装置状态检查	01, 02, 03, 04, 05, 06, 07, 00	720天60万km	与一级修合并
32	踏面清扫器状态检查	01, 02, 03, 04, 05, 06, 07, 00	720天60万km	与一级修合并
33	空气弹簧组成状态检查	01, 02, 03, 04, 05, 06, 07, 00	720天60万km	与一级修合并
34	横向油压减振器状态检查	01, 02, 03, 04, 05, 06, 07, 00	720天60万km	与一级修合并
35	牵引拉杆组成检查	01, 02, 03, 04, 05, 06, 07, 00	720天60万km	与一级修合并
36	联轴节组成状态检查	02, 03, 06, 07	720天60万km	与一级修合并
37	制动管状态检查	01, 02, 03, 04, 05, 06, 07, 00	720天60万km	与一级修合并

（2）延长二级修项目周期。

结合广东现行的多条城际运营动车组检修经验与线路客流实际情况，并对所有涉及由线路实际情况而动态影响部件损耗的二级修项目逐一分析研究，部分二级修项目存在过度修情况，可在一定时间区间内将周期适当延长，根据车组运用实际效果再进行调整优化。

目前CRH6型车二级修分为车组运行30天/3万km、60天/6万km、90天/9万km等检修项目，由于广清、广州东环动车组30天运行里程约为2万km，仅为走行公里数上限的66.7%，存在过度修问题。动车组日常二级修项目中，设备除尘、滤网更换等工作占据大量工时，设备除尘、滤网清洁等作业周期与外部空气质量直接相关，根据公开资料，2020年广东省空气优良天数比例达95.5%，其中清远市排在前列，通过对比各检修周期情况下的滤网干净程度与滤网通风量，适当将动车组运行30天或运行3万km的检修周期延长至45天/3万km，推进60天/6万km延长至90天/6万km、90天/9万km延长至135天/9万km，提高车组上线率、人员利用率与减少物料消耗。

周期调整后，测量牵引变压器出风口风速和空调出风口风速，均无明显变化。主空压机旋风式过滤器滤芯清洁、主空压机检查、辅助空压机检测等项目，在周期调整后，主空压机打风时间、排水量等无明显变化，并将主空压机油位检查调整至4个一级修周期进行检查，满足动车组安全运行要求，见表7.28。

7 城际动车组系统修

表 7.28 二级修项目调整

项目	第 30 天测试数据（m/s）	第 45 天作业前测试数据（m/s）	第 45 天作业后测试数据（m/s）
牵引变压器	8.5~9.3	8.6~9.2	8.9~9.4
牵引变流器	4.3~4.8	3.3~3.7	5.1~5.6
空调	3.19~3.41	2.73~3.31	3.18~3.46

下面以前窗加热器检查项目为例进行分析，该维修项目主要作业内容为检查司机室前窗加热器的状态（检查时间限定为 11 月—次年 3 月），闭合电加热玻璃、前窗加热控制空开，待加热 20 min 后用点温枪测量前窗玻璃表面温度，读数标准范围为 14~28 ℃。

此功能主要为了解决北方严寒天气玻璃结冰问题，广东珠三角地区最冷月平均气温为 12.2 ℃ 左右（且低温天数较少），基本不存在玻璃结冰问题，且启动和关闭加热器的传感器温度节点为 14 ℃ 和 28 ℃，否则传感器不启动。因此，结合广州地区的气候情况，根据历史检修数据研究后做出对前窗加热器检查项目的检修周期进行延长的调整。调整后，根据即时温度情况进行一次加热功能测试，可满足日常生产需要。

经过逐项分析研究，针对性地制定每项作业的应急措施，在出现因检修周期延长而导致动车组安全运行风险隐患时，能够及时采取措施防止发生动车组运行安全问题。表 7.29 所列二级修项目优化调整检修周期后，不会新增安全风险。

表 7.29 二级修项目调整

序号	项目名称	检修辆序	原检修周期	调整周期	调整内容
1	操纵台设备检查	01，00	30 天/3 万 km	45 天/3 万 km	无
2	YH400 电连接器检查	全列	30 天/3 万 km	45 天/3 万 km	无
3	轴温实时监测系统检测	01，00	30 天/3 万 km	45 天/3 万 km	无
4	司机室功能检查	01，00	30 天/3 万 km	45 天/3 万 km	无
5	牵引变压器检查及清洁	02，06	30 天/3 万 km	45 天/3 万 km	无
6	牵引变流器检查及清洁	02，03，06，07	30 天/3 万 km	45 天/3 万 km	变流器滤网 30 天进行清洁
7	毛空压机旋风式过滤器滤芯清洁	03，07	30 天/3 万 km	45 天/3 万 km	无
8	辅助空气压缩机检测	04，06	30 天/3 万 km	45 天/3 万 km	无
9	主空压机检查、润滑油取样	03，07	30 天/3 万 km	45 天/3 万 km	主空压机油位检查调整至 4 个一级修周期
10	空调混合风过滤网清洁	全列	30 天/3 万 km	45 天/3 万 km	无
11	前窗加热器检查	01，00	30 天/3 万 km（11 月 1 日—次年 3 月 31 日）	11 月 1 日—次年 3 月 31 日检修一次	无
12	空调新风过滤网清洁	全列	30 天/3 万 km	60 天/6 万 km（全年）	无
13	空调控制盘检查及清洁	全列	60 天/6 万 km（全年）	90 天/9 万 km（全年）	无

续表

序号	项目名称	检修辆序	原检修周期	调整周期	调整内容
14	司机室前舱设备检查	01，00	60天/6万km（全年）	90天/9万km（全年）	无
15	自动过分相检测	04，06	60天/6万km（全年）	90天/9万km（全年）	无
16	折棚风挡检查及清洁	全列	90天/9万km（全年）	180天/18万km（全年）	无
17	真空污物装置检查	01，03，05，07	90天/9万km（全年）	180天/18万km（全年）	无
18	污物箱清洁	01，03，05，07	90天/9万km（全年）	180天/18万km（全年）	污物箱冲洗，延长至高级修

（3）缩短二级修项目周期。

与延长二级修项目周期研究方式一致，根据线上故障运用报告以及故障危害度，研究分析相应检修项目是否存在欠修情况，若存在，则缩短其检修周期。

以辅助电源装置检查及清洁检修项目为例进行分析，该项目主要作业内容为：通过拆卸相应位置的底裙板检查辅助电源装置的箱体、悬挂件、接触器控制模块，清洁装置内部的冷却风道出入口。

曾有配属某动车所的CRH6A-0617动车组担当某城际车次运行交路任务期间，01车报辅助电源装置故障（代码135），RS及空开复位均无效，机械师进行BKK扩展供电后开车，晚开24分。动车组回库下载01车辅助电源装置数据，发现多次报辅助电源装置THD（增温保护）故障，检查辅助电源装置滤网无异常，使用风枪清洁冷却风道，风道积灰严重，灰尘量较大。

以上案例可以看出辅助电源装置风道清洁作业的重要性，并且根据CRH6A型动车组同供货型号辅助电源装置的故障案例来看，由于冷却风道出入口清洁不到位而导致辅助电源装置增温故障频发。

分析认为，此二级修项目存在检修周期偏长情况，应予以缩短。调整项目见表7.30。

表7.30　二级修缩短项目周期调整

序号	项目名称	检修辆序	原检修周期	调整周期
1	辅助电源装置检查及清洁	01，04，05，00	90天/9万km（全年）	60天/6万km（全年）

（4）增加二级修项目。

对动车组故障进行统计分析，针对多发故障对比检修框架寻找作业盲点，完善检修内容，同时制定适应性的检修周期计划。调整项目见表7.31。

表7.31　二级修增加项目

序号	项目名称	检修辆序	原检修周期	检修周期
1	电茶炉检查及清洁	01，03，05，07	无	360天（全年）

7 城际动车组系统修

（5）优化作业分包生产组。

根据不同作业项目的作业条件、环境、工作量在检修周期的框架内进行适应性优化组合，避免个别部件短期内的重复拆装。这些因作业安排而分离出去的小组合包可分别用 A、B、C、D 来区分命名，如 30 天 A 包、30 天 B 包、60 天 A 包、60 天 B 包等。当月生产计划若排有某车组的 30 天包、60 天包、90 天包、180 天包，则该车实施 30 天包的当天，根据相同的作业条件因素与 60 天 B 包、90 天 B 包、180 天 B 包同时进行安排。此工作任务可根据实际的修程需求进行融合，若无则不融合。按检修周期调整作业包融合，平衡工作量，同时无新增安全风险。调整项目见表 7.32。

表 7.32 二级修项目分包调整

序号	项目名称	原隶属分包	调整措施
1	牵引变压器检查及清洁	30 天包	组合为 30 天 A 包
2	牵引变流器检查及清洁	30 天包	组合为 30 天 A 包
3	主空压机旋风式过滤器滤芯清洁	30 天包	组合为 30 天 A 包
4	辅助空气压缩机检测	30 天包	组合为 30 天 A 包
5	主空压机检查、润滑油取样	30 天包	组合为 30 天 A 包
6	空调混合风过滤网清洁	30 天包	组合为 30 天 A 包
7	空调新风过滤网清洁	60 天包	组合为 60 天 B 包，按需和 30 天 A 包合并作业
8	牵引电机冷却风机滤网清洁	60 天包	组合为 60 天 B 包，按需和 30 天 A 包合并作业
9	牵引变流器裙板滤网清洁	60 天包	组合为 60 天 B 包，按需和 30 天 A 包合并作业
10	牵引电机检查及清洁	60 天包	组合为 60 天 B 包，按需和 30 天 A 包合并作业
11	空调机组检查及清洁	90 天包	组合为 90 天 B 包，按需和 30 天 A 包合并作业
12	空调机组内部检查及清洁	90 天包	组合为 90 天 B 包，按需和 30 天 A 包合并作业
13	空调冷凝器、蒸发器清洁	180 天包	组合为 180 天 B 包，按需和 30 天 A 包合并作业
14	空调压力保护装置检查	180 天包	组合为 180 天 B 包，按需和 30 天 A 包合并作业

（6）作业项目合并。

按照检修周期相同、作业部件及位置相近原则进行作业项目合并。调整项目见表 7.33。

表 7.33 二级修项目分包调整

序号	项目名称	检修辆序	检修周期	调整措施
1	牵引电机检查及清洁	02、03、06、07	60 天/6 万 km	将牵引电机进风口滤网清洁纳入牵引电机检查及清洗作业中去，合并指导书
2	牵引电机进风口滤网清洁	02、03、06、07	60 天/6 万 km	
3	座椅检查	01、02、03、04、05、06、07、00	180 天	将翻转座椅检查纳入座椅检查作业中去，合并指导书及作业项目
4	翻转座椅检查	01、02、03、04、05、06、07、00	180 天	

3）系统修优化研究探索

CRH6A 城际动车组的牵引、供风及制动系统是以 CRH2 型动车组平台衍变而来，其性能参数基本一致。其设备维护周期结合 CRH2 型动车组往年担当的中长交路情况而定，与目前城际线路短交路的运用情况有很大不同。

（1）牵引系统。

CRH2 型动车组担当中长交路站间距较大，牵引系统满载运行使用率较 CRH6A 型动车组担当短交路高出不少，探索研究适当延长牵引系统的修程，避免过度修造成生产成本浪费。

（2）供风及制动系统。

在城际短交路 ATO 控车模式下，制动系统动作频率较高，伴随而来空压机启停频繁，探索研究是否有缩短供风及制动系统修程的必要，以消除运用隐患。

总之，伴随着都市圈的形成或发展，城际动车组的发展也注定会展露出一个新的积极的发展趋势，对这种介于地铁列车与高速列车两种成熟的交通工具之间的一种新的事物，对其维修策略的研究与优化是必然的。经过优化后的系统修维修模式在地铁列车上验证了其优越性与经济合理性，根据抽屉原理，可以相信系统修在城际动车组应用过程中也可以达到相同的效果。虽然目前对城际动车组系统修维修策略仅有初步的优化思路，但相信随着未来对系统修深入的研究与探索，系统修最终会优化成为适合城际动车组运用的一种成熟的维修模式。

7.4.3 城际动车组系统修优化效果

某城际运营公司在管内某线路上对上述系统修项目优化方案进行了试运作，取得了较好的安全和经济效益。同样按照本书 7.3 节对动车组主要系统进行 FMECA 可靠性分析，可科学验证上述系统修方案成果。

1. 车辆典型子系统实施系统修的 FMECA

1）空调系统的 FMECA

空调系统的 FMECA 见表 7.34。

表 7.34 空调系统的 FMECA

组件	编号	故障模式	故障总次数	故障模式频数比 α	故障影响概率 β	工作时间 $t/万h$	故障率 λ	危害度 C	严酷度
蒸发器	11	盖板损坏	1	1	1	0.76（2021年1月—2022年2月，每天按运营18h计算）	1.32	1.00	IV
电磁阀	14	漏风	1	1	0.5		1.32	0.50	IV
冷凝器	17	翅片变形	6	0.5	0.5		3.95	0.75	III
	18	有异物		0.17	0.5		1.32	0.09	IV
	19	滤网盖板损坏		0.17	1		1.32	0.17	IV
	113	支架裂纹		0.17	0.5		1.32	0.09	IV

7　城际动车组系统修

续表

组件	编号	故障模式	故障总次数	故障模式频数比 α	故障影响概率 β	工作时间 t/万 h	故障率 λ	危害度 C	严酷度
通风机	111	工作故障	1	1	0.5	0.76（2021年1月—2022年2月，每天按运营18 h计算）	1.32	0.50	Ⅲ
废排风阀	114	卡滞	1	1	0.1		1.32	0.10	Ⅳ
管路	115	制冷剂泄漏	3	1	0.5		3.95	1.50	Ⅲ

从表7.34可以得出，空调系统的第Ⅲ类故障等级的故障危害度为2.75，第Ⅳ类故障等级的故障危害度为1.95。进一步根据FMECA表中的故障等级和故障模式危害度对空调各故障模式进行危害性矩阵分析，空调系统危害度矩阵图如图7.14所示。

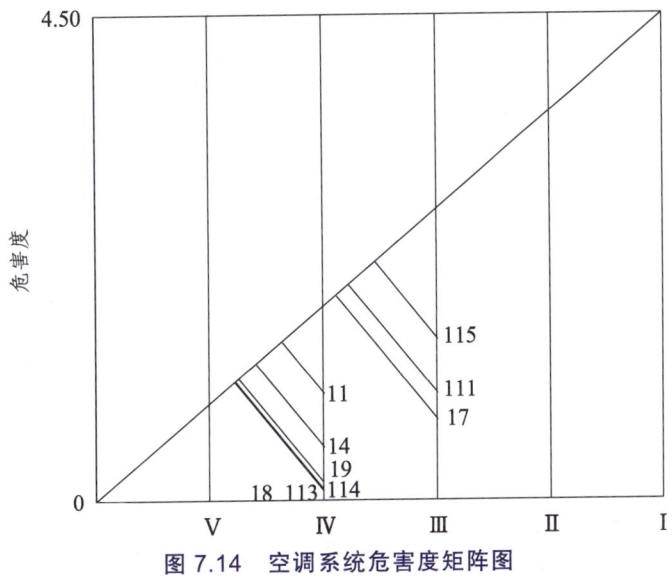

图7.14　空调系统危害度矩阵图

从图7.14可以看出，空调故障模式的危害度从高到低依次为：115（管路制冷剂泄漏）、111（通风机故障）、17（冷凝器翅片变形）、11（蒸发器盖板损坏）、14（电磁阀漏风）、19（冷凝器滤网盖板损坏）、114（废排风阀卡滞）、18（冷凝器有异物）、113（冷凝器支架裂纹）。

与优化前（图7.3）相比，原危害度较高的17（冷凝器翅片变形）、14（电磁阀漏风）均明显减小，优化涉及的空调系统新风过滤网、混合风过滤网、空调控制盘等部件危害性均无明显增大，优化效果比较明显。

同时也应该看到，优化方案实施后，115（管路制冷剂泄漏）与111（通风机故障）两项故障模式危害度增加明显，但未影响动车组安全运营，因此在优化方案实施过程中，应及时关注故障模式的变化情况，必要时加强或加密部分项目的检修。

2）车门系统的FMECA

车门系统的FMECA见表7.35。

表 7.35 车门系统的 FMECA

组件	编号	故障模式	故障总次数	故障模式频数比 α	故障影响概率 β	工作时间 t/万 h	故障率 λ	危害度 C	严酷度
上导轨	24	关门抗磨	17	0.29	0.5		6.58	0.74	Ⅲ
	25	滚轮破损卡滞		0.12	0.1		2.63	0.02	Ⅱ
	26	防松标记错位		0.53	0.1		11.84	0.48	Ⅳ
	225	滚轮异响		0.06	0.1		1.32	0.01	Ⅴ
下摆臂	27	下摆臂与导轨距离超限抗磨	9	0.89	0.1		10.53	0.71	Ⅲ
	29	滚轮异响		0.11	0.1		1.32	0.01	Ⅲ
隔离锁	210	隔离锁开关失效	4	1.00	1	0.76（2021年1月—2022年2月，每天按运营18 h 计算）	5.26	4.00	Ⅱ
紧急解锁装置	213	紧急解锁盖板破损	8	0.25	0.5		2.63	0.25	Ⅴ
	214	钢丝绳过松		0.38	0.5		3.95	0.56	Ⅳ
	215	紧急解锁功能故障		0.38	1		3.95	1.13	Ⅱ
辅助锁	216	锁扣与锁体位置不合抗磨	5	0.60	0.5		3.95	0.90	Ⅲ
	218	门故障		0.20	1		1.32	0.20	Ⅲ
	226	排气口漏气		0.20	0.1		1.32	0.02	Ⅳ
主锁	220	距离不合抗磨	62	0.27	0.5		22.37	2.33	Ⅳ
	222	开关门故障		0.06	1		5.26	0.26	Ⅱ
	227	钢丝小球间隙超限		0.66	0.1		53.95	2.71	Ⅳ
门控器	224	开关门故障	2	1.00	1		2.63	2.00	Ⅱ
门框	228	楔块松动	60	0.17	0.5		13.16	0.85	Ⅳ
	229	胶条安装螺栓松动		0.83	0.1		65.79	4.15	Ⅴ

从表 7.35 可以得出，车门系统的第Ⅱ类故障等级的故障危害度为 7.41，第Ⅲ类故障等级的故障危害度为 2.56，第Ⅳ类故障等级的故障危害度为 9.51，第Ⅴ类故障等级的故障危害度为 4.41。进一步根据 FMECA 表中的故障等级和故障模式危害度对车门各故障模式进行危害性矩阵分析，车门系统危害度矩阵图如图 7.15 所示。

从图 7.15 可以看出，车门故障模式的危害度从高到低依次为：210（隔离锁开关失效）、224（门控器导致开关门故障）、215（紧急解锁功能故障）、229（胶条安装螺栓松动）、222（主锁导致开关门故障）、227（主锁钢丝小球间隙超限）、220（主锁距离不合抗磨）、216（辅助锁锁扣与锁体位置不合抗磨）、24（上导轨关门抗磨）、27（下摆臂与导轨距离超限抗磨）、218（辅助锁门故障）、29（下摆臂滚轮异响）、228（门框楔块松动）、214（钢丝绳过松）、26（上导轨防松标记错位）、226（辅助锁排气口漏气）、213（紧急解锁盖板破损）、225（上导轨滚轮异响）。

7　城际动车组系统修

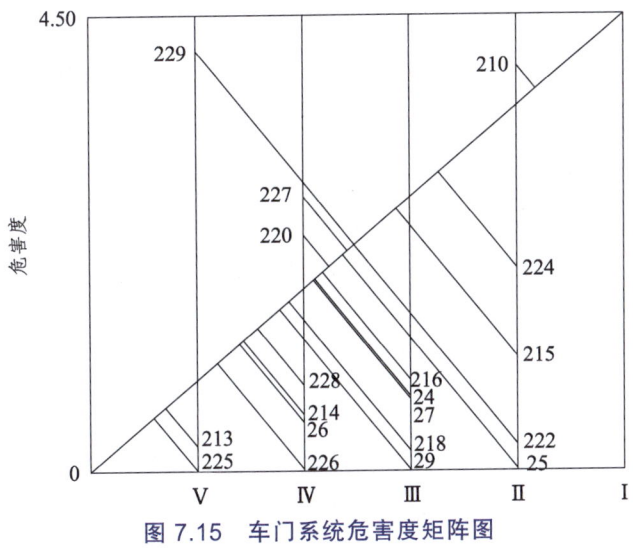

图 7.15　车门系统危害度矩阵图

与优化前（图 7.3）相比，224（门控器故障）、210（隔离锁开关失效）等故障模式危害度较高的依旧处于较高位置，这与系统修项目优化基本未涉及车门检修有关。也应该注意到，224（门控器导致开关门故障）为系统修优化实施阶段新增危害度较高的新增故障，需要在后续系统修实施过程中一并注意加强检修。

3）制动系统的 FMECA

制动系统的 FMECA 见表 7.36。

表 7.36　制动系统的 FMECA

组件	编号	故障模式	故障总次数	故障模式频数比 α	故障影响概率 β	工作时间 t/万 h	平均故障率 λ	危害度 C	严酷度
制动夹钳	34	有异物	1	1	0.1		1.32	0.10	Ⅲ
主空压机	35	漏油/渗油	21	0.62	0.5	0.76（2021 年 1 月—2022 年 2 月每天按运营 18 h 计算）	17.11	4.03	Ⅱ
	36	异常排风		0.05	1		1.32	0.05	Ⅲ
	37	差压阀动作		0.10	0.5		2.63	0.10	Ⅲ
	310	源头质量问题		0.14	0.5		4.11	0.22	Ⅲ
	317	真空指示器滤芯坏		0.10	0.1		2.63	0.02	Ⅴ
辅助空压机	318	高压隔离开关塞门漏气	2	0.5	0.1		1.32	0.05	Ⅲ
	319	渗油		0.5	0.5		1.32	0.25	Ⅳ
停放制动装置	320	异常排气	1	1	0.5		1.32	0.50	Ⅲ
踏面清扫装置	321	电磁阀故障	1	1	0.5		1.32	0.50	Ⅲ

- 215 -

从表7.36可以得出,制动系统的第Ⅱ类故障等级的故障危害度为4.03,第Ⅲ类故障等级的故障危害度为0.62,第Ⅳ类故障等级的故障危害度为0.25,第Ⅴ类故障等级的故障危害度为0.02。进一步根据FMECA表中的故障等级和故障模式危害度对制动系统各故障模式进行危害性矩阵分析,如图7.16所示。

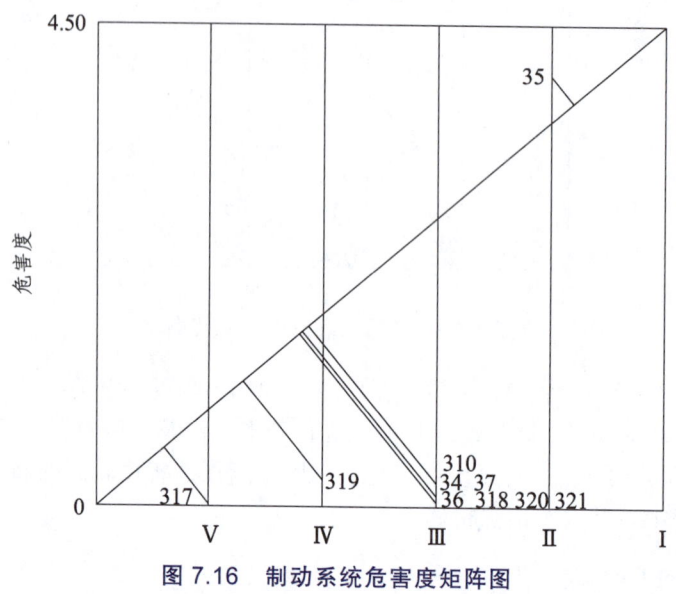

图7.16 制动系统危害度矩阵图

从图7.16可以看出,制动系统故障模式的危害度从高到低依次为:310(主空压机源头质量问题)、34(制动夹钳有异物)、37(主空压机差压阀动作)、36(主空压机异常排风)、318(辅助空压机高压隔离开关塞门漏气)、320(停放制动装置异常排风)、321(踏面清扫装置电磁阀故障)、319(辅助空压机渗油)、317(主空压机真空指示器滤芯坏)。

与优化前(图7.4)相比,制动系统各部件故障模式危害度明显变优。原有危害度较高的31(制动盘有异物)、32(制动夹钳平衡块超限)、35(主空压机漏油、渗油)均有不同程度减小,现有危害度较高310(主空压机源头质量问题)为动车组源头问题,后续应结合高级修予以优化。

4)牵引系统的FMECA

牵引系统的FMECA见表7.37。

表7.37 牵引系统的FMECA

组件	编号	故障模式	故障总次数	故障模式频数比α	故障影响概率β	工作时间t/万h	平均故障率λ	危害度C	严酷度
牵引电机	49	注油嘴防尘堵丢失	3	0.33	0.1	0.76(2021年1月—2022年2月,每天按运营18 h计算)	1.32	0.03	Ⅳ
	415	后盖位置漏油		0.33	0.5		1.32	0.17	Ⅲ
	416	冷却风机异响		0.33	0.5		1.32	0.17	Ⅳ

从表 7.37 可以得出，牵引系统的第Ⅳ类故障等级的故障危害度为 0.20，第Ⅲ类故障等级的故障危害度为 0.17。进一步根据 FMECA 表中的故障等级和故障模式危害度对牵引系统各故障模式进行危害性矩阵分析，如图 7.17 所示。

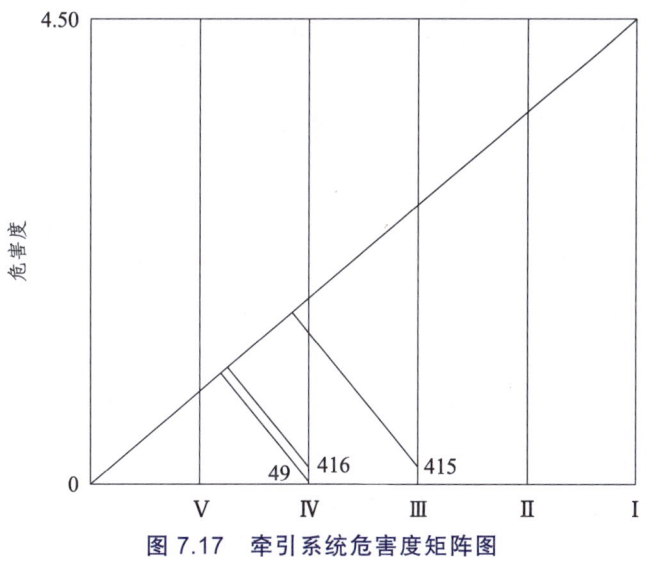

图 7.17 牵引系统危害度矩阵图

从图 7.17 可以看出，牵引系统故障模式的危害度从高到低依次为：415（牵引电机后盖位置漏油）、416（牵引电机冷却风机异响）、49（牵引电机注油嘴防尘嘴防尘堵丢失）。

与优化前（图 7.6）相比，原有牵引系统各部件故障模式危害度较大的项目均明显减小，新增的 415（牵引电机后盖位置漏油）、416（牵引电机冷却风机异响）危害度指标较小。

2. 系统修优化后实际应用效果分析

某城际运营公司自 2020 年 7 月开始开展初期配属的 7 列 CRH6A 型动车组的自主维修作业任务。初期，城际动车组的一、二级检修规程，沿袭了国铁集团统一制定的五级检修模式和维修策略。由于城际铁路存在有其自身的特征，在实际检修过程中，遇到了车辆部分系统存在过修或欠修，以及动车组检修/备用时间不足等问题，非常有必要研究和设计一套适合于城际动车组维修的模式和策略，为城际铁路的安全和高效运营提供及时、可靠和经济的维修服务。后期，某城际运营公司借鉴某地铁成熟的城轨车辆系统修维修理论，在城际动车组上进行了探索和实践，主要经历了以下几个方面的优化探索与实践。

一是收集包括惠州所、佛山西所、广珠所等在珠三角范围内的 2016 年以来 CRH6 型城际动车组运用故障数据，运用 FMECA 和可靠性分析工具，分析其可靠性特征，并进行可靠度拟合分析。对平均寿命长、危害度低的部件或部位，视情延长其检修周期，反之缩短其维修周期。对之前有缺漏的项目，增加了维修项点，如电茶炉的清洁。

二是应用系统修维修理论中步序包与作业包优化的方法，对二级修与一级修重复的项点进行了合并优化。

三是利用系统修理论，根据不同作业项目的作业条件、环境、工作量，科学、动态地划分维修作业包，对可变包和固定包进行科学组合，优化生产组织。

某城际运营公司通过对上述系统修项目优化方案的初步试运作，实现了如下效果：

1）检修扣车需求减少

根据条件测算：60 天包完成由原来 2 天扣车需求减少为 1 天；90 天包完成由原来 2 天扣车需求减少为 1 天；180 天包完成由原来 2 天扣车需求减少为 1 天；720 天包完成由原来 5 天扣车需求减少为 4 天。每组车年度扣修需求减少 12.5 天，7 组车年度扣修需求减少 87.5 天，解决了 2021 年下半年 720 天包集中维修而备用车不足的问题。

2）人员配置优化节省工时

（1）通过充分平衡一、二级修相对固定作业时间内的工作量，挖掘生产潜能，共计 43 个优化项目，每组车年度节省 316.7 人·h，7 组车年度节省工时 2 216.9 人·h。

（2）通过 30 天包、60 天包、90 天包、180 天包根据检修周期规定和作业位置的融合原则，可促使 30 天包单项作业扣车时，节省工时 24 个（班组配置 10 人，6 人上班）。全年 7 组车预计节省个 504 工时，部分人员的调休一定程度上缓解了加班人员的工时累积，有利于促进检修生产的良性循环。

（3）整体方案总计优化工时约 2 216.9 + 504 = 2 720.9（个），达到了省人省时的目的。

7.5　城际动车组专项修与高级修优化

城际动车组系统修维修方案的优化是针对不同层级检修内容的完善，既有根据可靠性理论及可靠性分析、使用寿命预测等方法进行统计分析的针对三级修以下检修内容和检修周期的优化，又有根据城际铁路不同线路的运行工况、日均走行公里数等重要特征结合历史故障数据分析进行的针对整车三级修及以上修程的高级修和专项修运行年限、走行公里数的更新和优化。由于 7.4 节已经对系统修三级修以下的检修周期进行了优化研究，本节则重点对城际动车组系统修三级修及以上高级修和专项修的检修周期优化进行分析研究。

随着城际动车组运行年限的提升，目前珠三角城际线路动车组已经逐渐进入专项修和高级修的寿命期，为推动城际铁路高质量持续健康发展和实现提质降本增效，参考《中国铁路总公司关于推进动车组及和谐机车修程修制改革的指导意见》(铁总机辆〔2019〕54 号）（以下简称指导意见）、《中国铁路广州局集团公司四方平台动车组修程修制改革方案意见》等相关要求，针对 CRH6 平台动车组整车修程修制优化制定技术方案。

目前 CRH6 平台动车组运用线路已超过 10 条，动车组年均运用里程基本在 20 万 ~ 40 万 km。由于运营线路、上线率差异，年均里程差异较大。其中河南城际年均约 26 万 km[118]，成灌城际年均约 36 万 km。按目前的高级修间隔 120 万 km/3 年（先到为准），大部分动车组高级修时运行里程不足 90 万 km。不同线路动车组年均里程如图 7.18 所示。

目前 CRH6 平台动车组共计交付 156 列（四方股份 96 列，广东中车 56 列，浦镇 4 列）在线运用[119]。动车组整体运行平稳可靠，动车组近 3 年百万公里故障率（安监故障）（单位：次/百万公里）和百万公里故障率（关联故障）分别如图 7.19 和图 7.20 所示。

7 城际动车组系统修

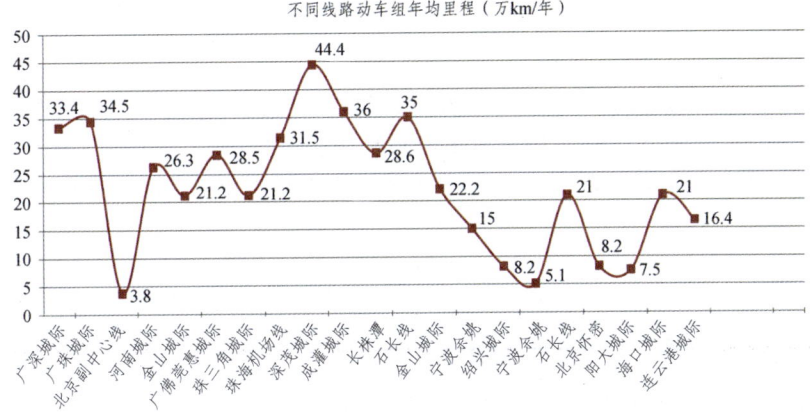

图 7.18 不同线路动车组年均里程

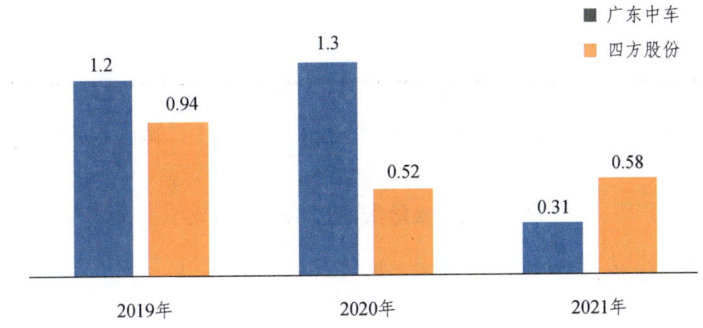

图 7.19 百万公里故障率（安监故障）

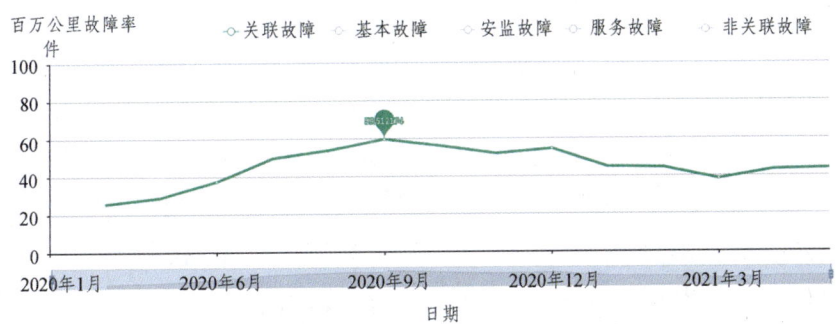

图 7.20 百万公里故障率（关联故障）

由图 7.20 可知，百万公里故障率（关联故障）约为 43 次，故障率整体水平较低，因此 CRH6 平台动车组具备修程修制优化的条件。

通过分阶段试验验证，将 CRH6 平台动车组专项修周期时间间隔由目前的专项修时间间隔上限 1.5 年延长到 2 年，高级修时间间隔上限 3 年延长到 4 年，专项修里程间隔 60 万 km、高级修里程间隔 120 万 km 保持不变。

需特别说明的是，本章关于专项修、高级修的系统修优化内容，均是基于城际动车组运行工况基础上，在国铁集团原有检修规程内的若干项目的优化，基本维修模式仍遵照原有检修制度和检修体系，未发生本质性变化。

7.5.1 技术路线

目前动车组检修周期主要以运行里程为主、时间周期为辅，按现行的高级修间隔 120 万 km/3 年（先到为准），大部分动车组高级修时运行里程不足 90 万 km。CRH6 平台动车组高级修时间周期优化目标由目前的时间间隔上限 3 年延长到 4 年，修程优化前后检修周期间隔对比如图 7.21 所示。

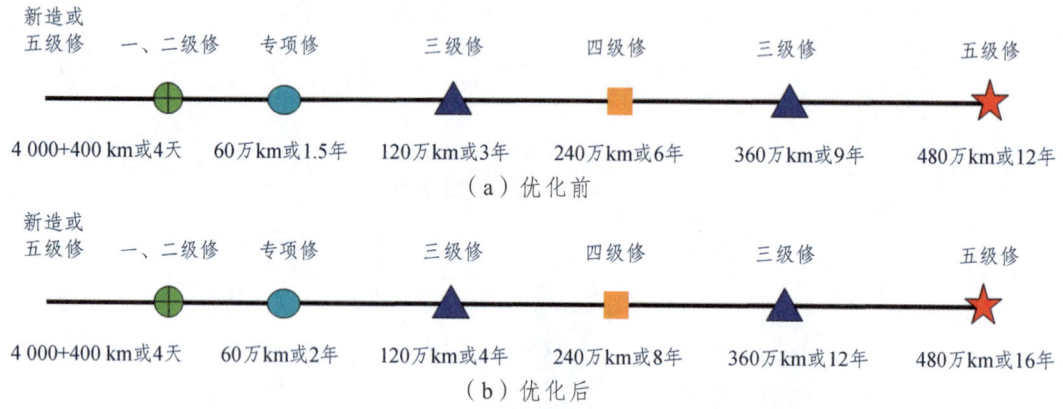

图 7.21 检修周期优化前后对比

由图 7.21 可知，优化后高级修（包括专项修）里程间隔不变，时间周期间隔延长，因此优化主要对与时间相关的部件产生影响，如电气板卡、风机轴承、橡胶类部件等。而对于开关动作类、结构类、磨耗类、走行部轴承等与运行里程相关的部件影响较小。

根据 CRH6 平台动车组部件检修内容，对部件维修任务按照检修方式、与里程时间关联性进行分类，分析修程延长导致的失效模式、产生的影响及应对措施，评估检修时间延长可行性，并根据失效模式确定验证步骤。修程优化技术分析路线如图 7.22 所示。

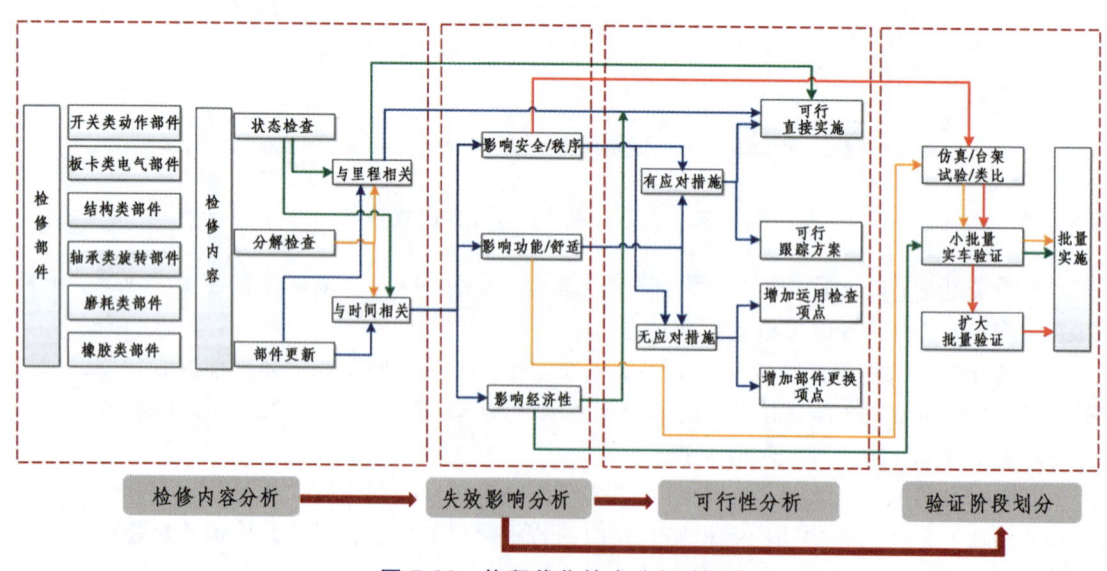

图 7.22 修程优化技术分析路线

影响安全：是从故障发生后，对动车组本身及其设备（包括其他同轨道运行动车组）造成严重损伤或危及乘员（包括车组成员及旅客）生命或身体健康的情况，判断为具有安全性影响；

影响秩序：故障发生后需要停车处理或导致动车组延误的情形；

影响功能：部件失效后导致安全部件失去监控功能或工作能力下降；

影响舒适性：部件失效后导致娱乐功能丧失或引起人体验不舒适；

影响经济性：部件失效后会导致故障修增多。

本着系统规划、分步进行的原则和科学严谨、实事求是的态度稳步推进。本次修程优化分为专项修时间周期上限由 1.5 年延长到 2 年、三级修时间周期上限由 3 年延长到 4 年（可行性评估和验证阶段）、各系统及部件全寿命周期内检修方案重新规划（实施阶段）、关键及高价部件检修方案优化（优化阶段）等四个阶段进行，同时提前规划验证和保障措施。其中重点是第一、二阶段的论证，影响动车组运用安全和秩序，第三、四阶段主要是影响动车组运用可靠性和检修成本。全寿命周期内优化前后的检修周期设置对比如图 7.23 所示。

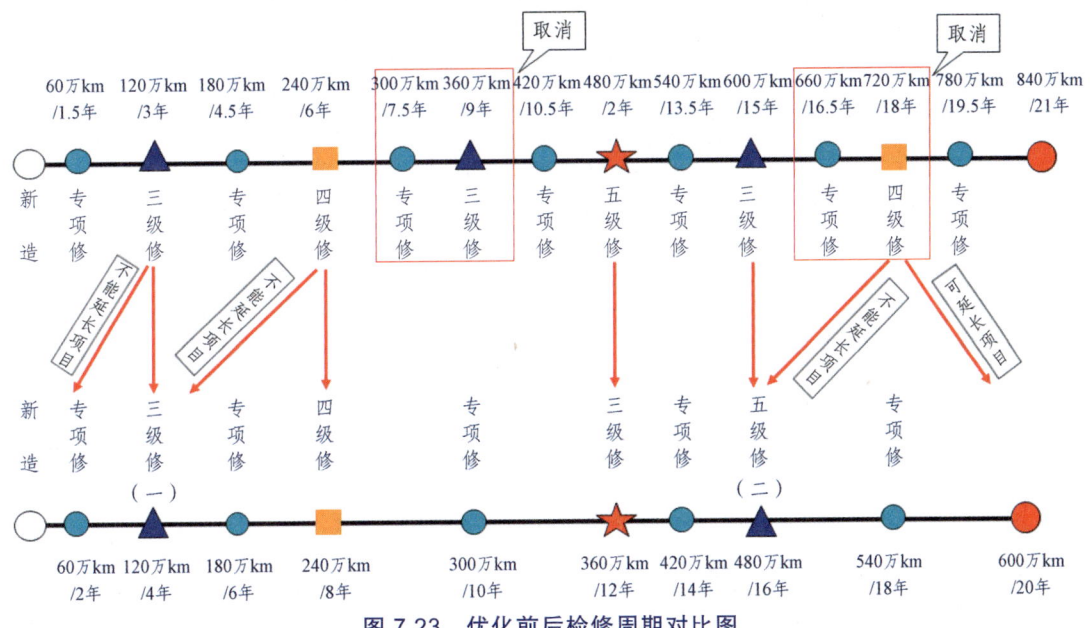

图 7.23 优化前后检修周期对比图

第一阶段：专项修时间周期上限由 1.5 年延长到 2 年。按照技术路线对动车组专项修内容进行分析评估其时间周期延长可行性并制定跟踪验证方案。

第二阶段：三级修时间周期上限由 3 年延长到 4 年。按照技术路线对动车组检修部件、三级修检修规程内容进行分析，评估三级修时间延长可行性，并制定跟踪验证方案。

以上两个阶段结合整车实施，按逐步推进的原则进行分析、确定验证和跟踪方案同步统筹考虑既有一、二级修规程内容调整方案。

第三阶段：根据新的检修周期结合动车组部件技术特点、质量安全特性、运用数据和既有动车组运用检修经验确定各系统级部件的更换或分解的检修周期。

第四阶段：根据动车组的运用、高级检修数据，对各高级修中关键及高价部件检修方案进行调整优化。

7.5.2 专项修优化

在城际动车组的专项优化中,专项修里程周期不变,时间周期上限延长至2年,主要影响与运用时间相关的润滑油、润滑脂、橡胶件等部件。CRH6型动车组专项修共27项,主要是对转向架部件进行检查、性能测试等。经分析,其中与时间强相关的齿轮箱、联轴节、油压减振器、抗侧滚扭杆、差压阀、牵引拉杆组成、防振橡胶、轴箱定位结点等8项需制定跟踪验证方案。其余19项状态检查、性能测试、探伤类作业的检修时间周期上限可由1.5年延长至2年,直接实施。专项修关键部件跟踪验证表见表7.38。

表7.38 专项修关键部件跟踪验证表

序号	部件	专项修时间周期上限延长到2年		
		地面验证方案	运用中	专项修
1	齿轮箱	无	(1)渗油状态、润滑油颜色检查,结合一、二级修选取至少5列动车组(可根据验证情况适当调整),对每个齿轮箱的渗油状态、润滑油颜色进行重点检查,如有渗油或润滑油变色,拍照记录并及时反馈。(2)温度监控、磁栓附着粉末状态检查。(3)通过WTDS(车辆段动车组车载信息无线传输系统)进行实时轴温监控。(4)定期进行润滑油化验,运行1.5年后每2个月取润滑油化验分析	进行润滑油化验分析
2	联轴节	无	(1)运用中结合TEDS(动车组故障动态图像检测系统)监测运用状态。(2)外观状态检查内容与一级修作业内容基本相同,通过运用修及时发现异常并处理;结合二级修推向推动联轴节,联轴节轴向运动无卡滞感及金属摩擦声,如有异常及时处理	无
3	油压减振器	无	结合运用修重点关注渗油情况	对减振器性能进行统计分析
4	抗侧滚扭杆	无	运用修时注意检查缓冲橡胶及杆端轴承状态,超限后及时更换	无
5	差压阀	无	运用修时检查差压阀是否有漏风等异常	无
6	牵引拉杆组成	无	运用修时注意检查拉杆节点状态,超限后及时更换	收集节点刚度检测数据
7	防振橡胶	无	运用修时注意检查其状态,超限后及时更换	无
8	轴箱定位节点	无	运用修时注意检查其状态,超限后及时更换	无

7.5.3 高级修优化

在城际列车高级修维修中,整车检修部件共149项,各系统及部件中,与时间强相关的主要是橡胶类、风机轴承、电气板卡类部件。根据既有动车组运用经验,橡胶类、风机轴承类一般运用6年左右更换;联轴节润滑油脂等一般运用3年左右更换;电气板卡类一般运用

12年以上。根据分析,三级修周期上限由3年延长到4年,其中137项可直接实施,其余12项需制定跟踪验证方案。四级修时间周期上限由6年调整为8年,其中牵引拉杆节点等6项须调整检修节点,轴箱定位节点等12项须进行运用跟踪验证。

1. 跟车方案验证

1)验证车组

截至2021年4月,某铁路局配属动车组中66列进入延长运用期,完成25列120万km/4年三级检修数据收集。已实施三级修的动车组平均运用时间为3.5年,最长运用时间为3.9年,运用里程最长约125万km。验证车组表见表7.39。

表7.39 验证车组表

验证车组	进入延长期	已入修车组	
87列	66列	25列	单列运用时间最短为2.7年、最长为3.9年;运用里程最长约124.9万km
铁路局1:79列 铁路局2:8列	铁路局1:58列 铁路局2:8列	铁路局1	

2)主要验证工作

在进行城际动车组高级修优化工作时,要对部分维修部件进行跟踪验证,以确定部件在维修周期延长后故障率不会大幅度增加,其性能能够保持在一个比较良好的水平。部分部件验证工作表见表7.40。

表7.40 部件验证工作表

序号	部件	第一阶段:三级修时间上限由3年延至4年		第二阶段:四级修时间上限由6年延至8年	
		运用中	三级修	运用中	四级修
1	轴箱轴承	1)通过PHM记录轴承温度温升情况。 2)结合车轴探伤检查轴承润滑脂泄漏情况。 3)有条件时定期通过TADS监控轴承运用状态	1)三级修退却前轴向游隙测量。 2)轴承精密检查、润滑脂分析(CRH6F-0409)。 3)偶换率统计分析	无	无
2	油压减振器	重点关注渗油情况,统计减振器运用故障	1)分解前进行性能检测(10列)。 2)选取至少2列分解修时确认关键零部件状态(CRH6A-0416/0409)	运用超过6年后,加强运用检查	结合四级修对减振器节点进行刚度检测
3	齿轮箱	1)渗油状态、润滑油颜色检查。 2)温度监控、磁栓附着粉末状态检查。 3)通过WTDS进行油温监控。 4)抽取润滑油化验(CRH6F0409-0413)	1)对三级修齿轮箱进行外观、磁栓等主要部件状态检查。 2)选取2列动车组CRH6A-0416、CRH6F-0409进行轴承检查	运用超过6年后,对齿轮箱吊杆橡胶加强运用检查	结合四级修,对全部吊杆橡胶垫进行外观、厚度和硬度检测

续表

序号	部件	第一阶段：三级修时间上限由3年延至4年		第二阶段：四级修时间上限由6年延至8年	
		运用中	三级修	运用中	四级修
4	联轴节	1) 结合TEDS监测运用状态。2) 结合二级修检查联轴节轴向运动无卡滞感及金属摩擦声。3) 动车组运行达3年、3.5年时进行联轴节油化验（结合高级修入修进行）	1) 联轴节关键尺寸测量、联轴节齿面磨损状态检查；选取CRH6A-0416/0413各2套。2) 润滑油进行化验：CRH6A-0416/CRH6F-0430/0431各2套	无	无
5	抗侧滚扭杆	运用修时注意检查缓冲橡胶及杆端轴承状态，超限后及时更换	统计分析检修周期延长后缓冲橡胶刚度及杆端轴承蠕变情况	运用超过6年后，加强运用检查	结合四级修，对全部抗侧滚扭杆缓冲橡胶、杆端轴承和关节轴承进行检测

2. 运用跟踪情况

百万公里安监故障：验证车组整体运行状态平稳。动车组2019年以来发生安监故障40次，其中正常运用期间26次，延长运用期间14次。延长运用期间故障发生与延长前没有明显增加趋势。安监故障数见表7.41。

表7.41 安监故障数

运用路局	安监故障数/次	备注
铁路局1CRH6A平台动车组	26	正常运用期间发生（2019年1月—2020年2月）
	9	延长运用期间发生（2020年3月—2021年4月）
铁路局2CRH6A-A动车组	5	正常运用期间发生

百万公里关联故障：动车组检修周期延长运用期间，整车百万公里关联故障水平与延长前基本相当，没有明显增加趋势。某铁路局集团公司百万公里关联故障率如图7.24所示。

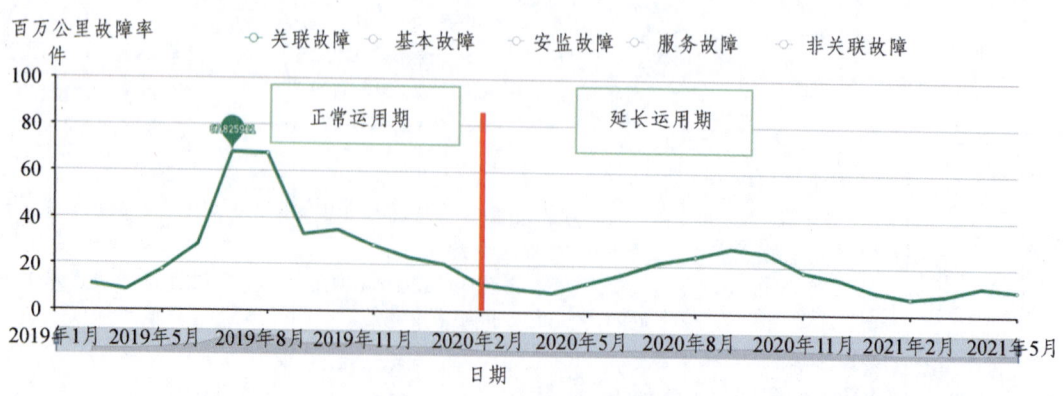

图7.24 百万公里关联故障率

3. 重点故障分析

梳理延长运用期间发生的 9 起安监故障，分别为速度传感器、牵引变流器整流模块、DXM 装置、车门辅助锁（2 起）、车门锁闭凸轮、UBTR1 继电器（2 起）、门控器故障等，经分析均为偶发性故障，与检修时间周期延长无直接关系。重点跟踪部件运用情况整体良好。轴箱轴承、齿轮箱、联轴节、油压减振器、主要橡胶件、差压阀、蓄电池、主供风单元和牵引电机等部件延长运用期间运用状态良好，除个别垂向减振器和横向减振器阻力发生一定程度衰减、抗蛇行减振器示功图畸形、部分牵引拉杆节点、防振橡胶等橡胶件外观裂纹和刚度超限外，其余部件检修状态良好。

4. 部件跟踪状况

1）轴箱轴承

CRH6 平台动车组轴箱轴承采用整体自密封双列圆锥滚子轴承，使用脂润滑、树脂保持架，承受径向载荷和轴向载荷。轴箱轴承润滑脂与时间相关，更换周期延长后润滑脂性能可能衰减，导致轴承温度异常、轴承剥离、润滑脂泄漏，影响动车组运行安全及运输秩序。部件跟踪时主要考虑运用修情况和三级修情况。

跟踪轴箱轴承运用修情况，对全部车组轴箱轴承最高温度、最大温升速率等参数，车轴探伤情况，运用故障及 TADS 系统检测情况进行综合分析，跟踪期内均无异常反馈。

跟踪轴箱轴承三级修情况，对全部车组测量轴向游隙及偶换率数据进行分析，与优化前均保持相当无异常反馈；对 CRH6F-0409 动车组轴箱轴承进行精密检查、油脂分析，均无异常。

轴箱轴承延长运用期间运用状态良好。三级修时因轴承滚子压痕等原因进行预防性更换的报废率与既有动车组基本相当，与检修时间周期延长无直接关系。根据验证情况评估，轴箱轴承三级修检修周期具备由 3 年/120 万 km 延至 4 年/120 万 km 的可行性。

2）油压减振器

减振器主要由储油缸、油缸盖、活塞、阀、密封件和液压油等组成，主要工作原理为油液通过阀系产生阻尼力从而衰减振动，提高车辆的稳定性与舒适性。部件跟踪时主要考虑运用修情况和三级修情况。

统计分析验证动车组检修周期延长期间油压振器运用故障，共发生 3 起横向减振器渗油、1 起抗蛇行减振器渗油故障，故障率无明显异变。

结合三级修，选取减振器进行分解前性能测试，部分垂向减振器、横向减振器存在阻尼力超限情况，抗蛇行减振器存在示功图异常情况；结合三级修至少选取 2 列动车组减振器分解后对关键零尺寸进行检测，油压减振器活塞杆磨耗、压力缸内径等均符合限度要求。

油压减振器失效分析：垂向减振器对车辆动力学性能影响较小，阻尼力超限不影响运用。减振器示功图畸形表明减振器做功减少，相当于阻尼力衰减，滚振试验表明，拆除两个抗蛇行减振器或两个横向减振器情况下车辆临界速度均大于 220 km/h。拆除前后转向架对角两个抗蛇行减振器、前后转向架各去除 1 个横向减振器，滚振试验结果表明平稳性指标仍为优、舒适度指标仍为舒适。

油压减振器延长运用期间总体运行状态良好。三级修时个别减振器阻力超限、示功图畸形,不影响动车组运行安全,且失稳及平稳性检测装置可监控车辆状态,既有一、二级修可及时发现异常并处理。根据验证结果评估,减振器三级修周期具备延至 4 年/120 万 km 的可行性,运用期间加强油压减振器检查,关注渗油故障。

3）齿轮箱

CRH6 平台动车组齿轮箱主体结构与 CRH2A 平台动车组齿轮箱相同,采用整体式箱体、一级斜齿轮传动、飞溅式润滑方式。齿轮箱主要由主从动齿轮、轴承、迷宫式密封及吊起装置等构成;小齿轮轴承采用圆锥滚子轴承面对面排布方式。主要功能为传递牵引电机扭矩,检修时间周期延长主要影响润滑油性能。

齿轮箱运用修期间,未发生渗油或润滑油颜色异常情况,温度、温升及温差无异常,润滑油化验结果无异常。

对三级修情况跟踪显示,齿轮箱未发现渗油、润滑油颜色异常等情况,状态均正常;齿轮箱分解大小轴游隙、齿隙满足标准要求;齿轮箱吊杆硬度和厚度超限比例与既有 CRH2A 基本相当,轴承精密调查结果满足继续使用要求。

齿轮箱延长运用期间运用状态良好。三级修整体情况良好,部分吊杆橡胶厚度和硬度超限,与既有动车组偶换率基本相当,不影响动车组行车安全。根据验证情况评估,齿轮箱润滑油更换周期具备由 1.5 年/60 万 km 延至 2 年/60 万 km、齿轮箱三级修由 3 年/120 万 km 延至 4 年/120 万 km 的可行性。运用期间按一、二级修要求加强齿轮箱状态监控、外观及润滑油状态检查。

4）联轴节

联轴节主体结构与既有 CRH2A 统型动车组相同(KWD),主要作用为联接电机转子芯轴和齿轮箱小齿轮轴,传递电机转矩,同时具有轴向和径向变位能力。检修时间周期延长可导致润滑油性能降低,导致联轴节异常磨损。

联轴节运用修跟踪情况显示,联轴节运用状态良好,无渗油等异常情况。

选取 CRH6A-0416 等 3 列动车组各 2 套联轴节进行三级修分解检查,清理波纹管与小齿轮间异物,锥度面贴合率检测良好,润滑油化验分析情况良好。

CRH6A-0416 和 CRH6F-0413 动车组 02 车 1 轴联轴节分解前进行气密性试验,结果无异常。联轴节公法线、锥度孔控高及贴合率均满足标准要求,鼓形齿及外筒齿面未见异常磨损,状态良好。

根据验证情况评估,联轴节三级修检修周期具备由 3 年/120 万 km 延长至 4 年/120 万 km 的可行性。运用期间通过 TEDS 加强对联轴节运用状态监控,结合一、二级修进行状态检查。

5）转向架主要橡胶件

动车组转向架主要橡胶件包含定位节点、防振橡胶、抗侧滚扭杆缓冲橡胶及杆端轴承、牵引拉杆节点及差压阀橡胶密封件等,结构与 CRH2A/380A 动车组平台相同,仅尺寸参数存在差异。橡胶件根据安装部位不同,主要提供定位刚度、阻隔高频振动、传递载荷、缓冲振动冲击或密封等作用。

转向架主要橡胶件运用修跟踪显示,对各橡胶件可视部位状态进行检查,满足相应限度要求，部分动车组牵引拉杆节点由于线路原因存在裂纹超限情况（非延长运用导致：主要原因为动车组运营线路交路短、站间距小、部分线路曲线占比高且曲线半径小，通过曲线的频率提高且车体相对转向架转角增大，导致牵引拉杆节点承受更为恶劣的径向和偏转复合载荷工况，且现车节点橡胶胶料耐久性能余量较小，长期运用后导致橡胶裂纹，与检修时间周期延长无直接关系）。

三级修跟踪期间发现，部分动车组转向架橡胶存在裂纹、刚度超限情况，部分节点外观、刚度存在超限情况。转向架主要橡胶件在延长运用期间状态良好，未发生因时间延长导致的故障；三级修时部分防振橡胶、抗侧滚扭杆缓冲橡胶刚度存在超限，主要影响运行舒适性，不影响动车组运行安全。根据验证情况，转向架主要橡胶件三级修周期具备由 3 年/120 万 km 延至 4 年/120 万 km 的可行性；可进一步开展四级修延至 8 年的跟踪验证。运用期间结合一、二级修检查加强运用状态检查。

6）蓄电池

动车组采用碱性蓄电池，在动车组升弓之前为控制系统提供直流电源，保障辅助空压机启动、受电弓升起、VCB 闭合等正常操作。应急供电时提供照明、广播、标识灯和空调通风电源，其容量衰退情况与时间强相关。

统计延长运用期间蓄电池运用故障，运行至约 3.5 年时，选取 2 列动车组蓄电池下车进行充放电试验，各项指标良好。

三级修时，在分解蓄电池检修前抽检蓄电池电解液密度、液位、容量等 3 项测试，各测试结果均正常。

根据验证情况评估，蓄电池三级修周期具备由 3 年/120 万 km 延至 4 年/120 万 km 的可行性。继续收集蓄电池延长运用检修数据，并开展四级修延长至 8 年/240 万 km 跟踪验证。

7）牵引电机

动车组采用三相鼠笼式异步牵引电机，主要由定子、转子、轴承、端盖及传感器等组成，为动车组提供牵引和再生制动力。牵引电机轴承与运用里程相关，内部润滑脂与运用时间相关，检修时间周期延长可能引起润滑脂润滑性能降低。运用中可通过轴温实时检测系统监控牵引电机轴承温度。

统计牵引电机延长运用期间故障情况及电机轴承温度，发生 1 起内部故障导致接地，经分析为产品质量原因，统计温度未见异常。

结合三级修选取 2 台牵引电机轴承进行精密检查和油脂化验，均良好，无异常。

根据验证情况评估，牵引电机三级修检修周期具备由 3 年/120 万 km 延长至 4 年/120 万 km 的可行性，运用期间通过实时轴温系统加强对运用状态监控。

8）主供风单元

主供风单元采用螺杆式压缩机组，为用风设备提供压缩空气。主供风单元检修周期延长主要影响因素为油气分离器，主要功能为油气分离，设计寿命为 2 年或使用 4 000 h，由于滤芯表面存油，检修周期延长后可能导致滤芯破裂，压缩空气含油量增加、润滑油消耗加剧，导致油温高报警故障。主供风单元数量为 2 台/列，一台失效后，可依靠另一台主供风单元维持运行，不影响动车组运用。

选择 5 列动车组结合二级修对 03 车主供风单元进行跟踪检查，未发生油气分离器故障；压力差正常。

三级分解修前对主供风单元进行检查，统计运行时间、油气分离器内外压差等各项参数均无异常。

根据验证情况评估，主供风单元三级修检修周期具备由 3 年/120 万 km 延长至 4 年/120 万 km 的可行性。

5. 部件验证结论

验证动车组整体运行平稳。延长运用期间安监报故障、关联故障与正常运用期间故障率基本相当。运用跟踪部件整体运行情况良好。轴箱轴承、齿轮箱、联轴节、油压减振器、主要橡胶件、蓄电池、主供风单元和牵引电机等跟踪部件没发生因周期延长导致的故障。三级修跟踪部件检修情况良好。轴箱轴承、齿轮箱、联轴节、主要橡胶件、蓄电池、主供风单元和牵引电机等跟踪部件检修情况良好；部分减振器阻尼力降低、示功图畸形，部分橡胶件外观、刚度超限，对动车组舒适性有一定影响，不影响动车组运行安全。CRH6 平台动车组整车三级修时间周期上限延至 4 年可行，可继续开展第二阶段四级修，时间周期上限由 6 年延至 8 年的跟踪验证。

7.5.4 高级修维修方案的制定

1. 主要部件高级检修方案

根据动车组高级修时间上限延至 4 年（里程不变）验证阶段成果，整车寿命按 30 年，高级修按"三—四—三—五"循环，以现行一、二级修为基础，根据验证阶段结论、既有动车组检修经验，重新规划各系统主要部件高级检修方案。高级检修方案对比结果见表 7.42。

表 7.42 主要部件高级检修方案对比

120 万 km/3 年间隔		120 万 km/4 年间隔	
修程	主要检修内容	修程	主要检修内容
三级修：每 120 万 km/3 年	对转向架、牵引电机、蓄电池、制动控制装置、自动过分相装置、司机控制器等进行分解修；其余进行状态修	三级修：每 120 万 km/4 年	对转向架、牵引电机、蓄电池、制动控制装置、自动过分相装置、司机控制器、防滑阀等进行分解修；牵引拉杆节点等更新；其余进行状态修
四级修：每 240 万 km/6 年	在三级修基础上，增加受电弓、车钩、空调、牵引高压、辅助等系统主要部件分解修；风机类轴承、橡胶类等更新	四级修：每 240 万 km/8 年	在三级修基础上，增加受电弓、车钩、空调、牵引高压、辅助等系统主要部件分解修；风机类轴承、橡胶类等更新
五级修：每 480 万 km/12 年	在四级修基础上，增加贯通道、车门、BP 救援装置、保护接地开关、网络、旅客信息系统等全部部件分解修；安全回路继电器、断路器更新	三级修：每 360 万 km/12 年	在首次三级修基础上，增加贯通道、车门、BP 救援装置、保护接地开关、网络、旅客信息系统等部件分解修；安全回路继电器、断路器更新

续表

120 万 km/3 年间隔		120 万 km/4 年间隔	
四级修：每720万 km/18 年	在首次四级修基础上，增加更新牵引、辅助、制动等主要设备电气板卡等	五级修：每480万 km/16 年	在四级修基础上，增加更新牵引、辅助、制动等主要设备电气板卡等
五级修：每480万 km/24 年	在四级修基础上，增加贯通道、车门、BP 救援装置、保护接地开关、网络、旅客信息系统等全部部件分解修；安全回路继电器、断路器更新	四级修：每720万 km/24 年	在首次四级修基础上，增加贯通道、门机构、BP 救援装置、保护接地开关、网络、旅客信息系统等部件分解修；安全回路继电器、断路器更新

2. 检修方案小结

动车组高级修时间周期由 3 年优化为 4 年，整车全寿命周期内减少 2 次高级修、2 次专项修。三级修主要部件包括转向架、牵引电机、蓄电池、制动控制装置、主供风单元、自动过分相装置、司机控制器等寿命期内减少 2 次分解修。四级修部件包括受电弓、车钩、空调装置、废排装置、牵引高压、辅助、给水卫生等系统主要设备寿命期内减少 1 次分解修；滑行控制装置增加 3 次分解修。4 年间隔方案，各轮次高级修比较均衡。

3. 检修方案主要变化

根据高级修周期延长方案，滑行控制装置由状态修调整为分解修；制动控制装置内部电空变换阀、中继阀、紧急电磁阀和调压阀由状态修调整为分解修。转向架牵引拉杆定位节点、轴箱定位节点、防振橡胶等须继续验证的橡胶件，三级修寿命仍按既有 7 年要求管理，不满足下一个高级修周期的更换。上述项点在第二阶段验证完成后根据验证结果确定最终检修要求。

8 城际动车组系统修智慧化发展展望

8.1 智慧维修概述

8.1.1 智慧城际动车组概述

　　智慧城际动车组从根本上是"智慧"与"城际动车组"的有机融合。所谓智慧，是指对事物分析判断和发明创造的能力[120]。城际动车组的本质属性是一种大容量的公共交通工具，"智慧城际"的本质内涵可理解为使城际动车组具备人的决策、学习、创新和交互能力的新型城际动车位移服务系统，其核心是通过借助新一代的思想、理念和技术，在充分信息获取的数据驱动下，重塑城际动车组系统中人、列车、设施设备和管理系统之间的相互关系，将人从系统中解放出来，实现从"人适应城际动车"到"城际动车适应人"，"生产范式"向"服务范式"，"被动服务"向"智能服务"的转变。

　　智慧城际动车组是一种新型系统。在这个系统中对人、载运工具、基础设施、管理系统等各要素进行了重构。车辆不仅仅作为载运工具使用，在智慧城际动车中车辆有可能具有计算和决策功能，这种要素功能之间的转变使得城际动车实现了一种交通质变。城际动车组系统作为一个智能体，能够根据人的需求和社会环境的变化进行自主学习，不断创新进化以适应新的需求与环境，在具体功能上表现为对人和社会需求的满足[121-122]。

　　根据对智慧城际动车组的认知与理解，智慧城际动车组应具备的三个主要特征：

　　（1）自组织运行，自感知判断。

　　区别于列车系统主要采用人工感知和决策的方式，智慧城际动车组通过利用遍布各处的传感设备和智能终端，依托移动互联网等先进通信手段，实时自主感知系统中各要素的状态，并借助大数据、云计算和人工智能等技术，对海量的数据和信息进行实时、集中、准确的分析与判断，作出科学决策后智能下发，各城际动车组系统根据下发的决策命令自动调整运行状态，实现城际动车组系统的自主组织与判断，体现了智慧城际动车组的技术性特征。

　　（2）自主创新，持续进化。

　　智慧城际动车组通过对大量数据、信息和知识的积累与迭代，自主辨识和学习外部环境以及乘客、企业、政府等多元主体的内在需求，并持续将新技术、思想和理念融入城际动车组领域，整合原有业务功能，实现自主创新，并主动适应内外部条件变化，持续进化更好地服务公众出行、企业经营、城市建设与区域发展，实现需求侧的智慧响应和供给侧的智慧服务，推动行业成长与发展。因此，智慧城际动车组是一种开放创新的发展模式、不断融合提升的发展过程和持续适应新需求的发展状态，具备自主创新，持续进化的能力，这体现了智慧城际动车组的动态性特征。

（3）以人为本，高效协同。

城际动车组具备大容量交通和公共交通的双重本质属性，大容量交通属性使得乘客在出行时除了需要处理与列车、设施设备、管理系统的关系外，还需要处理与其他乘客、运营人员等的关系。同时，公共交通的属性使得城际动车组无法实现乘客起终点的"门到门"服务，需要涉及与其他交通方式的接驳，影响出行的便捷性和高效性。智慧城际动车组针对个体出行面临的问题，更加强调各业务系统间的资源整合与高效合作，实现乘客与列车、基础设施、管理系统和环境间的协同，以保障乘客全出行链的良好体验，这体现了智慧城际动车组的本质性特征。

8.1.2 智慧维修

智慧维修是智慧城际动车组实现的关键，基于 PHM 技术、预测性维修、全寿命周期修理决策优化等技术，实现设施设备的自感知、自诊断、自决策，精准、精细、精确地掌握状态劣化机理和演变规律优化养修策略和资产管理，打造状态监测、故障诊断、风险预警、维修评价和资产管理的闭环链条，保持全寿命周期的高稳定性、高可靠性，降低运维成本。智慧维修主要功能包括智能感知诊断、智慧分析预警、智慧维修作业和智能资产联动，实现养护维修管理由经验支撑向数据支撑转变，维修模式由"故障修""计划修"向"状态修""预测修"转变，形成轨道交通网络集约维修新模式。

1. 智能感知诊断

智能感知诊断通过视频分析、图像智能识别、智能机器人、多功能传感器、物联网、5G、边缘计算等技术对交通设施（包括轨道、隧道、桥梁、供电等）服役数据进行实时感知，包含运行/安全健康感知、身份感知、位置感知、运行环境感知等，重点攻克关键装备感知增强技术，在此基础上，自动辨识评价交通设施健康状态、主动诊断报警交通设施的故障病害，并通过 BIM 技术进行可视化管理以及状态的可视化查看，实时掌握其健康状态，为智能维修作业奠定数据基础。

2. 智慧分析预警

智慧分析预警通过对感知及诊断数据进行深度挖掘，从故障数量、位置、频次等维度分析状态演化机理与规律，将设备状态数据与行车数据、客流数据、环境数据以及不同设备设施状态间数据等进行多源数据关联分析，分析劣化趋势、预测健康状态、评估使用寿命、辨识与预警安全风险，并建立相应的知识库，突破全生命周期服役评估增强技术，在此基础上，对维修策略、维修计划等进行智能编制与优化，掌握设备设施劣化机理与规律，分析故障原因，提升维修决策水平，为预防性维修作业提供决策建议。

3. 智慧维修作业

智慧维修评价基于设备履历数据、健康状态分析预警数据以及维修决策数据，重点突破网络化智能维护能力增强技术，实现一键故障报修、电子作业派发、维修资源综合配置优化以及远程维修处置与监视等功能，实现设备运维的物料管理、工单管理、故障代码管理、设备履历管理、人员岗位管理与工艺标准管理等，提高运维效率和质量。维修作业后，设备使用人员可根据作业后的设备运行状态情况，对作业质量进行跟踪与评价，实现质量控制管理。

4. 智能资产联动

智能资产联动通过统一物资、设施设备与资产管理的颗粒度，建立相应的编码，打通运维数据、物资数据与资产数据，保证设备、物资、资产和价值属性与物理属性一致性，有效支撑物资的采购计划及订单管理、仓储管理、供应商管理、物料管理以及需求领用管理，有效支撑资产全寿命周期的购置、使用、盘点、折旧、报废、更新改造等精细化管理需求、备品备件的智能追踪和优化、资产更新改造计划的智能编制与优化等，为企业资产保值、增值创造基础。

8.2 智慧维修中的核心技术

在未来实现城际动车组的智慧维修，需要先进的技术作为支撑。目前不同的学者在各自的领域探索着前沿的理论和技术，为实际的应用奠定基础。比如深度学习技术在图像处理方面的应用，数字孪生技术在生命周期管理方面的应用等。将物联网、大数据、5G 等与城际动车组结合，从而达到运维的数字化、信息化、智能化。以下介绍一些在智慧维修中会涉及的核心技术。

8.2.1 物联网技术

物联网（Internet of Things，IoT）是物物相连的互联网，其中包含两种含义：一是物联网是在互联网的基础上进行的延伸和扩展，它的核心和基础仍然是互联网；二是物联网的用户端遍布各种物品，从而进行数据信息的交换与通信[123]。物联网依托射频识别技术、感知技术以及计算机技术的各种传感设备，通过接入互联网实现信息传输和协同处理，从而实现人与物、物与物之间的信息交换需求的互联。物联网通过智能感知、识别技术与普适计算，广泛应用于网络的融合。

物联网技术在对自动化设备运维检修中的运用主要是对设备故障预警水平的提高，通过物联网技术可以获取到实时可靠的设备在线运行数据，对自动化设备状态检测所需的监测任务、监测数据进行实时抓取，然后对数据流和信息流进行分析、整理，并根据事先设定的阈值做出预警，从根本上改变设备定期检修和事后检修相结合的传统检修模式。

通过物联网技术，建立设备预测性运维体系，将其分为感知层、网络层、应用层三个层次。其中，感知层的主要作用是实现整个物联网的智能感知，运用射频技术、传感技术、无线通信技术，实现物体的识别和数据信息的采集；网络层的主要作用是实现信息的传递和处理感知层获取的信息，可以由互联网、租用通道、自建通道构成，是整个物联网的中枢；应用层的主要作用则是实现各类智能应用，是物联网和用户的接口，与实际需求紧密结合。具体结构体系如图 8.1 所示。

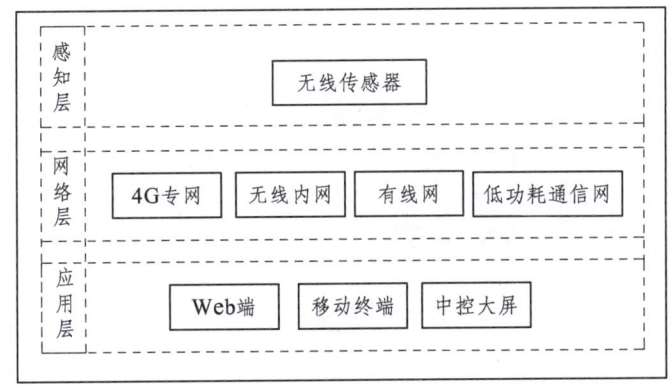

图 8.1 基于物联网技术的设备运维检修网络体系

物联网技术的运用能够在一定程度上转变轨道交通设备设施的运维检修模式，实现设备状态实时监测，设备状态数据通过无线传感器网络得以可视化，通过分析，能够预知设备可能出现的故障，提前作出反应，提高设备的效率，缩短故障的处理时间，作出应急预案，提高车辆上线率。

8.2.2 EUHT-5G 技术

超高速（Enhanced Ultra High Throughput，EUHT）移动通信系统是结合未来移动通信系统高可靠、低时延、高移动性等需求设计的[124]。EUHT 技术具有高可靠、低时延、大容量和高速移动适应性等技术特点，并适用于轨道交通、工业互联、车联网等工业应用领域。相比于目前第四代无线通信技术（4G LTE）和美国电气和电子工程师协会（IEEE）主导的下一代 Wi-Fi 技术（802.11ac），EUHT 技术突破了"移动宽带一体化"的技术瓶颈，具有更好的高速移动适应性、更大的数据传输带宽、更低的空口接入时延和更稳定的网络漫游切换性能，成为当前全球唯一能在高速列车高速（250~360 km/h）移动环境下方便可靠使用的互联网宽带通信。在支持超高速移动的情况下，最高可达 500 km/h；同时支持超宽带，大于 360 km/h 的情况下，可以提供 500 Mb/s 的用户体验。技术速率经现场实测，在列车高速移动情况下，丢包率仅为 0.006%，切换成功率几乎 100%，平均传输时延小于 5 ms。EUHT 是全球首个满足第五代移动通信技术（5G），EUHT-5G 可应用于轨道交通、智能交通，作为下一代移动互联网、物联网、车联网的主要通信技术。

EUHT 中心设备包括控制中心（ECC）、数据中心（EDC）和室内单元（EDU）。ECC 负责完成对系统设备状态信息的接收和采集，并完成对设备的日常维护管理；EDC 负责对承载的业务数据进行维护管理，EDC 负责对承载的业务数据进行管理及应用，并完成与 EUHT 系统承载业务的地面设备 EDU 连接；EUHT 中心设置 2 台 EDU，负责汇聚各车站 EDU 上传的数据信息，同时提供与外部网络连接的接口。系统构架如图 8.2 所示。

EUHT-5G 技术运用其超高的数据传输能力，将其运用到城际动车组的运维上来，对城际动车组进行弓网监测、轨面探测、轨旁设备检测、地面车联网等。同时，也可以实现车厢人脸识别、精确统计客流、车厢无线覆盖、车辆辅助定位、车上实时娱乐节目。它不仅能助力于城际动车组的"智慧维修"，更有助于打造"智慧城际动车组"。

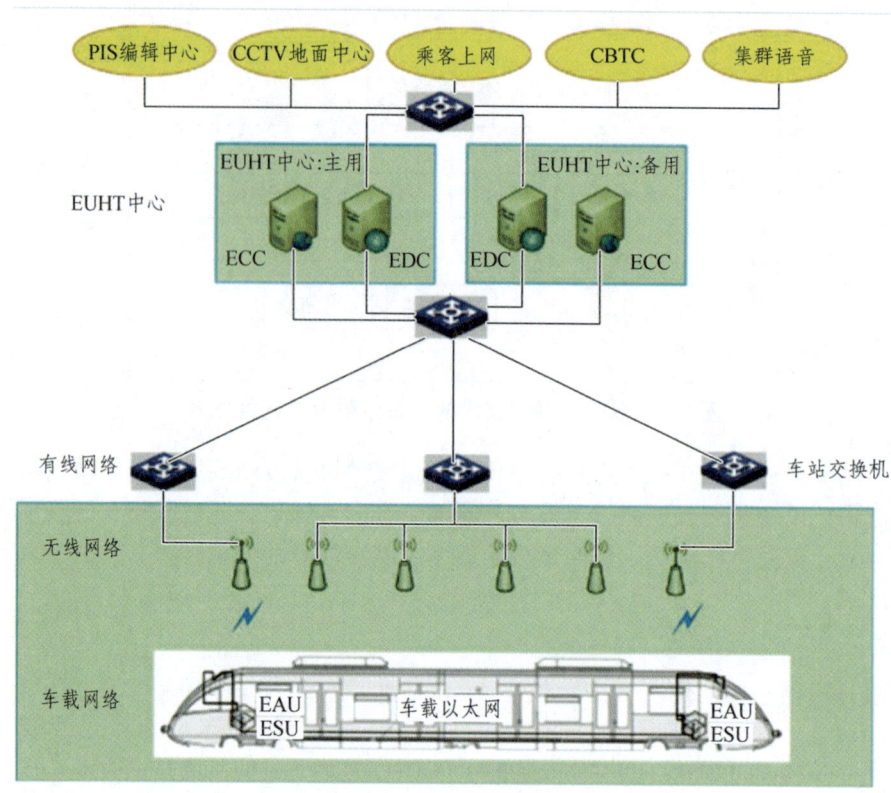

图 8.2 EUHT 系统架构

8.2.3 大数据分析技术

大数据一般是指以多元形式从多种来源渠道搜集而来的庞大数据组,往往具有实时性,通过对各方面数据加以分析和处理得到有价值的信息,具有流转、多样的数据类型和价值密度低的特征[125-126]。大数据的特点通常用"4V"来概括:Volume(体积大)、Velocity(速度快)、Variety(种类多)、Virtual(实时性)。大数据目前已经在气候学、天文学、生物医学等领域有了大量的实际应用,而如今正向城市轨道交通领域进行深入扩展。

大数据技术,就是从各种类型的数据中快速获得有价值信息的技术。大数据领域已经涌现出大量新的技术,它们成为大数据采集、存储、处理和呈现的有力武器。大数据分析的主要目的就是挖掘出数据的潜在价值,想要挖掘海量数据中蕴藏的有用信息,就需要运用一些有效的数据分析方法,常用的主要的数据分析方法规则有:数据的重组、数据的扩展、数据的再利用、垃圾数据的利用及数据的开放性。

大数据处理关键技术一般包括:大数据采集、大数据预处理、大数据存储及管理、大数据分析及挖掘、大数据展现和应用(大数据检索、大数据可视化、大数据应用、大数据安全等)。

(1)大数据采集一般分为大数据智能感知层和基础支撑层。大数据智能感知层主要包括数据传感体系、网络通信体系、传感适配体系、智能识别体系及软硬件资源接入系统,实现对结构化、半结构化、非结构化的海量数据的智能化识别、定位、跟踪、接入、传输、信号转换、监控、初步处理和管理等。

（2）大数据处理技术主要完成对已接收数据的辨析、抽取、清洗等操作。

① 抽取：因获取的数据可能具有多种结构和类型，数据抽取过程可以帮助我们将这些复杂的数据转化为单一的或者便于处理的构型，以达到快速分析处理的目的。

② 清洗：对于大数据，并不全是有价值的，有些数据并不是我们所关心的内容，而另一些数据则是完全错误的干扰项，因此要对数据通过过滤"去噪"从而提取出有效数据。

（3）大数据存储与管理要用存储器把采集到的数据存储起来，建立相应的数据库，并进行管理和调用。重点解决复杂结构化、半结构化和非结构化大数据管理与处理技术。主要解决大数据的可存储、可表示、可处理、可靠性及有效传输等几个关键问题。

（4）大数据分析技术。改进已有数据挖掘和机器学习技术；开发数据网络挖掘、特异群组挖掘、图挖掘等新型数据挖掘技术；突破基于对象的数据连接、相似性连接等大数据融合技术；突破用户兴趣分析、网络行为分析、情感语义分析等面向领域的大数据挖掘技术。数据挖掘就是从大量的、不完全的、有噪声的、模糊的、随机的实际应用数据中，提取隐含在其中的、人们事先不知道的但又是潜在有用的信息和知识的过程。

（5）大数据技术能够将隐藏于海量数据中的信息和知识挖掘出来，为人类的社会经济活动提供依据，从而提高各个领域的运行效率，大大提高整个社会经济的集约化程度。

城际轨道交通具有站点多、站点分散、站点设备种类多、设备管控难度大的特点。随着运营线路的增多，设备数量剧增，设备维护管理信息化的重要性愈发突显，目前虽然已经建立了一些设备管理信息系统，但是各个系统的业务不够完善、系统不统一，并且相对孤立，信息数据源利用度不高，而且运营公司在设备运维管理系统的投资也逐年上升。

我国典型城市在大数据背景下轨道交通的信息化应用，大多按照数据获取、存储、处理、分析及应用的逻辑顺序进行总体设计，并将应用框架分解为数据层、基础层、业务层、管理层、决策层、应用层等层级。运维信息化技术应用的逻辑思路可以总结为两种：一种是自下而上的思路，即从数据源头出发，通过配套信息基础设施设备，首先实现运维工作数据化，进而形成规模庞大、持续更新的数据库资源，最后将数据应用于各类设施设备的维保业务中去；另一种是自上而下的思路，强调从实际决策与管理需求出发，分别搭建不同维保业务的信息化系统或平台，最终形成包含各类维保信息的数据库资源。

大数据服务可以对上述问题提供帮助。大数据技术在轨道交通运营管理中的应用：数据共享提高了数据完整性和真实性；实时传输数据，使数据发挥更高价值，大数据管理简化了工作，大数据规划使布局更合理；利用大数据技术挖掘运维数据中的深层信息，可以提升运维工作的效率。

8.2.4　寿命预测技术

寿命预测，也被称为剩余服役寿命预测或剩余使用寿命预测，顾名思义就是指在规定的运行工况下，能够保证机器安全、经济运行的剩余时间[127]。它被定义为条件随机变量：

$$t_r = \{t'-t \mid t'>t, Z(t)\} \tag{8.1}$$

式中，t' 表示失效时间的随机变量；t 是机器的当前年龄；$Z(t)$ 是指当前时刻之前的有关该机器的所有历史使用情况。

设备的寿命主要是指物质寿命，即设备从正常状态开始，到出现性能退化，直至功能失效所经历的全部时间。设备的剩余寿命是指设备在不加维修的情况，从被检测的某一时刻起至该设备出现故障的工作时间长度。剩余寿命预测通过分析设备的退化轨迹，综合利用当前数据及历史数据，构建设备剩余寿命预测模型，有效估计设备的剩余工作时间。剩余寿命预测对于制定合理的维修决策，提高装备的可用度，降低任务风险及维护费用都具有重要的意义。

寿命预测可分为早期预测和中晚期预测。早期预测是确定设备的设计寿命或计算寿命，主要以理论和试验的方法进行。中期预测是为了避免设备运行期间出现意外事故，通过对当前还处于设计寿命之内的设备进行状态监测，实现剩余寿命预测。对累计运行时间已经超过设计寿命的设备进行剩余寿命预测就属于晚期预测。寿命预测是建立在对大量积累寿命资料的分析、试验、实地检验等技术基础之上。值得指出的是：寿命预测应该建立在合理合适的破坏（失效）理论基础之上。

多年来，人们关于寿命预测在理论上和试验上进行了深入、系统的研究，并形成了多种预测方法。归纳起来，剩余寿命预测的方法主要包括基于物理模型、基于知识表示以及基于数据驱动等预测方法。

（1）基于物理模型的剩余寿命预测方法是根据产品物理失效机理来进行预测的方法，主要包括基于累积损伤的方法、基于预警装置的方法和基于特定模型的方法等。基于物理模型的方法能够深入对象的本质，故障特征与模型参数联系紧密，模型解释性强，且具有实时预测的能力，但其建立需要对对象的故障演化机理有深入的了解，不适用于复杂、非线性、不确定性对象的预测建模。

（2）基于知识表示的方法不需要对对象有深入的了解，其主要目标是将对象相关的领域专家的知识进行表达，这类方法主要包括基于专家系统的方法和基于模糊逻辑的方法。但基于知识表示的剩余寿命预测方法更适合于定性推理而不太适合定量计算，实际应用中通常与其他技术相结合。

（3）基于数据驱动的剩余寿命预测方法是利用对象的历史数据或当前数据，在一定函数约束下，建立可以逼近对象数据与寿命之间隐含映射机制的模型来进行预测的一类方法，主要包括基于统计回归的方法、基于相似性的方法及基于随机过程的方法等。该类方法不需要了解对象的故障机理、经验知识，仅通过各种数据处理分析方法来挖掘隐含信息，可以避免基于物理模型和基于知识表达的预测方法的不足，是目前采用较为广泛的一类方法。

8.2.5　PHM 技术

故障预测与健康管理（Prognostics and Health Management，PHM）技术是先进的测试技术、诊断技术与装备维修管理理论相结合的产物，借助 PHM 系统来识别和管理故障的发生、规划维修和决策保障，以达到降低装备使用与保障费用，提高装备安全性、完好性和任务成功性的目的，真正实现基于状态的维修保障。

PHM 技术是一项新的维修保障技术，是全面的故障检测、隔离、预测及健康管理技术。PHM 不是直接消除故障，而是为了解和预报故障何时发生，实现自主保障。该技术实现了从装备监控到健康管理思想的转变，实现了从传统的基于传感器的诊断转向基于智能系统的监测，由反应式的通信转向在准确时间对准确部位进行维修的先导式活动。PHM 技术采用先进的传感器，借助各种算法和智能模型来预测、监控和管理装备的工作状态，最大限度地利用传统的故障特征检测技术，能够获得虚警率几乎为零的故障检测和隔离结果。同时，PHM 技术具备状态监测、故障预测、检测隔离、故障报告和寿命预测等功能，实现由故障修、定期修向状态修的转变，能够有效地降低装备维修保障备用、提高装备完好率。

PHM 技术不仅是一种先进的测试、维修技术，更是一种全面的故障检测、故障隔离、故障预测及状态管理技术。在 PHM 系统的设计、开发和使用过程中，涉及的主要关键技术有结构设计技术、传感器应用技术、数据处理技术、健康状态评估技术、故障预测技术、状态维修决策技术和验证与评估技术等。

8.2.6 数字孪生技术

数字孪生（Digital Twin，DT）的概念最初由 Grieves 教授于 2003 年在美国密歇根大学的"产品全生命周期管理"课程上提出，并被定义为三维模型，包括实体产品、虚拟产品以及二者间的连接。但由于当时技术和认知上的局限，数字孪生的概念并没有得到重视。直到 2011 年，美国空军研究实验室和 NASA 合作提出了构建未来飞行器的数字孪生体，并定义数字孪生为一种面向飞行器或系统的高度集成的多物理场、多尺度、多概率的仿真模型，能够利用物理模型、传感器数据和历史数据等反映与该模型对应的实体的功能、实时状态及演变趋势等[128]。

数字孪生是现实世界中物理实体的配对虚拟体（映射）。这个物理实体（或资产）可以是一个设备或产品、生产线、流程、物理系统，也可是一个组织。数字孪生概念的落地是用三维图形软件构建的"软体"去映射现实中的物体来实现。这种映射通常是一个多维动态的数字映射，它依赖安装在物体上的传感器或模拟数据来洞察和呈现物体的实时状态，同时也将承载指令的数据回馈到物体导致状态变化。数字孪生是现实世界和数字虚拟世界沟通的桥梁。通过虚实交互反馈、数据融合分析、决策迭代优化等手段，为物理实体增加或扩展新的能力。作为一种充分利用模型、数据、智能并集成多学科的技术，数字孪生技术面向产品全生命周期过程，发挥连接物理世界和信息世界的桥梁和纽带作用，提供更加实时、高效、智能的服务。当前数字孪生技术在产品的运维和健康管理等生产后管理方面已经有了一些研究和应用。

PHM 利用各种传感器和数据处理方法对设备健康状况进行评估，并预测设备故障及剩余寿命，从而将传统的事后维修转变为事前维修。数字孪生驱动的 PHM 模式是在孪生数据的驱动下，基于物理设备与虚拟设备的同步映射与实时交互以及精准的 PHM 服务，形成的设备健康管理新模式，实现快速捕捉故障现象，准确定位故障原因，合理设计并验证维修策略，如图 8.3 所示。在数字孪生驱动的 PHM 模式中，物理设备实时感知运行状态与环境数据；虚拟设备在孪生数据的驱动下与物理设备同步运行，并产生设备评估、故障预测及维修验证等数据；融合物理与虚拟设备的实时数据及现有孪生数据，PHM 服务根据需求被精准的调用与执行，保证物理设备的健康运行。

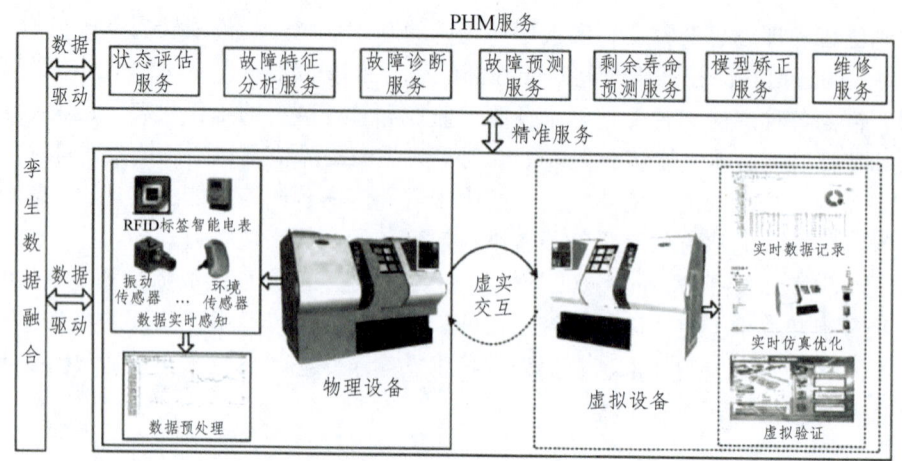

图 8.3 数字孪生驱动的 PHM 模式

8.2.7 神经网络和深度学习技术概述

1. BP 神经网络

BP 神经网络（Back Propagation Neural Network，BPNN）作为一种多层前向网络，信号从输入层输入，在向前传递过程中经隐含层处理，并通过输出层输出。如果网络输出与期望输出有较大差别，分类误差就会反方向传递。根据分类误差调整网络的权值和阈值，可以使 BP 神经网络的输出逐渐逼近期望输出。典型 BP 神经网络的结构如图 8.4 所示。

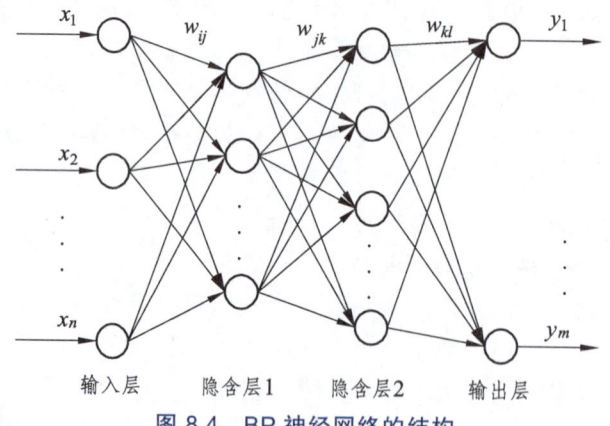

图 8.4 BP 神经网络的结构

2. 支持向量机

支持向量机（Support Vector Machine，SVM）是 20 世纪 90 年代中期发展起来的基于统计学习理论的一种机器学习方法，通过寻求结构化风险最小来提高学习机泛化能力。SVM 在解决小样本、非线性分类问题中表现出许多特有的优势并具有较好的泛化能力，被广泛应用于遥感图像分类、手写数字识别、时间序列预测及概率密度估计等领域。

SVM 的基本原理是寻找到一个超平面，使得超平面两侧刚好分布不同类别的分类数据，同时，为对所求解问题有较好的泛化能力还要求超平面两侧空白区域最大。图 8.5 为 SVM 二分类示意图。图中黑点和红点分别代表两类不同类型的数据,H 代表 SVM 所求解的最优超平面。与最优超平面 H 平行的直线 H_1 和 H_2 是经过两类样本点并且离 H 最近的线,H_1 和 H_2 之间的距离称为分类间隔。

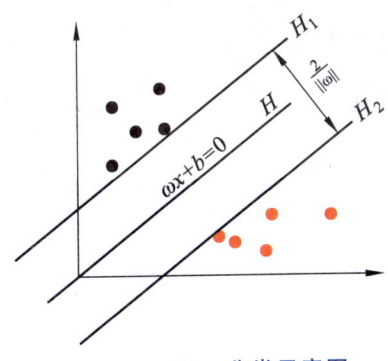

图 8.5　SVM 二分类示意图

3. 支持向量回归

支持向量回归(Support Vector Regression,SVR)是在 SVM 的基础上进行改进,将不敏感损失函数引入 SVM 中后得到的。算法的主要思想是寻找一个最优的分类面使得各个样本距离该最优分类面的误差值最小,可以通过控制精度,逼近任意非线性函数,具有较强的泛化能力和全局最优能力,结构如图 8.6 所示。

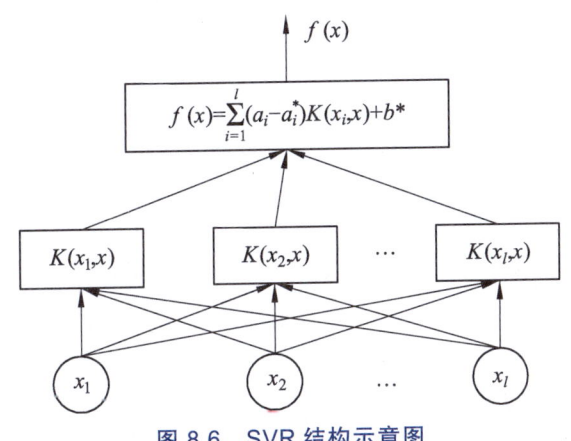

图 8.6　SVR 结构示意图

4. 卷积神经网络

深度学习是对人工神经网络的拓展,其网络深度更深,特征表达能力更强,尤其善于提取抽象特征,能够有效解决复杂的分类或回归问题。Yann LeCun 在 1998 年提出的 LeNet-5 模型是最早的卷积神经网络,用于手写数字识别,检测准确率可达 99.1% 以上,由于其优秀的性能被广泛地应用在银行支票和邮政票据上的手写数字识别中。LeNet-5 模型虽然出现的时间相对较早,结构也较为简单,但是作为卷积神经网络(Convolutional Neural Networks,CNN)的开山鼻祖,其基本包含 CNN 所有最基本的主要结构,如图 8.7 所示,除去输入层之外,其主要包含卷积层、池化层、激活函数层、全连接层和 SoftMax 层等结构。

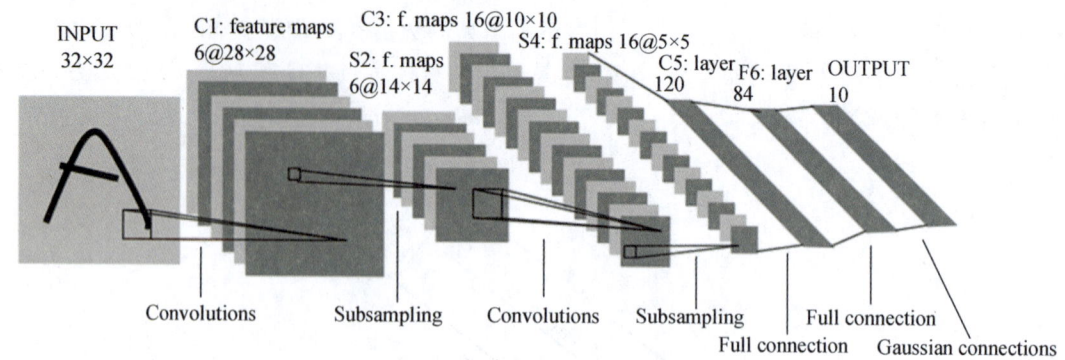

图 8.7 LeNet-5 基本结构

（1）卷积层。卷积层是 CNN 的核心，传统神经网络应用于图像时，往往需要把图像的所有像素转换成一个一维特征向量来处理，对于一个百万像素的图像来说，特征向量的维度即节点数就达到了百万级别，如再和隐含层连接，则连接权重数量就更加庞大。卷积神经网络通过局部连接和权值共享两个方法，大大降低了网络参数量。

（2）激活函数。卷积神经网络之所以能够解决非线性问题，本质上是通过使用激活函数加入了非线性因素。目前 CNN 中常用的激活函数有 sigmoid、tanh、ReLU 和 Softplus 这四种。sigmoid 和 tanh 函数在传统神经网络中比较常用，其都具有软饱和性的特性，当输入较大或者较小时，函数的导数都会变得非常小，落入饱和区，在使用梯度下降法时，参数的更新速度会变慢，即出现"梯度消失"问题，从而导致网络训练速度变慢。

ReLU 函数和 Softplus 函数则是目前使用最广泛的激活函数，ReLU 函数实际是一个取最大值函数，并非全定义域可导，但可以通过子梯度的方法来解决，并在正区间克服了"梯度消失"问题，相比于 sigmoid 和 tanh 函数，其计算和收敛速度更快。Softplus 可以看作对 ReLU 函数的平滑，解决了 ReLU 不是全区间可导以及可能导致的"神经元死亡"问题，但是其计算速度与 ReLU 相比会慢一些。

（3）池化层。池化层一般连接在卷积层之后，是一种特殊的卷积层，特殊性在于其步长与卷积核尺寸一致，也被称作为降采样层或下采样层。数据通过卷积层之后，特征计算量仍然较大，可以通过某种"压缩"的方法来减小特征图规模，这种方法就是池化。池化实际上是基于采样的思想，按照某种倾向来提取特征。

（4）全连接层。全连接层是最传统的神经网络结构，在整个网络中起到了"分类器"的功能。卷积、池化等操作将原始信息投射到隐层的特征空间中，全连接层则将这些学习到的特征进一步映射到样本空间中。

（5）SoftMax 层。LeNet-5 网络的任务是对十个手写数字进行识别分类，而实际分类任务中最为常用的分类函数之一就是 SoftMax 函数。

5. Faster R-CNN 模型

Faster R-CNN 是 Shaoqing Ren 等在 2015 年提出的一个目标检测网络，已经成为一个相对成熟的综合网络框架，能够将目标提取和分类问题同时解决，并且能够实现一个场景多目标检测。Faster R-CNN 的基本结构如图 8.8 所示。网络主要包含两部分，区域生成网络（Region Proposal Networks，RPN）和快速区域卷积神经网络（Fast-Region Convolutional Neural

Networks，Fast-RCNN），这两个网络中同时也都包含相同的基础特征提取网络（VGG16）。两部分网络功能都有所不同，相互融合构成了 Faster R-CNN。

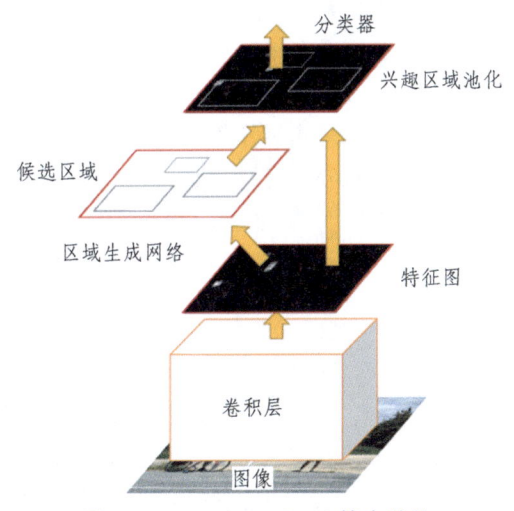

图 8.8　Faster R-CNN 基本结构

6. 长短期记忆网络

长短期记忆（Long Short-term Memory，LSTM）网络是一种在经典循环神经网络的基础上发展起来的改进模型。LSTM 网络非常适合从经验中学习分类，以及处理预测那些在重要事件之间存在未知时长延迟的时间序列。

LSTM 网络中包含一些称为记忆模块的子网络，用于替代 RNN 中的隐含节点。LSTM 的外部结构与传统的 RNN 结构相同，只对其隐藏节点做了改进，具备可以长期记忆历史重要信息的功能，所以当梯度进行反向时间传播时，就不会出现梯度消失的问题；并且在 LSTM 网络中，在整个序列的运算过程中只有少量的线性交互，所以能有效保存过去较长时刻的信息。

8.2.8　BIM 技术

建筑信息模型（Building Information Modeling，BIM）技术是近几年来出现在建筑界中的一个新名词。BIM 技术是应用于工程全生命周期管理的数据化工具，通过整合项目相关信息的参数模型，在项目设计、建设和运维的全生命周期中进行展示和应用，相关参与人员充分理解各种建筑信息，从而进行高效的决策[129]。BIM 技术的提出始于 20 世纪末的美国，在国内，一些大型项目也先后应用了 BIM 技术，如水利工程中的南水北调工程、铁路工程的桥梁设计、客运专线线路设计项目等。在轨道交通工程建设中，BIM 技术的应用还处于初始阶段，主要解决管线的安装空间、检修空间等问题。BIM 具有可视化、协调性、模拟性、优化性以及可出图性等特点。

车辆 BIM 技术应用最终实现目标是通过建设网页端及移动端网络系统，实现对车辆项目"规划—设计—采购—物流—生产制造—试验—交付—调试—验收—运维"全生命周期进行管理，对项目执行阶段的各项数据进行采集、汇总、分析挖掘，实现标准化、规范化、精细化、信息化管理。

BIM 技术被应用于轨道车辆运维领域最主要的优点就是因为其可视化，通过建模可以掌握轨道车辆的各种部件细节，实现对轨道车辆的运营维修[132-133]。BIM 技术在轨道车辆运维领域的理论[134]、技术[135]以及应用[136]方面有很多研究，为未来 BIM 技术在轨道交通领域的深入应用奠定基础。车辆数据分析系统是指导车辆运维的有效手段，系统实时收集运营车辆的运行状态和故障数据，并通过专门的分析处理软件，对车辆大量历史数据进行挖掘，实现列车故障预测、相关故障处置智能指导、修程智能指导。系统通过 BIM 接口接入建设单位 BIM 协同平台，结构如图 8.9 所示。车辆数据分析系统分析的数据为车辆的试运行和运营数据，主要来源于列车的多功能车辆总线（MVB）、以太网和离线检修。

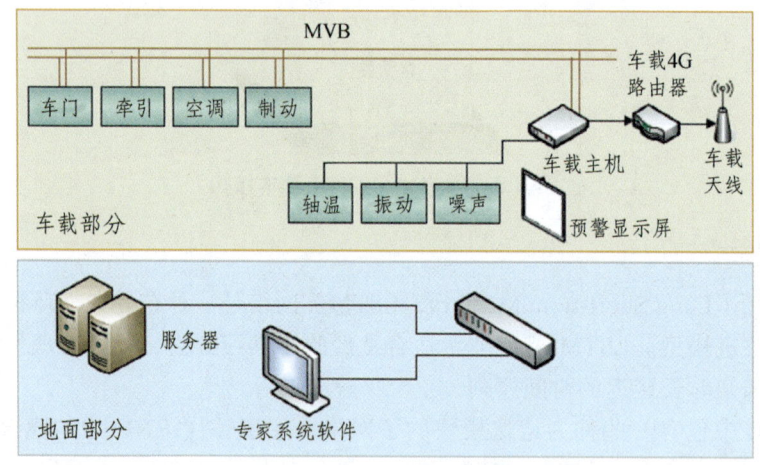

图 8.9 车辆数据分析系统结构

8.2.9 AR 技术

增强现实（Augmented Reality，AR）中的"现实"是指处于真实世界内的实体信息，这些实体信息包括视觉、声音、触觉等人体感官系统所能感受到的信息。而"增强"是指利用数字化技术生成的虚拟信息，如图形、文本、声音等。如果没有任何的虚拟信息要素的话就单单只是现实环境了；但如果完全丢弃现实世界的信息只剩下虚拟信息，则为虚拟现实。将现实环境与虚拟环境作为两个极端，AR 就像是将虚拟世界与真实世界相结合的桥梁。AR 是虚拟现实（Virtul Reality，VR）的一个支，接近真实世界的一侧，可以给真实环境提供补充信息，而不是取代真实环境，也可以被理解为用计算机生成的虚拟信息增强了现实世界。

AR 技术分为现实世界和虚拟环境两部分，现实世界包括实现 AR 技术的硬件基础，虚拟环境则包括实现 AR 技术的关键步骤，如图 8.10 所示。真实环境中的硬件是指用于捕获场景的摄像头和用于呈现虚拟信息的显示设备，而实现 AR 技术主要有 6 个关键步骤，即捕获、检测与识别、跟踪及注册、实时交互、虚拟信息管理和实时渲染。

目前被广泛使用的摄像头是 CMOS/CCD 摄像头，其支持基于视觉的实时追踪，从而进行视频流的获取。AR 显示设备分为头戴显示器、手持显示器和投影显示。

将摄像头采集的真实场景视频或者图像传入处理主流程中的视频捕获模块中，通过该模块的处理与分析之后，系统进行检测与识别阶段。检测与识别分为两种，一种是利用机器学习算法训练某一类对象的一般性特征生成数据模型；另一种是从图像匹配角度出发，在实际使用中需要将实时的视频图像与模板图像进行特征点匹配。

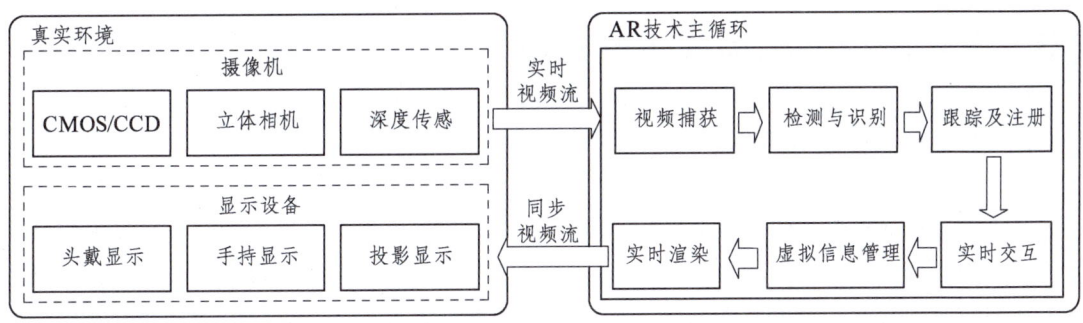

图 8.10　AR 技术组成

跟踪及注册是 AR 技术中的关键技术，主要分为基于硬件的跟踪注册、基于视觉的跟踪注册和混合跟踪注册法。基于硬件的跟踪注册法是在跟踪定位的过程中使用了传感器、测量仪器等硬件，包括机械式跟踪器、超声波跟踪器及光学跟踪等。基于视觉的跟踪注册技术通常被分为基于标志物（Mark-based）和无标志物（Markless）的跟踪注册法，其原理是采用标志物或者物体自然特征信息来获取真实空间的位置信息。

AR 的实时交互是指计算机处理用户的交互输入后，将交互结果通过显示设备进行输出的过程，交互的方式主要分为三类：外接设备、特定标志及徒手交互方式。外接设备主要指鼠标键盘、数据手套和语音输入等方式；特定标志交互方式是指事先设计具有特殊含义的标志板，用户在进行动作时按照规定进行操作；徒手式交互一般涉及手势识别和针对移动设备的触碰屏幕交互方式等。

虚拟信息管理则主要保存系统中需要进行渲染呈现的虚拟信息，如三维模型、文字、图像及视频。传统的虚拟对象通常使用 OpenGL（开放式图形库）的纯绘图功能绘制，若用户想要构建自己的模型，可使用三维建模软件，如 3dsMax、Maya 等，动态地将模型加载到 AR 系统中。

实时渲染是将虚拟信息实时地叠加融合在输出显示设备上，将视频流同步到显示设备上对现实世界进行增强。

AR 技术具有可移动性、支持远程指导、协同合作等特点，将其应用于车辆运维，可以极大地减少维修工人的培训时间，快速掌握对零器件的认识和维护方式，还可以进行模拟维修，节省工人培训的成本。

8.2.10　智能资产联动技术

智能资产联动通过统一物资、设施设备与资产管理的颗粒度，建立相应的编码，进而打通运维数据、物资数据与资产数据之间的壁垒。智能资产联动可保证设备、物资、资产和价值属性与物理属性的一致性，可有效支撑物资的采购计划及订单管理、仓储管理、供应商管理、物料管理以及需求领用管理；有效支撑资产全寿命周期的购置、使用、盘点、折旧、报废、更新改造等精细化管理需求、备品备件的智能追踪与优化及资产更新改造计划的智能编制与优化等；可为企业资产保值、增值，创造良好基础。

8.3 系统修智能化运维平台概述

8.3.1 智能运维系统概述

针对轨道交通车辆运维所面临的安全与成本的双重压力，面向城际动车组运行的复杂环境，运用物联网、数字孪生、大数据、人工智能等技术，实现列车及设备的互联互通，并将基于场景的车载数据、轨旁检测数据、检修业务数据有效耦合，对城市轨道交通车辆状态特征和运行机理进行深度挖掘，形成一套具有列车状态感知与跟踪、故障诊断预警、剩余寿命预测、运维智能决策、作业自动化等能力的智慧系统，保障列车安全可靠、提效节能，实现列车运维精准管理[130-131]。以监测数据、人工检修数据和地面数据计算机处理能力为中心的车辆信息化与智能运维系统，推动实现车辆全生命周期的智能化运维健康管理，实现对车辆安全与运维保障的技术突破和决策支持。

1. 数字化智能运维

数字化是维修决策体系加速转型并持续发展的基石。通过维修策略变革探索可以看出，领先的维修决策体系建立、应用与持续改进，需以更广、更深、更细、更准的运维数据体系作为强有力的支撑，而运维数据的产生离不开车辆相关的所有业务对象（组织、行为、资产等）。以检修规程维修任务的确定、执行及反馈过程为例，图 8.11 给出了所涉及组织、行为、资产等数据产生和使用的概念模型，该模型中每个顶层活动（业务域），包括设计研发活动、RCM 分析活动、支持产品开发活动、维修管理活动、维修活动等又由若干具体的、多层次的、相关联的行为模型组成，每个行为模型将涉及更为细分的组织、行为与资产，并产生更为细化的、相关联的数据。

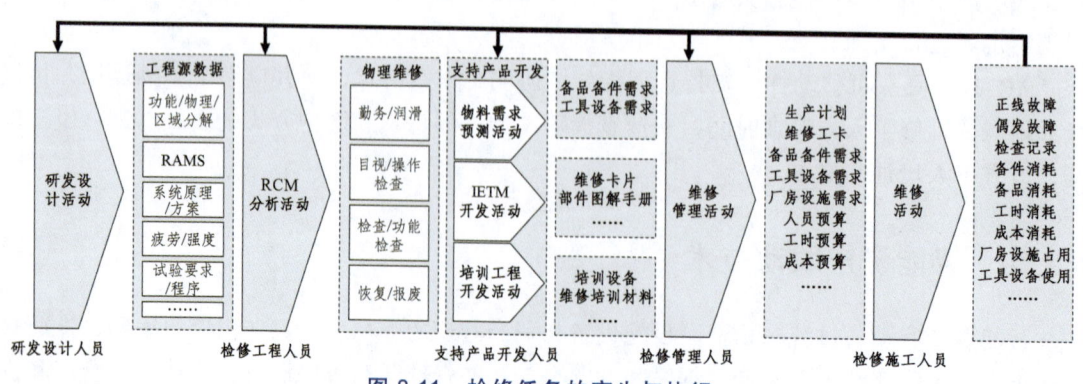

图 8.11 检修任务的产生与执行

因此，唯有维修相关业务对象的全面数字化，在标准的框架下，各相关方在线运行，方可源源不断地产生维修决策体系变革所需要的各类精准数据，形成数据生态。数字化的唯一目标指向为"数据"，数字化维修，远不限于信息化架构或维修业务的信息化，数字化维修应完全融入车辆维修的每个环节。

2. 智能运维的特点

1）更安全

智能运维的安全保障分为车辆在途运行安全保障和车辆维护场段运作安全保障，能够对列车运维进行全面的保障，与传统运维相比更加安全。

车辆在途运行安全保障：监测并跟踪列车运行安全关键要素，预防车辆失稳、脱轨；监测并跟踪车辆关键部件的健康状态，对影响车辆延误、清客的故障进行快速准确响应；监测并跟踪乘客异常，对乘客异动、伤病、暴乱等现象进行快速准确识别与响应。

车辆维护场段运作安全保障：防止行车过程中出现人身事故和碰撞现象；防止车辆检修过程中出现人员触电、碰撞、火灾等事故；对规定区域的人员入侵进行预警报警；对非规范作业和遗留工器具进行自动识别并进行提示预警。

2）更高效

设备代替人工进行日常检测作业：借助车载监测系统、轨旁监测系统替代人工进行日常检测和故障快速识别。

车辆部件健康管理系统驱动检修优化：部件健康状态预测与故障耦合分析驱动部件普查整治优化；部件状态预测与健康管理驱动修程修制优化，延长人工检测维护时间间隔；部件故障管理与RAMS分析驱动部件进行技改，提升部件可服役能力。

车辆运维自动化提升作业效率：车辆运维计划自动编排，派工、接收提交任务、请点、授权等远程操作；车辆运维计划变更自动调整，运维过程跟踪和演练，缩短交接班时间；运维报告自动生成。

3）更协同

车辆运维与客运服务协同：持续跟踪客流情况，支撑车辆运用调度；监测列车平稳性、乘客分布、CO_2浓度、拥挤程度、客室温度等，支撑车辆控制和乘客引导。

车辆运维与检修资源匹配协同：预测车辆运维业务需求，支撑人员、设备、物资的匹配。

车辆运维与其他专业运维协同：自动编排车辆调度、车辆检修计划，支撑车辆运维与施工、供电、信号的工作协同；评估车辆部件劣化原因，实现轨道、接触网协同维保；评估车辆牵引能耗和辅助能耗，实现能耗分析与节能优化。

3. 智能运维意义

为了利用信息化中收集到的信息，对所研究对象进行更全面的分析和优化，但最终的决策者仍然是人。智能运维是基于大量的运营数据（信息化系统记录的数据），对产品或企业的运作逻辑（管理经验）进行数学建模、优化，反过来再指导产品运维或企业日常运行。这实际上就是一个"机器学习"的过程，系统反复学习产品或企业的数据和运营模式，然后变得更专业、更了解产品或企业，并反过来指导产品运用或企业运营。也就是说，智能化是将产品运用或企业管理经验模型化，自动分析系统记录的各项数据，并给出分析报告和解决方案，管理人员拿到报告和方案后，依据现实情况，修正解决方案，系统通过不断学习、调整解决方案，最终会给出最适合的方案，从而降低工作难度，提高工作效率。由此可见，数字化过程，需要 IT 专家、数字专家、行业专家、企业管理专家等各界专家的深度融合，才能打造出适合轨道车辆运维管理的数字化系统。

智能运维的目的和意义在于提高维修能力与维修效率，维持车辆运行安全性与服务可靠性，降低维修成本，提升车辆可用性，从而驱动服务模式的持续改变。主要有三个方面：一是通过强大的数据收集、处理与分析能力，综合所有相关方数据，在正确的地点、正确的时间，提供正确的信息，增强维修决策能力，提升维修生产效率；二是与维修相关的所有相关方，从制造商、运营商到配套供应商、维修厂家等，在远程故障诊断、维修支持和维修中综合利用所有信息，通过信息共享，增强维修协作能力；三是通过不断更新各种动态信息，增强自我状态实时感知和自我预测能力，逐步提升数字化水平。

智能维修贯穿维修需求、维修决策、维修支持、维修管理与控制、维修执行等方面，将所有关联业务对象所产生的文字、图像、声音等传统信息形式转换为标准数字信息，并综合运用计算机技术、数字通信技术、网络传输技术等，将所有相关方有机连成一体，使各种数字信息能够实时或者近实时地传递、处理、存储、分享与使用，统一数据管理、统一数据应用、统一数据服务，实现轨道车辆维修的监控、诊断、决策、协同、实施、支持的高度一体化。

智能检修是基于大量的运用数据、故障和检修数据（信息化系统记录的数据），对检修过程进行数学建模、优化，反过来再指导检修。其实施效果依赖于检修的信息化程度，同时，也会影响智能化检修的实现程度。

8.3.2　智能运维系统平台

1. 车辆检修智能运维系统工程概况

轨道交通系统是一个庞大且复杂的体系，其中包含多个自动化子系统，通过接口使有限的信息共享，重复建设大量的服务器、工作站、网络等，部分信息无法共享，从而造成"信息孤岛"，且浪费资源。现一些线路已建设各类监测系统，如走行部检测系统、智能车门系统、受电弓监测系统等，但是各子系统相互独立，数据分散丢失，各数据缺乏数据沟通和数据共享，现场的故障数据、故障处理的工单数据、维修规程信息、备件信息不能有效进行数据关联，无法对整个车辆系统进行全生命周期的有效监控和维护。

车辆检修全寿命周期智能运维系统包括轨旁监测系统、车载监测系统、大数据平台，通过集成轨旁各子系统检测功能、车地无线网络传输功能、段内检修信息上传功能，实现三大模块数据的采集、传输、汇聚、处理分析和运用;通过对列车状态进行与部件寿命及安全相关的在途监测、故障诊断、状态综合分析、趋势预测、故障隐患挖掘,并提供网络化维保和应急处置支持的系统,实现列车全寿命周期的智能化运维管理,如图 8.12 所示。

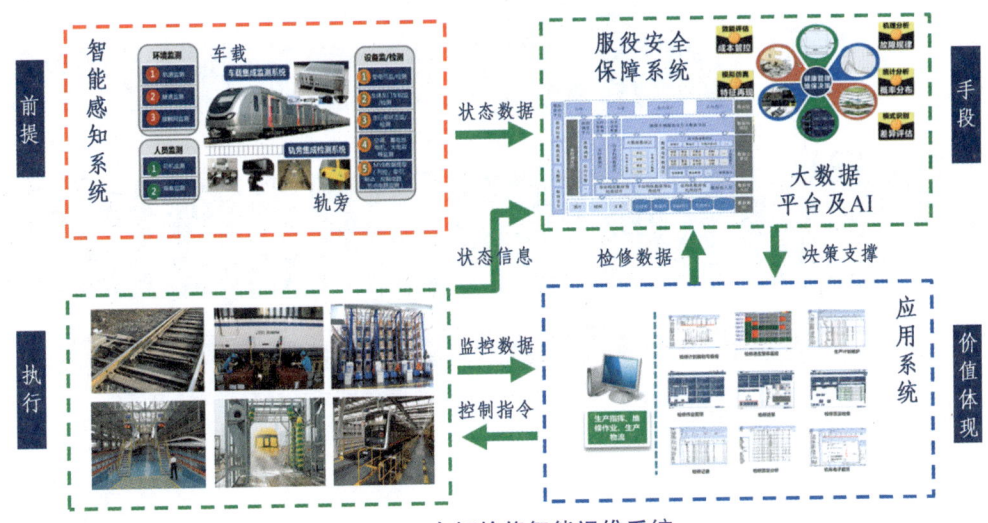

图 8.12 车辆检修智能运维系统

2. 平台业务架构

智能运维系统平台业务架构共四层。

第一层是设备层,也叫数据源层,通过设备层的车载、轨旁设备以及工艺设备来第一时间获取车辆的状态、检测数据。

第二层是 DCC 数据中心(即 DCC 数据管理平台)和云平台数据中心(即线网级大数据管理平台),通过统一的 DCC 数据中心对所有的数据进行统一管理,为更上一层的分析平台提供充足的数据支撑;DCC 数据中心将数据传输至云平台数据中心,为诊断模型、预测模型、评估模型提供支撑。

第三层是分析平台层,系统内的算法、模型都是在本层实现,是系统智能化的具体体现。

第四层的业务系统和系统接口层为用户界面层,通过友善的用户界面与业务流程将分析平台的结果呈现给用户,从而支撑用户的生产工作。

构建协同联动、协同保障的运维模式:通过运维数据的收集分析,挖掘数据的关联性,从故障失效模式、可靠性预警报警、修程优化效果、不同平台可靠性对比、环境应力等方面统计分析;从故障预防、维修决策、可靠性分析、车辆健康评估等方面开发故障诊断模型,预测关键部件健康状况和性能退化趋势,对整车、系统及关键部件开展可靠性评估。运维大数据布局如图 8.13 所示。

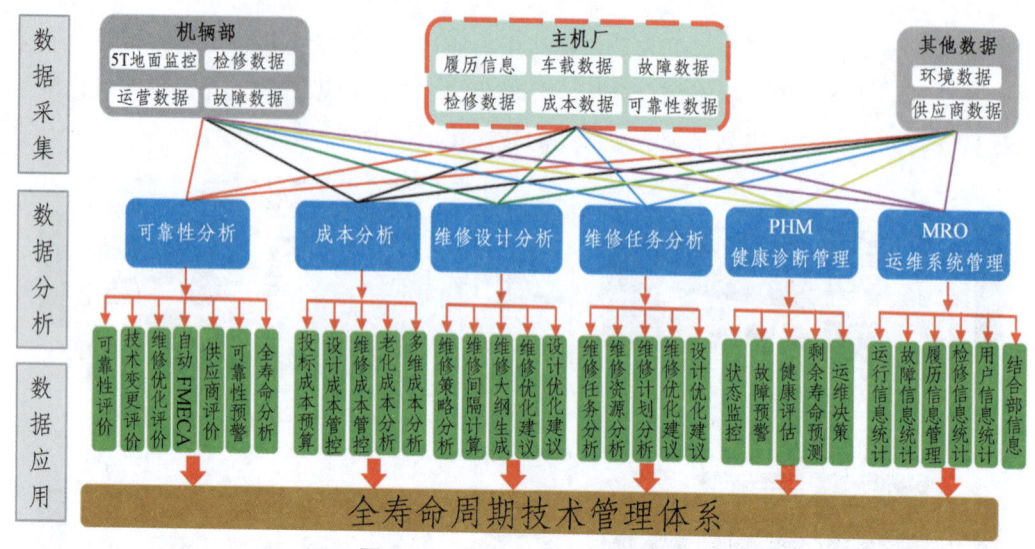

图 8.13 检修运用大数据布局

3. 车辆在线监测系统

1）车载弓网监测系统

车载受电弓监测系统通过在车顶部署红外热像仪及可见光数据采集装置实时采集运行端受电弓、接触线、悬臂管、绝缘子、稳定臂、固定支架和电缆夹等数据信息，并存储于车载数据机柜内，满足故障定位查找要求。

此外，车载红外、可见光数据按时间片段及站点存储，可通过移动终端实时查询检测数据，满足在线监测要求；车载数据可转储到地面检测中心，实现监测数据库建立、状态资料查询、特征对比等扩展功能，满足其他部门、工区检测数据共享、分析使用要求。

2）走行部状态监测系统

走行部状态监测系统通过安装布置在走行部转向架上的传感器网络，监测轴箱轴承、齿轮箱轴承和牵引电机轴承的温度、振动和冲击三个物理量。通过诊断系统，对采集到的数据进行综合分析处理，对走行部状态进行评估，对走行部进行轴箱轴承振动和温度监控、齿轮箱轴承振动和温度监控、牵引电机轴承振动和温度监控、走行部状态及严重故障报警信息与主动运维决策。

3）数据集成采集系统

数据集成采集系统收集车载在线监测设备产生的数据和列车车载网络里的所有传输内容，后利用无线传输设备传回地面，挖掘有用信息，用作车辆状态分析和全生命周期健康管理。

4）车门智能诊断系统

车门智能诊断系统监测每个车门的运行参数，并传输到地面专家系统。它能够实现车门工作情况的远程实时监测、车门故障的远程实时监测、车门的亚健康状态分析功能、故障信息和亚健康状态的信息推送功能、移动维修功能、技术专家远程会诊及大数据分析功能。

5）空调系统状态监测系统

该系统对车辆空调的温度、湿度、CO_2 浓度等进行实时检测，具有故障自动诊断功能，并实现远程状态监测；通过在空调压缩机上安装温度传感器、电压传感、电流传感器等来监测空调压缩机的工作状态。

6）车载蓄电池状态监测系统

该系统通过车辆状态智能提取诊断主机与车辆既有蓄电池监测系统对接，监测蓄电池内阻、温度、电压及电流等波形的变化趋势，分析充放电过程，对蓄电池退化特征分析，蓄电池实时故障预警，实现蓄电池基于状态的维护。

4. 轨旁在线检测系统

1）受电弓及车顶图像检测系统

列车受电弓状态检测：采用高分辨率摄像机对受电弓碳滑板顶部进行抓拍，采集碳滑板图像并识别碳滑板裂纹、异物、平行度、偏转角度，并识别受电弓滑板炭粉磨耗、偏磨、掉块等缺陷。

车顶图像检测：空调外观、避雷器外观，受流器、无线电天线、ATC 天线等车顶电气，以及异物、丢失、变形等故障自动报警。

2）车底及两侧图像识别监测系统

车底及两侧图像识别监测系统可实现对车底及两侧关键部件的可视部位进行在线监控，并实现通过对检修作业质量的监控，通过自动识别等技术实现关键部位预警功能，以此辅助检修库工作人员检修，提高车辆段列车检修作业质量和作业效率。

监测系统判断列车车底及两侧是否外观异常、部件异常，并根据故障情况发出预警通知及报警，同时图像监测可判断外墙清洁度，若系统判断列车外墙较脏，则安排进行外墙清洗。

3）轮对尺寸检测系统

轮对尺寸检测系统采用非接触式激光测量方法，能准确检测车轮的轮缘高、轮缘厚和轮径值。

4）超声波轮对探伤检测系统

超声波轮对探伤检测系统是通过非破坏性地实现对被检查材料或机械部件的内部缺陷、伤痕的在线、离线检测。装有超声换能器（即探头）的机械装置安装在钢轨轨头的弧状切口处，使得电磁超声探头与轮对踏面有尽可能大的正对面积。

5）轴温、齿轮箱及电机温度检测系统

检测系统采用非接触红外测量方法，能自动测量列车轴箱、车轮、齿轮箱及电机温度，实现被监测部件的自动实时故障诊断和分级报警。

6）车辆运行品质在线检测系统

通过轮轨动力学监测系统对踏面的监测，对超标车辆适时采用适当的等级镟修，改善车辆动力学性能，提高安全性，延长轮对使用寿命，实现对连续轮轨力测量、车轮踏面损伤及多边形监测、车辆横向稳定性监测及车辆轮重不均衡监测，保证车辆运行平稳。

5. 系统数据分析

1）数据中心

数据中心包括数据接入、数据处理、数据存储、数据分析、数据展示等功能。各系统间数据协议、数据接口、数据规范需保持统一，实现多供应商数据的接入、管理和应用，通过数据接入协议将列车设备关键数据接入数据库，为列车故障诊断、预警系统提供数据支持。数据平台的主要作用是建立车辆信息库，进行列车全生命周期状态监测和记录，主要实现列车健康管理和车间检修管理，为运营计划提供支持。

2）数据采集

车载数据采集：包括硬线采集数据、TCMS 关键信息以及车载监测设备数据采集。

（1）硬线采集数据：车辆电路中旁路开关状态；重要列车线状态；重要继电器、接触器通断状态，触点及线圈阻值；关键回路电源空开状态、关键回路空开跳闸前后电流等。

（2）TCMS 关键信息：MVB 关键信息主要为各子系统状态和各系统故障信息。

（3）车载监测设备数据采集：对车载监测相关设备收集的数据进行采集。

（4）轨旁监测数据：采用工控机与采集板卡进行数据采集，具备标准网络接口，以便与设备房服务器进行数据连接。

3）数据处理

数据处理软件安装在设备房服务器内，主要实现如下功能：

（1）数据读取：采用以太网读取现场工控机采集的原始数据，并进行本地存储；

（2）数据计算：采用边缘计算、云计算、物联网、大数据和工业软件等技术，将人、机、物、领域知识等有机结合，采用统计分析、机器学习、人工智能算法，得出决策信息；

（3）分级报警：依据计算值，与预设的报警阈值进行比较，从而实现三级报警；

（4）数据管理：将计算得到的数据保存在本地数据库，并与中心服务器同步；

（5）远程管理：远程监视现场工控机及传感器工作状态，远程控制现场工控机及车号识别主机电源。

4）各系统功能

（1）车地无线传输子系统。

车地无线传输子系统实现监测信息在车载子系统与地面子系统之间的车地无线传输接入与控制。车载通信网关实现车载子系统到无线传输网络的接入，地面通信网关实现地面子系统到无线传输网络的接入，车载通信网关和地面通信网关共同实现监测信息车地无线传输的数据链路的管理和维护。

(2）地面预测预警子系统。

地面预测预警子系统实现市域列车运行状态的综合分析、趋势预测、故障隐患挖掘、监测结果综合呈现，以及网络化维保与应急处置支持。

（3）列车设备健康管理系统。

列车设备健康管理系统包括列车实时状况监控及预警、故障诊断、检修数据输入、列车履历管理、数据查询、大架修管理、设备健康状态评估、RAMS分析、寿命评估、LCC管理等，实现对全寿命周期管理。

（4）车辆运营管理系统。

① 列车网络系统及HMI数据的地面实时再现：在途列车运行关键信息在DCC（车辆段控制中心）和OCC（运营控制中心）复现，远程实时复现列车关键信息及HMI信息，按故障等级分别显示，救援、晚点类关键信息复现OCC，退出服务类、影响服务质量类复现DCC，实现更加精准的调度管理及车辆远程应急管理。

② 运营支持及应急处置：OCC、DCC通过对各线列车状态的实时监测、评估及根据线路车辆检修情况，提供每日列车上线、下线计划决策依据，为线网运营提供技术支持及调度应急。

（5）分析系统数据中心。

分析系统数据中心实现整个分析系统的数据接收、存储、处理、发送（包括但不限于：车载监测数据、轨旁检测数据、业务系统数据、分析系统数据）。

（6）列车状态跟踪系统。

列车状态跟踪系统针对车载装置及系统采集的数据（包括但不限于：MVB数据、弓网监测数据、走行部监测数据），在车地传输实时性满足要求时，显示被监测车辆运行位置、速度、载重、故障状态等信息加载到包含车站位置、线路弯道/坡度、洞桥隧等环境下，进行列车状态的跟踪与显示。

（7）业务管理支撑系统。

统计分析：可实现车辆履历、车辆检修动态查询、作业项目、重复故障统计查询功能。

修程优化分析：通过系统部件分析，依据车辆、设备、部件健康趋势分析模型，将局部检修项工作频率进行疏密调整，并提交基础信息管理系统进行配置决策。

工艺优化分析：通过系统部件分析，依据车辆、设备、部件健康趋势分析模型，优化退化状态、失效状态模型，并调整预警阈值、失效阈值以及早期诊断的输出结果基础信息管理系统进行配置决策。

计划自动编排分析：考虑故障预警、报警，检（监）测中发现的故障可疑点，近期检修计划，场段有限生产能力（包括人、机、料、环），"适运"标准等因素，自动编排检修计划。

自动作业派工分析：根据人员编制、人员能力、任务类型，通过管理对象分析模型输出最适合运营要求的人员编制及排班决策，并自动进行任务流转、下发、通知提醒以及开工完工记录。

物料分析：根据检修计划动态配置换修物料计划，减少过度备料的成本及配送压力，对备品备件进行精准预估，定制采购要求时间表。

（8）安全管控支撑系统。

实现对列车运行安全评估、检修作业安全评估，可进行人员定位、视频监控及工作环在线监测功能。

人员定位功能通过定位标签，对工作人员进行实时、准确定位，通过 GIS 地图算法，可在防区内灵活设置/撤销虚拟电子围栏，结合人员定位信息及其他业务功能授权，对未授权人员靠近区域时发出报警。

视频监控对具体生产活动及业务中的关键位置实施监控与预警，确保内部生产井然有序，避免意外发生；同时，能够为事后追溯、查询、分析提供数据支撑。

通过增加传感器、在线式气体检测仪等设备，以及接入视频监控、其他系统安全信息等，实时监测特定工作区域（焊接区域、危化品间、蓄电池充放电区域）安全参数指标，如有害气体浓度、可燃气体浓度、氧气浓度、环境温度、湿度、前方是否来车等。当相关参数临近（或超过）安全指标时，逐级发出报警提示。

6. 维修决策生成

在维修决策方面，以 RCM 为核心，在 RCM 功能、功能故障、故障影响、故障原因及维修任务的基础上，充分考虑 LCC（全寿命周期费用）及 ROI（投资回报率），进行 PHM 状态监控、故障诊断、健康管理及维修预测能力的建设，进而形成最优的维修决策体系。重点开展以下方面的建设：

1）基于 RCM 的主动性风险决策

根据故障后果、可接受发生频次等制定 RCM 风险管理要求，并进一步定义计划维修的任务与执行间隔。同时，建立服务可靠性监控体系，制定可靠性性能指标体系、警戒体系与根因调查体系，以形成风险管理的闭环。

2）运用修规程结构化

为了便于检修内容分类与系统分析，需将现有的维修卡片、维修规程提取维修大纲，大纲包含维修对象、维修方式与对应的维修周期，将维修规程语言结构化并固定字段，如状态检查、功能检查、限度测量、更换、润滑等。

3）服务构型管理

构型树以运用修维修对象为节点，包含运用修部件、功能节点，以功能构型形式组织编制，用于运用修记录、故障收集、运用维修大纲的组织、运用修故障结构树的搭建。功能构型节点与运营维护系统（Maintenance Repair and Operations，MRO）物理构型应能对应，便于部件材料、履历信息收集、查询，以及全寿命周期管理。

4）运用修故障结构树、故障模式清单

运用修故障结构树至少包含与维修任务高度相关的直观故障对象节点，并应包含真实故障节点，便于故障分析后的记录。故障对象的故障模式中应包含运用修相关的直观故障现象及真实故障现象。

5）检修与故障数据录入和回填

对于运用修相关的故障应采取规范录入的方式，包括故障结构树的选择及与运用项点对应的故障模式的选择。故障录入应作为运用修记录的一部分。

对于不能识别真实故障对象、故障模式的项点，待真实故障对象及故障模式识别后回填系统。为规范检修与故障数据能够精准、完整地回归至服务构型，可使用便携式移动终端，以优化维修人员的使用体验，约束、规范维修人员的数据记录行为。

6）PHM、轨旁设备

对于闸片、碳滑板、制动盘、玻璃水、砂子、轮缘润滑油等消耗类维修任务，以及机械润滑类、镟修类、清洁（影响可靠性的）、滤芯更换等恢复类维修任务，不适用通过故障统计分析来确定检修任务周期，应根据部件退化机理、状态监测、寿命跟踪统计模型等方式用PHM模型、轨旁监测等手段开展预测修或状态修。

同时，基于RCM系统性评估PHM建设需求与方向，进行PHM能力的持续优化，以提升LCC效能及ROI。

7）数据管理（各关联系统数据集成交互）

PHM诊断情况、轨旁设备的监测结果、状态修结果、数据记录及无线传输装置系统（DRWTD）故障、基于故障统计分析的检修任务、181故障任务（动车组运行期间随车机械师的故障记录单）、MRO维修任务等统一推送到数字化维修平台，生成下次维修任务。

8）线路环境、车辆寿命、气候条件等影响分析

维修平台应对动车组具体的环境应力情况（包括线路条件、气候、天气、环境条件等参数）进行记录，便于不同环境应力情况的动车组运用修周期的制定，并优化PHM模型。

9）结构化、交互式的运维作业指导文件

交互式电子手册软件（IETM）系统具备编制管理结构化维修大纲、维修手册、排故手册等，便于数字化维修平台维修任务安排、维修内容查询、维修结果记录等。

在以上重点环节建设的基础上，优化维修决策体系，以RCM为核心，应用PHM实现状态监控代替物理检查任务，判断PHM是否充分、有效，前置时间是否足够等。

8.3.3 车载智能运维配置

给车辆配置车载智能运维设备，可实现对列车状态的在线实时监测。配置车载安全监控系统、车载PHM系统、监控室智能监控屏、手持移动终端、旅客服务智能显示屏、受电弓视频监控系统、车厢视频监控系统、能量管理系统、可编程逻辑控制单元等功能，使列车具有自感知、自诊断、自决策的智能化水平，具有设备状态感知装置、与智能化水平相适应的列车及车辆级信息传输通道、基于4G或5G的实时车地信息传输通道及列车智能中枢。智能运维设备，对影响行车安全的关键系统或部件具有监控及预警功能；具有精确故障诊断及应急故障处理提示功能；具有辅助机械师行车操作的智能设施或功能；具有初步预测修和健康状态评估等功能。具体如下：

1. 车载安全监测系统

设置车载安全监测系统，配置以下状态监测功能：

（1）对轴箱轴承、齿轮箱轴承、牵引电机定子和轴承等旋转部件温度进行监测，实现轴

承和电机定子异常状态识别。

（2）对走行部轴箱轴承振动进行监测及故障诊断，实现轴承振动、车轮多边形、钢轨波磨等异常状态识别。

（3）对转向架构架横向加速度进行监测，实现转向架蛇行失稳等异常状态识别。

2. 车载 PHM

车载 PHM 系统应具有列车级、系统部件级故障预测和为健康状态诊断提供信息的功能，其中列车级由车载 PHM 装置（每列车设置 1 套）实现，系统部件级由各关键系统实现并由车载 PHM 装置汇集、存储最终诊断结果。车载 PHM 可根据需要配置以下功能：

（1）走行部温度预判：利用轴箱轴承温度、齿轮箱轴承温度、电机轴承及定子温度等参数判断走行部是否存在异常。

（2）振动、失稳异常诊断：利用振动、失稳参数判断走行部、轨面状态等是否存在异常。

（3）网压、网流预判：利用网压、网流参数分析高压牵引系统是否存在异常。

（4）车门异常预判：利用开关门时间、电机电流等参数判断塞拉门系统是否存在异常。

（5）牵引系统电压、电流异常预判：利用牵引内部传感器参数判断牵引及传动系统是否存在异常。

（6）关键环路继电器、接触器健康状态诊断：对关键环路继电器、接触器等进行动作次数统计。

（7）空气制动施加、缓解异常预判：利用空气制动施加、缓解时充排风时间或实际制动缸压力与理论压力差异，判断制动性能是否存在异常。

（8）空调系统可进行制冷温度异常、制热温度异常、滤网脏堵等故障预警。

（9）给水卫生系统可进行便器排污阀、HOSE 阀、水泵、液位显示等部件故障预警。

3. 监控室智能监控屏

监控室设置 1 台智能监控屏，采用嵌入式安装，可根据需要配置以下功能要求：

（1）具有智能融合显示功能，实现 TCMS、安全监控、烟火报警、受电弓视频、车载 PHM、电能监控、车厢视频等信息智能融合显示。

（2）当发生可通过车厢视频观察到的烟火、超员、乘客紧急、车门异常等报警时，应在监控室智能监控屏上进行视频联动状态提醒，并可查看和回放报警时刻前至少 1 min 内视频。

（3）当发生受电弓结构异常、挂异物、火花等故障时，应在监控室智能监控屏上进行视频联动状态提醒，并可查看和回放故障时刻前至少 1 min 内视频。

（4）具有关键环路状态智能显示功能，能够实时显示紧急制动安全环路、火灾报警安全环路和车门安全环路等列车关键电路状态，在环路发生故障时，能实时查看故障位置。

4. 手持移动终端

配置手持移动终端，通过旅客信息系统的专用无线局域网单向获取列车网络数据，应至少满足以下功能：

（1）具有列车 TCMS 信息与状态显示功能。

（2）具有列车一、二级故障报警及显示功能。

（3）具有列车历史故障查询功能。

（4）具有列车 PHM 预警结果显示功能。

（5）具有文件查询功能，如应知应会手册、典型案例等。

（6）具有工作信息录入和视频、数据下载功能。

（7）具有手电和摄像功能。

（8）具有专用 App 的授权管理功能。

（9）应考虑配置列车平稳性、噪声检测等 App 及 NFC 数据读取功能，具体由制造企业提供方案，经使用单位认可后执行。

5. 旅客服务智能显示屏

乘务员室设置 1 台旅客服务智能显示屏，采用嵌入式安装，应满足以下功能：

（1）具有智能融合显示和集中控制功能，实现车次输入、旅客服务信息和音视频娱乐信息集中控制及显示、SOS 声光报警提醒、车厢视频查看、文本转语音、查看各车水箱和污物箱的液位状态等功能。

（2）具有空调和照明调节控制功能，可通过旅客服务智能显示屏对空调温度和工作模式、客室照明等进行全列或单车控制。

（3）当发生可通过车厢视频观察到的烟火、超员等报警时，应在旅客服务智能显示屏上进行视频联动状态提醒，并可查看和回放报警时刻前至少 1 min 内视频。

6. 受电弓视频监控

受电弓视频监控满足以下智能识别功能：

（1）结构异常识别：受电弓工作状态畸变、结构变形、弓头部件脱落时，发出异常状态提示信息。

（2）应具有桥梁、隧道、雨雪天、进出车站、建筑物遮挡等工况的识别模式，以降低误报率。

（3）挂异物识别：受电弓悬挂塑料袋、气球、风筝、彩条布等较大异物时，发出异常状态提示信息。

（4）燃弧识别：通过受电弓监控视频识别，当受电弓工作区域长时间出现燃弧时，发出异常状态提示信息。

（5）摄像头脏污识别：因镜头和保护罩脏污等情况，导致监控画面模糊无法清晰辨识到弓形，影响受电弓识别和检测时，提示入库检查维护。

7. 车厢视频

车厢视频应具有烟火、超员、乘客紧急、车门异常等报警时刻相应位置前 1 min 内视频的自动保存功能。

8. 能量管理系统

能量管理系统具有耗电量统计及数据下载功能，并可通过 WTD 进行数据落地，以分别统计动车组总耗电量及再生制动电量。

9. 可编程逻辑控制单元

可编程逻辑控制单元通过硬件与软件结合，具有故障检测、故障保护、故障安全导向、自锁、自恢复、检测信息实时反馈至 TCMS 及完全可编程定时、延时功能。其能够完全替代原控制电路中的时间继电器或中间继电器等有触点控制器件所构成的电路。

8.3.4 动车组智能维护平台运用现状

1. 运用修现状

动车组运用预防修周期在借鉴以往相同或相似平台动车组检修周期的基础上，结合部件变更及修程修制优化经验制定，随着动车组交路环境、车组寿命、部件质量整治、高级修等情况变化，运用修周期调整敏感度不足，不能及时适应上述变化。

为更好地开展动车组运用修优化工作，避免过修、失修，需开展基于列车运维数据监控及环境应力变化的更加灵活适用的运用修优化。随着运营维护系统、数据记录及无线传输装置系统、PHM 系统、轨旁监测系统及交互式电子手册软件系统的应用，列车里程、修程、履历数据、部件状态监控数据、故障记录、检修记录等性能状态数据的规范、完善，通过数据监测、分析，目前已具备将运用修由定期预防修、故障修优化为预测修、状态修、预防修、故障修相结合的维修方式的条件。

2. 预防修和状态修现状

目前 CRH6A 平台动车组 PHM 已有车载模型 13 个，地面模型 45 个；CR400AF 平台动车组 PHM 已有车载模型 65 个，地面模型 19 个。模型功能均是列车设备状态辅助诊断，未实现替代检修。借助轨旁设备（TEDS/LY/TADS/SJ 等）辅助诊断功能，路局已开展 350 km/h 速度等级动车组一级修的人机结合检修，即 48 h 机检合格的动车组人工检查周期可延长至 72 h。

8.4 城际动车组智能维护平台运营展望

未来智慧城市的构建，其关键要素必然包括一个智慧高效的轨道交通运输系统。随着 5G 的来临，精准定位、海量数据协同、实时智能分析等支撑能力成为可能，基于 5G 技术的城际轨道交通智慧运营服务体系，将在城际动车组发展过程中，为智慧出行和智慧运营提供越来越多的价值应用。未来，将要加快 5G 网络、人工智能、工业互联网、大数据中心等新型基础设施建设，支撑传统产业向网络化、数字化、智能化方向发展。在此背景下，作为"新基建"建设领域之一的轨道交通，加快与新一代智能技术的融合，支撑城际动车行业向网络化、数字化、信息化和智能化转型发展成为新时代发展要求。

未来的城际动车组智能运维平台，将借助智能感知设备、5G 技术、深度学习技术、智能分析技术、资产管理技术等，从感知、传输、模型、分析、应用等集成与运维平台上，可满足以下需求：

（1）在线感知需求，通过利用传感技术、物联网技术、边缘计算技术等，实时采集设备设施的健康状态数据，提升感知的智能化水平和效率。

（2）"状态修"需求，深度挖掘感知数据，分析设施设备的劣化机理和演化规律，优化全寿命周期的修理策略，实现诊断决策由经验支撑向数据支撑转变。

（3）智能化作业需求，利用智能化无人维修装备和远程维修模式替代现场人工作业方式，并可对作业质量进行后评价，实现"智能化状态修"。

（4）资产联动需求，统一设施设备管理与资产管理的颗粒度，打通运维数据和资产状态数据，保证资产价值属性与物理属性一致性，支撑资产全寿命周期管理。

未来的城际动车智能运维平台主要由需求、感知、网络、数据、技术、决策六个方面组成，如图 8.14 所示。需求是源头，通过面向专业对象、业务模式的需求汇聚，实现需求至感知层的畅通流转，满足体系功能的业务需求输入。感知是基础，通过各种智能传感采集形成数据源头，实现对象的原始信息获取。网络是途径，通过 5G 网络的全方位覆盖，促进数据（原始、过程、感知）充分流动及互联互通。数据是中枢，通过运维全过程的感知、采集、边缘处理、融合，实现基于数据驱动的系统性智能基础。技术是工具，围绕专业、领域等背景范畴对具体业务细项化展开方法论的构建及智能技术的应用，实现基于技术驱动的系统性智能分析。决策是应用，适配各类运营场景的策略生成能力，具备自学习、演进的逻辑能力，实现智能运维的业务成果指引及输出。

未来的城际动车组维护，基于 PHM 技术、预测性维修、全寿命周期修理决策优化等技术，实现设施设备的自感知、自诊断、自决策，精准、精细、精确地掌握状态劣化机理和演变规律优化养修策略和资产管理，打造状态监测、故障诊断、风险预警、维修评价和资产管理的闭环链条，保持全寿命周期的高稳定性、高可靠性，降低运维成本。其主要功能包括智能感知诊断、智慧分析预警、智慧维修作业和智能资产联动，实现养护维修管理由经验支撑向数据支撑转变，维修模式由"故障修""计划修"向"状态修""预测修"转变，形成轨道交通维护新模式。全面构建基于状态感知及维修全过程数据的精准维护维修模式，结合设备设施全寿命周期健康管理体系，实现面向线网运营场景需求的智能决策，形成体系迭代的智能运维。

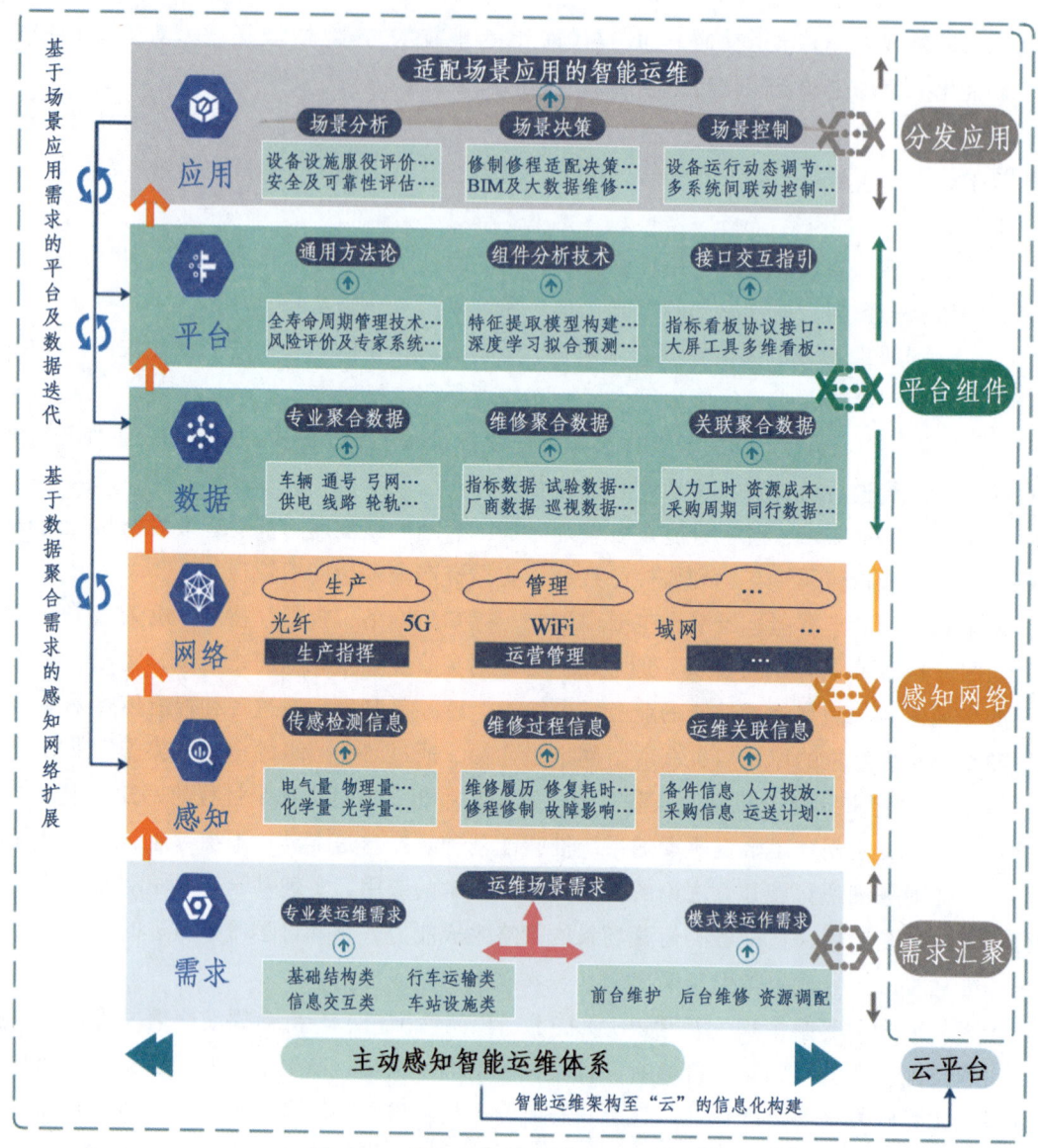

图 8.14 城际动车组智能运维平台展望

附录 专业术语缩略对照表

章节	英文缩写	英文词组	中文含义
第1章	CR	China Railway	中国铁路
	VVVF	Variable Voltage and Variable Frequency	变压变频
	VCB	Vacuum Circuit Breaker	真空断路器
第2章	RCM	Reliability Centered Maintenance	以可靠性为中心的维修
	FM	Fixed Maintenance	固定维修
	PM	Preventive Maintenance	预防性维修
	CBM	Condition Based Maintenance	状态修
	RUL	Remaining Useful Life	剩余使用寿命
	FD	Fault Diagnosis	故障诊断
	PHM	Prognostic and Health Management	故障预测与健康管理
	TT	Total Time	总工作时间
	MUT	Mean Up-Time	平均正常工作时间
	MDT	Mean Down-Time	平均不可工作时间
第3章	RAMS	Reliability, Availability, Maintainability, Safety	可靠性，可用性，维修性，安全性
	MTBF	Mean Time Between Failure	平均无故障工作时间
	MTTF	Mean Time to Failure	失效前的平均工作时间
	MTTR	Mean Time to Repair	平均修复时间
	FMEA	Failure Mode and Effects Analysis	故障模式与影响分析
	FTA	Fault Tree Analysis	故障树分析
	FMECA	Failure Mode, Effects and Criticality Analysis	故障模式影响及危害性分析
	FMA	Failure Mode Analysis	故障模式分析
	FEA	Failure Effects Analysis	故障影响分析
	MCS	Minimal Cut Set	最小割集
	BN	Bayesian Network	贝叶斯网络
	DAG	Directed Acyclic Graph	有向无环图
	CPT	Conditional Probability Table	条件概率表

续表

章节	英文缩写	英文词组	中文含义
第3章	FT	Fault Tree	故障树
	CA	Criticality Analysis	危害度分析
第4章	CCD	Charge Coupled Device	电荷耦合器件
	RMS	Root Mean Square	均方根
	TEDS	Trouble of Moving EMU Detection System	动车组运行故障动态图像检测系统
	TADS	Trackside Acoustic Detection System	轨边声学诊断系统
	THDS	Trace Hotbox Detection System	红外线轴温探测系统
	TPDS	Truck Performance Detection System	货车运行状态地面安全监测系统
	TCDS	Train Coach Running Diagnosis System	客车运行安全监控系统
第5章	MTTF	Mean Time to failure	失效前的平均工作时间
	MTBF	Mean Time Between Failure	平均无故障工作时间
	MTTR	Mean Time to Repair	平均修复时间
	RUL	Remaining Useful Life	剩余使用寿命
	HMM	Hidden Markov Model	隐马尔可夫模型
	RVM	Relevance Vector Machine	相关向量机
	RNN	Recurrent Neural Network	循环神经网络
	LCC	Life Cycle Cost	全寿命周期费用
	CBS	Cost Breakdown Structure	费用分解结构
第8章	IoT	Internet of Things	物联网
	EUHT	Enhanced Ultra High Throughput	超高速
	PHM	Prognostic and Health Management	故障预测与健康管理
	DT	Digital Twin	数字孪生
	BPNN	Back Propagation Neural Network	BP神经网络
	SVM	Support Vector Machine	支持向量机
	SVR	Support Vector Regression	支持向量回归
	CNN	Convolutional Neural Networks	卷积神经网络
	LSTM	Long Short-Term Memory	长短期记忆
	BIM	Building Information Modeling	建筑信息模型
	AR	Augmented Reality	增强现实
	VR	Virtual Reality	虚拟现实

参考文献

[1] 董锡明. 高速列车维修及其保障技术[M]. 北京：中国铁道出版社，2008.

[2] 高飞，潘钰. 北京动车组检修基地与动车检修[J]. 铁道机车车辆，2010，30（04）：77-81.

[3] 翟士述. 动车组维修制度探究[J]. 辽宁师专学报（自然科学版），2008（2）：97-98.

[4] 张文臣. 各国高速动车组检修限度及检修工艺现状阐述[J]. 科技视界，2016（12）：127-128.

[5] 姜飞鹏. 构建中国高铁动车组检修体系的思考[J]. 交通科技，2014（3）：163-166.

[6] 韩春刚. 兰新客运专线动车组运用维修需求研究[D]. 北京：中国铁道科学研究院，2015.

[7] Lee, Jay, et al. Prognostics and health management design for rotary machinery systems—Reviews, methodology and applications. Mechanical systems and signal processing 42.1-2 (2014): 314-334.

[8] 宿峰粒. 动车组部件预防性维修策略优化与备件库存管理研究[D]. 兰州：兰州交通大学，2019.

[9] 宋振宇，谭勖，盛沛，费川. 设备的三种维修方式比较研究[J]. 现代商贸工业，2011，23（13）：257-258.

[10] 李国正. 基于的地铁列车车载设备维修策略与故障诊断研究[D]. 北京：北京交通大学，2013.

[11] 李大伟. 装备性能可靠性建模及维修策略优化技术[M]. 北京：科学出版社，2019.

[12] 阮旻智. 舰船装备维修决策建模与优化技术[M]. 北京：科学出版社，2018.

[13] 孙帮成. 轨道交通RAMS工程基础[M]. 北京：机械工业出版社，2014.

[14] 唐献康，刘晓冰，田雅华，等. RAMS在轨道车辆网络控制系统设计中的应用[J]. 动车组电传动，2012（3）：6-10+36.

[15] 刘俊娜. 贝叶斯网络推理算法研究[D]. 合肥：合肥工业大学，2007.

[16] 郝卓然. 高铁列控系统故障诊断与健康评估的研究[D]. 大连：大连交通大学，2018.

[17] 周忠宝，马超群，周经伦，等. 基于贝叶斯网络的多态故障树分析方法[J]. 数学的实践与认识，2008（19）：89-95.

[18] 赵晶晶. 基于模糊贝叶斯网络的故障诊断方法研究及其在列控系统中的应用[D]. 北京：北京交通大学，2013.

[19] 李鹤田，刘云，何德全. 信息系统安全风险评估研究综述[J]. 中国安全科学学报. 2006（1）：108-113.

[20] 吴硕. 电气化铁路列车运行系统可靠性分析[D]. 大连：大连交通大学，2017：22-23.

[21] 邓力铭. 动车组故障模式统计分析[D]. 北京：中国铁道科学研究院，2015.

[22] 杨劼. RAMS 技术在轨道车辆改进项目管理中的应用研究[D]. 上海：东华大学，2016.

[23] 倪震楚，袁宏永，疏学明. 现代温度测量技术综述[J]. 消防科学与技术，2003（4）：270-272+288.

[24] 赵建华. 现代安全监测技术[M]. 合肥：中国科学技术大学出版社，2006.

[25] 王士强. CRH3C 型动车组转向架轴箱轴承温度检测系统介绍[J]. 内燃机与配件，2017（19）：20-21.

[26] 梅宏斌. 滚动轴承振动检测与诊断理论·方法·系统[M]. 北京：机械工业出版社，1995.

[27] 李国华，张永忠. 机械故障诊断[M]. 北京：北学工业出版社，1999.

[28] 赵冰，代明睿，李平，等. 基于深度学习的铁路关键部件缺陷检测研究[J]. 铁道学报，2019，41（8）：67-73.

[29] 罗明，黄珊珊，狄振华，等. 汽车发动机机械故障非接触式检测技术研究[J]. 小型内燃机与车辆技术，2018，47（4）：82-87.

[30] 王晨. 基于机器视觉的典型零件缺陷检测研究 [D]. 扬州：扬州大学，2020.

[31] MALAMAS E N, PETRAKIS E G, ZERVAKIS M, et al. A survey on industrial vision systems, applications and tools[J]. Image and Vision Computing, 2003, 21(2): 171-188.

[32] 尹阿婷. 基于机器视觉的高铁轨道表面缺陷检测技术研究[D]. 长沙：湖南大学，2019.

[33] 孟海波. 基于机器视觉的大构件表面检测定位技术研究[D]. 武汉：华中科技大学，2019.

[34] 黄伟. 城市轨道交通车辆计划修模式优化研究[D]. 安徽：安徽工业大学，2019.

[35] 李岗. 地铁车辆智能检修可行性研究[J]. 山东工业技术，2018（9）：60.

[36] 张鹤，伊宏伟，曹琦. 城市轨道交通车辆智能化运维检测[J]. 城市轨道交通研究，2020，23（4）：89-93.

[37] 刘瑞扬. 车辆运行状态地面安全监测系统在京沪线的应用及展望[J]. 中国铁路，2004（5）：32-35+10.

[38] 任刚华. 铁路货车运行状态地面安全监测系统原理与应用[J]. 科技创新导报，2012（15）：235.

[39] BOGERT J. Infantile cortical hyperostosis (caffey-smyth syndrome): report of four cases[J]. Journal of oral surgery, anesthesia, and hospital dental service, 1962, 20: 67-71.

[40] 邝朴生. 现代机器故障诊断学[M]. 北京：农业出版社，1991.

[41] 张辉. 现代造纸机械状态监测与故障诊断[M]. 北京：中国轻工业出版社，2004.

[42] GONZALEZ R，WOODS R，EDDINS S，et al. 数字图像处理的 MATLAB 实现[M]. 北京：

清华大学出版社，2013.

[43] 钱立新. 世界高速铁路技术[M]. 北京：中国铁道出版社，2003.

[44] 王山，孙全欣，宋晓梅. 高速铁路运行安全系统的研究[J]. 内蒙古科技与经济，2003（4）：69-71.

[45] 高世冲. 动车组运行故障动态图像检测系统（TEDS）运用浅析[J]. 工程技术（文摘版），2016：193.

[46] 陈冬. 货车滚动轴承早期故障轨边声学诊断系统的原理与应用[J]. 上海铁道科技，2011（4）：107-108.

[47] 吕智春. 浅析滚动轴承早期故障轨边声学诊断系统（TADS）[J]. 黑龙江科技信息，2007（3S）：4.

[48] 陈刚，彭朝勇，张渝. 一种既有动车组车轮故障在线检测系统升级方案[J]. 中国铁路，2016（3）：31-35.

[49] 龚庆祥. 型号可靠性工程手册[M]. 北京：国防工业出版社，2007.

[50] 李南. 工程经济学[M]. 北京：科学出版社，2000.

[51] 张静. 企业设备更新决策的不确定性分析[J]. 淮海工学院学报，2003，12（2）：67-70，74.

[52] 中国铁路总公司. 铁路动车组运用维修规程[M]. 北京：中国铁道出版社，2013.

[53] 杨广文. 交通大辞典[M]. 上海：上海交通大学出版社，2005.

[54] 熊卫国. 设备经济寿命的确定方法分析[J]. 科技广场，2017（3）：37-39.

[55] 董锡明. 机车车辆维修基本程[M]. 北京：中国铁道出版社，2005.

[56] 董锡明. 机车车辆寿命及其管理[C]. 2005年铁道牵引动力学术年会暨机车寿命管理暨当量公里记录装置应用学术研讨会，2005.

[57] 林瑞霖. 船用柴油机使用寿命确定方法[J]. 海军工程大学学报，2011，23（6）：66-71.

[58] 王启唐，韩兵，王岐燕，等. 基于有限元技术的疲劳寿命分析[J]. 拖拉机与农用运输车，2007，34（3）：76-77.

[59] 庄楚强，吴亚森. 应用数理统计基础[M]. 广州：华南理工大学出版社，2002.

[60] 王永清. 设备更新决策的模糊评价[J]. 水利电力机械，2004，26（3）：58-60.

[61] 曾慧娥，刘成俊，周庆忠，等. 设备全寿命费用管理信息系统开发[J]. 计算机系统应用，2005，（5）：67-70.

[62] 董锡明. 现代设备维修理论与实践在轨道列车系统上的应用[M]. 成都：西南交通大学出版社，2009.

[63] PECHT M. Prognostics and health management of electronics[M]. Hoboken, NJ, USA: Hoboken: John Wiley and Sons, 2008.

[64] SI X S, WANG W, HU C H, et al. Remaining useful life estimation-A review on the statistical data driven approaches[J]. European Journal of Operational Research, 2011, 213(1): 1-14.

[65] 胡昌华，施权，司小胜，等. 数据驱动的寿命预测和健康管理技术研究进展[J]. 信息与控制，2017（1）：72-82.

[66] GEBRAEEL N, LAWLEY M A, LI R, RYAN J K. Residual-life distributions from component degradation signals: a Bayesian approach. IIE Transaction, 2005, 543-557.

[67] 翟利波. 基于时间序列分析的剩余寿命预测模型[D]. 西安：西安电子科技大学，2014.

[68] HU C H, SHI Q, SI X S, et al. Data-driven life prediction and health management: state of the art[J]. Information and Control, 2017, 46(1): 72-82.

[69] 郑凯. 基于数据驱动的机电设备典型零部件健康寿命预测技术研究[D]. 贵阳：贵州大学，2019.

[70] WANG W B. A two-stage prognosis model in condition based maintenance[J]. European Journal of Operational Research, 2007, 182(2): 1177-1187.

[71] 韦皓. 中国高速动车组运用检修状况与发展[J]. 铁道机车车辆，2017，37（5）：64-67.

[72] ZHANG J X, HU C H, HE X, et al. A Novel Lifetime Estimation Method for Two-Phase Degrading Systems[J]. IEEE Transactions on Reliability, 2019, 68(2): 689-709.

[73] WANG Y, PENG Y, ZI Y, et al. A Two-Stage Data-Driven-Based Prognostic Approach for Bearing Degradation Problem[J]. IEEE Transactions on Industrial Informatics, 2016, 12(3)：924-932.

[74] WANG D, TSUI K L. Two novel mixed effects models for prognostics of rolling element bearings[J]. Mechanical Systems and Signal Processing, 2018, 99: 1-13.

[75] Wen Y, Wu J, Yuan Y. Multiple-phase modeling of degradation signal for condition monitoring and remaining useful life prediction[J]. IEEE Transactions on Reliability, 2017, 66(3): 924-938.

[76] 牛一凡，邵景峰. 基于非线性数据融合的设备多阶段寿命预测[J]. 信息与控制，2019，48（6）：729-737.

[77] 花兴来，刘庆华. 设备管理工程[M]. 北京：国防工业出版社，2004.

[78] 荣明宗. 武器设备全系统、全寿命管理的一个首要问题——武器设备全寿命期的阶段划分[J]. 设备指挥技术学院学报，2002，（2）：14-19.

[79] 边秀毅，刘立. 车辆全寿命管理信息系统的设计（续）[J]. 有色设备，2010（2）：15-19.

[80] 边秀毅，刘立. 车辆全寿命管理信息系统的设计[J]. 有色设备，2010（1）：17-21.

[81] International Electrotechnical Commission. IEC60300-3-3-2004, Dependability management-Part 3-3: Application guide-life cycle costing[S]. Geneva (Switzerland): International Electrotechnical Commission.

[82] 陈春阳，赖森华，杨基宏，等. 城轨系统全生命周期成本关键要素辨识与分析方法研究[J]. 中国基础科学，2018，20（6）：31-35.

[83] 庄方方，汪小卫，吴胜宝. 可重复使用运载火箭全寿命周期费用分析[J]. 导弹与航天运载技术，2016（6）：82-85.

[84] 张媛. 基于灰色系统理论的电力设备全寿命周期成本评估及模型[D]. 重庆：重庆大学，2008.

[85] GEYER K K. 开发、分析及涉及中的寿命周期费用[J]. 机车车辆维修简报，2000，20：37-47.

[86] 李葆文. 关于设备寿命周期管理的最新研究与思考[J]. 中国设备工程，2020（18）：8-11.

[87] HOLDEN G. 机车车辆资产管理方面寿命周期费用的若干问题[J]. 机车车辆维修简报，2008，49：60-71.

[88] 王华胜. 内燃机车寿命周期费用模型与分析[J]. 机车车辆维修简报，2007，47：69-80.

[89] 陈永龙，徐宗昌，何国良. 寿命周期费用估算中敏感度分析[J]. 装甲兵工程学院学报，2005，19（1）：11-14.

[90] BODLAENDER H L, FOMIN F V. Tree decompositions with small cost[J]. Computer Science. 2002(2368): 378-387.

[91] DOLGUI A, GUSCHINSKY N, LEVIN G. A decomposition method for transfer line life cycle cost optimization[J]. Journal of Mathematical Modelling and Algorithms, 2006, 5(2): 215-238.

[92] 周虎，王曦鸣. 轨道交通车辆全寿命周期费用分析[J]. 电力机车与城轨车辆，2020，43（5）：71-73+84.

[93] 孟丽珍. 西安地铁渭河车辆段架大修工艺介绍[J]. 建筑工程技术与设计，2015（11）：271-274.

[94] 阮绍勇. 国产动车组修程修制评价系统信息编码的研究[D]. 北京：北京交通大学，2006.

[95] 铁机辆〔2020〕35 号. CR400AF 型动车组三级检修规程[S].

[96] TG/CL120—2014. 和谐 2A/2B/2C 一阶段/2E 型动车组三级检修规程[S].

[97] TG/CL120—2017. 和谐 2A/2B/2C 一阶段/2E/2G 型动车组三级检修规程[S].

[98] 中国铁路总公司，铁路动车组运用维修规程[M]. 北京：中国铁道出版社，2013.

[99] TG/CL142—2015. 和谐 2C 二阶段/380A（L）型动车组四级检修规程[S].

[100] TG/CL147—2014. 和谐 5A 型动车组四级检修规程[S].

[101] TG/CL153—2014. 和谐 2C 型二阶段/380A（L）型动车组五级检修规程[S].

[102] TG/CL 117-2016. 和谐 3C 型动车组五级检修规程[S].

[103] 程祖国，朱士友，苏钊颐，等. 地铁列车系统修维修策略[J]. 城市轨道交通研究，2018，21（9）：8-11.

[104] 沈国强，贺德强，刘旗扬，刘建仁. 基于系统修的城市轨道交通车辆检修制度研究[J]. 装备制造技术，2017（5）：190-194.

[105] 黄晓明. 基于状态检测的城市轨道交通车辆全生命周期系统性维修研究[J]. 科技创新导报, 2020, 17（17）: 26+28.

[106] 王义明, 王勇智. 中国城际动车组[J]. 铁道知识, 2000（2）: 4-6.

[107] 何丹炉, 梁君海, 丁叁叁. CRH6F型城际动车组研制[J]. 铁道车辆, 2014, 52（12）: 14-17+4.

[108] 朱士友, 程祖国, 李兆新, 吕劲松. 城市轨道交通车辆系统修维修策略[M]. 北京：中国铁道出版社, 2020.

[109] 丰茂圣. 广佛线地铁"系统修"的可行性研究与运用[J]. 都市快轨交通, 2015, 28（6）: 81-85.

[110] 刘忠俊, 崔艳雨, 梁开义, 魏树春. 地铁车辆全生命周期维修策略研究[J]. 中国铁路, 2016（4）: 81-85.

[111] 李争, 徐叙. 以可靠性为中心的维修在地铁车辆转向架系统中的应用[J]. 都市快轨交通, 2016, 29（2）: 113-117.

[112] 严俊, 周峰, 许秀锋. 以可靠性为中心的维修在地铁车辆制动系统中的应用[J]. 城市公用事业, 2008（4）: 30-33+67.

[113] 黄幸. 地铁车辆空调系统故障分析与措施[J]. 机电工程技术, 2020, 49（9）: 211-213.

[114] 刘钧. 上海轨道交通5号线车门系统的FMECA分析和应用研究[J]. 地下工程与隧道, 2010（4）: 39-42+46+64.

[115] 姚哲夫, 梁旭彤, 文志远. 故障模式影响及危害性分析法在广州地铁2号线车门检修周期优化中的运用[J]. 城市轨道交通研究, 2020, 23（7）: 167-171.

[116] 梁旭彤. 广州地铁2号线"四日检"检修模式探究[J]. 现代城市轨道交通, 2019（4）: 19-25.

[117] 潘文海, 陶波. 广州地铁120 km/h B型车维修模式改革探讨[J]. 机车电传动, 2017（1）: 118-119.

[118] CRH6A（JX）00-JY-JSFA-001 01版. 河南城际CRH6A型动车组整车修程修制优化技术方案[S]. 青岛：中车青岛四方机车车辆股份有限公司, 2020.

[119] GSYEJXYY-JY- JSFA- 005 01版. CRH6型动车组整车修程修制优化技术方案[S]. 青岛：中车青岛四方机车车辆股份有限公司, 2019.

[120] 首都智慧地铁发展白皮书[EB/OL]. 北京市地铁运营有限公司, 2020.

[121] 5G+智慧地铁白皮书[EB/OL]. 上海市经济和信息化委员会, 2019.

[122] 新时代城市轨道交通创新与发展白皮书[EB/OL]. 广州地铁集团, 2019

[123] 常宏, 朱艳梅, 徐小成, 等. 物联网技术在设备预测性维护中的应用[J]. 物流工程与管理, 2022（9）: 79-80.

[124] 邓紫阳. EUHT在城市地铁车地无线通信系统中的应用[J]. 铁路通信信号工程技术,

2018,15(7):6.

[125] 于悦青,张路亚. 基于大数据的轨道交通车辆空调系统智能运维[J]. 科技创新与应用,2021(6):91-95.

[126] 张凌亮. 大数据技术在城市轨道交通运营管理中的应用[J]. 黑龙江科学,2021,12(18):132-133.

[127] 张小丽,陈雪峰,李兵,等. 机械重大装备寿命预测综述[J]. 机械工程学报,2011,47(11):100-116.

[128] 陶飞,刘蔚然,刘检华,等. 数字孪生及其应用探索[J]. 计算机集成制造系统,2018,24(1):1-18.

[129] 和杉剑. BIM技术在轨道交通车辆全寿命周期管理中的应用研究[J]. 铁路计算机应用,2018,27(9):4.

[130] 王宏刚,叶鹏君. 地铁车辆基地智能运维管理平台的设计及实现[J]. 铁道通信信号,2022,58(3):83-89.

[131] 董岳. 基于"智慧地铁"的城市轨道交通智能运维模式创新研究[J]. 城市轨道交通研究,2022,25(3):240-241.

[132] 过俊. BIM在国内建筑全生命周期的典型应用[J]. 建筑技艺,2011(1):94-99.

[133] 邱超. BIM技术在地铁车站设施设备运维管理中的应用及其经济效益研究[D]. 石家庄:石家庄铁道大学,2018.

[134] 胡振中,彭阳,田佩龙. 基于BIM的运维管理研究与应用综述[J]. 图学学报,2015,36(5):802-810.

[135] 农兴中,史海欧,袁泉,等. 城市轨道交通工程BIM技术综述[J]. 西南交通大学学报,2021,56(3):451-460.

[136] 宋小广,胡定玉,方宇,等. 基于BIM的地铁车辆设备智能运维管理系统设计[J]. 智能计算机与应用,2019,9(5):209-213.